U0182070

磁性材料的新巡游电子模型

New Itinerant Electron Models of Magnetic Materials

唐贵德　著

科 学 出 版 社

北 京

内 容 简 介

本书介绍几个长期困扰磁学界的难题,以及探索解决这些难题的一套全新磁性材料磁有序模型体系,包括关于典型磁性氧化物的巡游电子模型、关于典型磁性金属的新巡游电子模型,以及涵盖典型磁性金属和氧化物的磁有序能来源的外斯电子对模型. 应用这三个模型研究典型磁性材料,不仅可以解释利用传统模型可以解释的实验现象,对一些长期困扰磁学界的难题也给出了合理解释. 这三个模型的物理意义清晰,对于理解磁性材料的磁有序现象和设计新型磁性材料将有所帮助.

本书适合具有大学物理基础的磁学和磁性材料研究者阅读. 期待本书对于推动铁磁性物理学的研究进展以及磁性材料的实验研究起到积极作用.

图书在版编目(CIP)数据

磁性材料的新巡游电子模型/唐贵德著. —北京:科学出版社,2020.2
ISBN 978-7-03-064376-6

I. ①磁… II. ①唐… III. ①磁性材料-巡回电子模型-研究 IV. ①TM271

中国版本图书馆 CIP 数据核字(2020)第 022212 号

责任编辑:周 涵 孔晓慧/责任校对:彭珍珍
责任印制:张 倩/封面设计:无极书装

科 学 出 版 社 出版
北京东黄城根北街 16 号
邮政编码:100717
http://www.sciencep.com

涿州市殷润文化传播有限公司印刷
科学出版社发行 各地新华书店经销
*
2020 年 2 月第 一 版 开本:720 × 1000 1/16
2024 年 7 月第三次印刷 印张:15
字数:300 000
定价:118.00 元
(如有印装质量问题,我社负责调换)

作 者 简 介

唐贵德 1955 年出生，河北师范大学物理系 1977 级本科，1982 年 3 月毕业留校任教至今. 1991 年 5 月至 10 月在法国国家科学研究中心磁学实验室研修. 1996 年获得河北省有突出贡献的中青年专家的称号，1998 年获聘教授和硕士生导师，2007 年获博士学位，2009 年获聘博士生导师. 是 *Nature Communications* 等多家期刊的审稿人. 作为主要完成人获中国科学院自然科学奖、河北省科学技术进步奖多项，作为第一完成人获河北省自然科学奖 2014 年度一等奖. 2016 年获批享受
国务院政府特殊津贴. 1983 年至 1999 年参加中国科学院物理研究所与河北师范大学合作开展的磁泡和磁畴壁物理研究，是多个国家级合作项目的主要研究人员之一. 2001 年以来，专注于典型磁性材料本征磁有序的研究，在 SCI 源期刊发表论文 50 余篇. 其中，2015 年以来，与中国科学院物理研究所吴光恒研究员和胡凤霞研究员合作，提出典型磁性材料磁有序的三个模型，相关的系列研究论文综述于 2018 年发表在 *Physics Reports* 上.

序

目前, 在磁性材料磁有序现象研究中广泛使用的交换作用、超交换作用和双交换作用模型形成于 20 世纪 50 年代及以前. 这些模型都涉及材料中的价电子状态, 但那时还没有充分的价电子状态实验依据.

20 世纪 70 年代以来, 有关价电子结构实验结果的报道越来越多. 首先, 大量电子谱实验表明, 在氧化物中除存在负二价氧离子之外, 还存在负一价氧离子, 并且负一价氧离子的含量可达 30% 或更多. 这说明以所有氧离子都是负二价离子为基本假设的超交换和双交换作用模型需要改进. 其次, 一些实验证明, 铁、钴、镍自由原子的一部分 4s 电子在形成铁磁性金属的过程中变成了 3d 电子. 此外, 即使在现代的密度泛函计算中, 仍不能给出磁性交换作用能的确切表达式, 只能采取各种不同模型进行模拟计算. 这些研究结果表明铁磁性基础研究面临着重大的机遇与挑战.

基于大量实验结果和理论研究报道, 唐贵德等提出了关于典型磁性材料磁有序的三个新模型. 这些新模型既与传统模型有关, 又不同于传统模型. 运用这些新模型, 唐贵德等研究了尖晶石结构、钙钛矿结构磁性氧化物和铁、钴、镍磁性金属的磁有序问题, 不仅可以解释其中用传统模型能够解释的磁有序实验现象, 而且成功解释了一些用传统模型难于解释的实验现象, 进而探讨了钙钛矿结构磁性氧化物和铁、钴、镍金属的电输运问题, 以及一些典型磁性材料的居里温度问题. 通过对这些问题的探讨, 他们对典型磁性材料的价电子结构提出了一些新的观点. 这些探讨对于改进磁性材料价电子结构理论是有益的.

在这本书中, 作者介绍了文献报道的有关实验结果和他们的研究工作, 为磁性材料磁有序研究提供了新的思路, 并有助于读者较系统地了解近年来有关磁性材料价电子结构的研究进展.

中国科学院院士

2019 年 12 月 8 日于南京

前　言

1907 年, 外斯 (Weiss) 提出存在一种分子场, 使磁性材料磁畴中的离子磁矩有序排列. 然而, 对于分子场的来源一直没有找到一个清晰的物理模型. 这导致典型磁性材料的一些磁有序实验现象仍不能得到合理的解释. 这是由于目前还在广泛使用的经典磁有序模型建立于 20 世纪 50 年代及以前, 当时还缺乏对于固体价电子状态的实验研究. 2018 年 7 月, 作者所领导的课题组与中国科学院物理研究所吴光恒研究员和胡凤霞研究员合作的综述文章 *Three models of magnetic ordering in typical magnetic materials* (《典型磁性材料磁有序的三个模型》), 由 *Physics Reports* 在线发表. 这三个模型包括关于典型磁性氧化物的巡游电子模型、关于典型磁性金属的新巡游电子模型和关于磁有序能来源的外斯电子对模型. 这三个模型的实验依据是 20 世纪 70 年代以来大量的光电子谱实验及相关的其他一些价电子状态实验结果. 这三个模型物理意义清晰、易于理解, 构成一套全新的磁性材料磁有序模型体系. 作者所领导的课题组运用这些模型, 对长期困扰磁学界的一些难题进行研究, 给出了合理的解释, 本书介绍这些研究工作.

本书对于广大磁学和磁性材料研究者理解磁性材料的磁有序现象和设计新型磁性材料将有所帮助. 期待读者在磁学和磁性材料的有关研究工作中参考本书介绍的模型, 不断推动铁磁性物理学体系的研究进展. 对于书中的不妥之处, 欢迎读者批评指正.

在这三个模型的研究和提出过程中, 中国科学院物理研究所吴光恒研究员和胡凤霞研究员多次给予有益的讨论. 作者感谢他们的热情合作! 除前述评论文章外, 所提出每个模型的首篇文章等几篇重要文章也是作者所领导的课题组与他们合作完成的. 为方便表述, 在本书后续章节的叙述中把这些合作文章的作者与课题组其他论文的作者统称 "我们", 具体署名情况在参考文献中全部列出.

作者感谢中国科学院院士、南京大学都有为教授、邢定钰教授的有益讨论! 感谢南京大学钟伟教授, 中国科学院物理研究所成昭华研究员、刘伍明研究员、靳长青研究员, 南开大学刘晖教授, 天津大学李志青教授, 中国科学技术大学徐法强教授, 钢铁研究总院朱明刚研究员多年的支持和帮助! 感谢山东大学胡季帆教授、姜寿亭教授, 北京大学杨金波教授, 南京大学刘俊明教授, 兰州大学薛德胜教授的有益讨论!

在这三个模型的大量实验研究和理论探讨中, 作者所在研究室的李壮志副教授、马丽教授、侯登录教授、陈伟教授、甄聪棉教授等同事和友人 Norm Davison

教授给出了有益的讨论和协助. 齐伟华、纪登辉、徐静、李世强等博士生, 武力乾等多名硕士生进行了大量的实验研究、数据处理和理论探讨工作. 2001 年以来, 作者所领导的课题组就开始了钙钛矿和尖晶石结构氧化物的磁性和阳离子分布研究, 研究生们进行了艰苦的研究和探索工作. 作者在此向这些同事、友人和研究生们表示感谢!

作者感谢河北师范大学聂向富教授, 中国科学院物理研究所韩宝善研究员、李伯臧研究员! 从 1983 年开始, 是他们把当时年轻的我带进中国科学院物理研究所进行合作研究, 积累了磁畴观测和磁畴壁物理的近二十年研究基础, 才有了本书关于磁有序基本模型的研究思路.

作者感谢国家自然科学基金、河北省基础研究重点项目、河北省自然科学基金、河北省教育厅科研基金、河北师范大学科研基金的支持! 感谢河北师范大学物理科学与信息工程学院多年来对作者所领导课题组的支持!

作者感谢科学出版社钱俊先生、周涵女士等为本书的出版做出的努力, 感谢我的家人和朋友们多年的支持和帮助!

唐贵德

2019 年 12 月于河北师范大学

目　　录

第1章 绪   论

磁性材料最早的典型应用当属指南针, 这是我国古代四大发明之一. 近代以来, 磁性材料的应用发展到科技和生活的各个领域, 如航空、航天、军事、广播、电视、通信、医学等, 具体的应用如扬声器、磁记录材料、磁头材料、变压器铁芯、发电机和电动机中的铁芯、各种磁铁、近年来的各种新型磁存储器件等.

然而, 对于一些典型磁性材料的性能仍不能给出合理的解释, 成为困扰国际磁学界的难题, 其基本原因是还没有澄清磁性材料磁有序能的来源. 1907 年, 外斯 (Weiss) 提出用分子场假说解释磁性材料磁有序能的来源, 认为在铁磁性材料中存在着称为磁畴的小区域, 在每个小区域中, 原子磁矩在一个 "分子场" 的作用下有序排列. 这种磁畴已经从实验上观察到. 100 多年来, 科技界花费了大量的人力和物力研究材料的磁有序机制, 基于不同的假设, 建立了不同的理论, 用于解释不同磁性材料的磁有序机制. 因此, 铁磁性物理学还没有形成一个系统的科学体系.

戴道生和钱昆明先生所著的《铁磁学》上册是目前国内广泛使用的铁磁学教材. 该书于 1987 年发行第一版 [1], 2017 年发行第二版. 该书详细介绍了铁磁性物理的不同理论模型, 包括自发磁化的唯象理论、自发磁化的交换作用理论、自旋波理论、金属磁性的能带论等. 这些理论基于不同的假设, 属于不同的理论体系. 该书绪论中明确指出: 在铁磁学已建立的理论中, 大部分仍落后于实验和应用的现状以及发展要求. 因而, 推动铁磁学基础理论研究是磁性实验和理论研究者面临的艰巨任务.

在传统理论中, 磁学界普遍用原子间电子的交换作用解释外斯分子场的来源 [1-4]. 称金属和合金磁性材料中的交换作用为直接交换作用, 称磁性氧化物中磁性离子间的反铁磁耦合为超交换 (SE) 作用, 称铁磁耦合为双交换 (DE) 作用. 由于从居里温度实验值估算出的磁有序能与用现有经典模型计算出的能量相差近千倍, 所以传统理论认为作为磁性来源的原子间电子交换作用是一种纯量子力学效应, 没有经典模型可以对应 [1]. 但是, 以量子力学为基础的密度泛函理论 (density functional theory, DFT) 在磁性材料模拟方面却遇到严重困难.

对于传统的铁磁性理论, 也有一些研究者提出不同的见解. 例如, 对于 ABO_3 型钙钛矿结构锰氧化物 $La_{1-x}Sr_xMnO_3$ 的磁性和电输运性质解释, 是传统磁有序理论中双交换作用模型的典型应用, 其中锰离子的 3d 电子以氧离子为媒介在 Mn^{3+} 和 Mn^{4+} 间跃迁, 导致这种材料中 Mn^{3+} 和 Mn^{4+} 磁矩的铁磁耦合并具有类似于

金属的导电性 [5,6]. 然而, 电子能量损失谱等一些实验结果和理论计算表明, 在这类材料中存在大量 O 2p 空穴. 因而 Alexandrov 等 [7] 指出, 这类材料中的电流载流子来自 O 2p 空穴, 而不是 3d 电子. 这类研究表明, 在氧化物中除存在负二价氧离子外还存在负一价氧离子, 这必然对氧化物的磁学和电学性质产生重要影响. 实际上, 在氧化物的高温超导物理研究中, 已经把 O 2p 空穴作为重要影响因素, 包含在哈密顿能量表达式中, 这在 1998 年韩汝珊先生所著的《高温超导物理》一书中就已经有所介绍 [8]. 令人遗憾的是, 至今在绝大多数相关的磁性材料研究论文中还没有考虑 O 2p 空穴的影响.

作者所领导的课题组与中国科学院物理研究所吴光恒研究员和胡凤霞研究员合作, 在磁有序模型的研究方面做了大量工作, 相关的综述文章于 2018 年发表在 *Physics Reports* 上 [9], 题目为《典型磁性材料磁有序的三个模型》, 包括关于氧化物磁有序的 O 2p 巡游电子模型 (itinerant electron model for magnetic oxides, IEO 模型)[10,11], 关于解释金属磁性的一个新巡游电子模型 (itinerant electron model for magnetic metals, IEM 模型)[12], 以及关于磁有序能来源的外斯电子对 (Weiss electron pair, WEP) 模型 [13]. 应用 IEO 模型不仅能够替代超交换和双交换作用模型解释尖晶石铁氧体和钙钛矿结构锰氧化物的一些简单实验结果, 而且成功解释了困扰磁学界多年的 Cr、Mn 掺杂尖晶石铁氧体的磁有序问题, 以及钙钛矿结构锰氧化物 $La_{1-x}Sr_xMnO_3$ 磁矩随 Sr 掺杂量变化的问题 [9-11]. 应用 IEM 模型, 成功解释了 Fe、Ni、Co、Cu 金属的电阻率和磁矩之间的关系 [12]. 综合应用 IEO、IEM 和 WEP 模型, 首次指出为什么在磁有序系统中巡游电子的自旋方向保持不变 [13], 以及为什么典型的磁性材料 Co、Fe、Ni、Fe_3O_4 和 $La_{0.7}Sr_{0.3}MnO_3$ 会有不同的居里温度 [14].

IEO、IEM 和 WEP 模型都以原子物理学中电子的壳层结构理论为基础, 具有清晰的物理图像, 所以基于原子物理学讨论典型磁性材料的磁结构, 是本书不同于传统铁磁学的重要特点. 应用 IEO、IEM 和 WEP 模型, 不仅可以解释以往用传统模型可以解释的典型磁性材料磁有序现象, 而且可以解释应用传统模型不能解释的一些典型磁性材料的磁有序问题.

根据铁磁学教材 [1], 巡游电子模型和局域电子模型属于两个不同的分支. 局域电子模型在解释氧化物磁性以及稀土金属磁性方面取得了满意的结果, 但在解释 Fe、Co、Ni 等过渡金属磁性时却遇到了困难. 巡游电子模型认为, 3d 过渡金属中的 d 电子既不像稀土金属的 f 电子那样局域, 也不像 s 电子那样自由, 而是在各个原子的 d 轨道上依次巡游.

我们提出的巡游电子模型与传统巡游电子模型有四个重要区别: 第一, 认为在 3d 过渡金属中 s 电子分为两部分, 一部分进入 d 壳层变为 d 电子, 剩余的为自由电子 (不再称为 s 电子); 第二, 只有未填满的 d 壳层最外层轨道的电子有一定几率在相邻离子实的外层轨道间跃迁, 形成巡游电子, 其余的 d 电子都是局域电子; 第三, 磁性氧化物中的巡游电子源于负二价氧离子上 2p 电子以阳离子为媒介向邻近负一价氧离子 2p 空穴的跃迁; 第四, 无论在磁性金属还是氧化物中, 巡游电子的跃迁在居里温度以下为自旋相关跃迁, 在居里温度以上为自旋无关跃迁.

在本书中, 尽管我们对磁性氧化物和磁性金属分别提出了 IEO 模型和 IEM 模型, 但是, 我们用 WEP 模型把两类材料中的巡游电子模型统一起来了, 所以这三个模型对于推动铁磁学形成严格的科学体系是一种有益的尝试. 作者期盼广大磁性材料研究者在解释材料磁性时, 借鉴本书的模型, 也期盼磁学理论研究者从理论上证明和发展这些模型, 从而推动铁磁学科学体系研究的进展.

参 考 文 献

[1] 戴道生, 钱昆明. 铁磁学 (上册). 北京: 科学出版社, 1987

[2] Coey J M D. Magnetism and Magnetic Materials. Cambridge: Cambridge University Press, 2010

[3] Chikazumi S. Physics of Ferromagnetism. London: Oxford University Press, 1997

[4] Stöhr J, Siegmann H C. 磁学: 从基础知识到纳米尺度超快动力学. 姬扬, 译. 北京: 高等教育出版社, 2012

[5] Salamon M B, Jaime M. Rev. Moder. Phys., 2001, 73: 583

[6] Dagotto E, Hotta T, Moreo A. Physics Reports, 2001, 344: 1

[7] Alexandrov A S, Bratkovsky A M, Kabanov V V. Phys. Rev. Lett., 2006, 96: 117003

[8] 韩汝珊. 高温超导物理. 北京: 北京大学出版社, 1998

[9] Tang G D, Li Z Z, Ma L, Qi W H, Wu L Q, Ge X S, Wu G H, Hu F X. Physics Reports, 2018, 758:1

[10] Xu J, Ma L, Li Z Z, Lang L L, Qi W H, Tang G D, Wu L Q, Xue L C, Wu G H. Physica Status Solidi B, 2015, 252: 2820

[11] Wu L Q, Qi W H, Ge X S, Ji D H, Li Z Z, Tang G D, Zhong W. Europhys. Lett., 2017, 120: 27001

[12] 齐伟华, 马丽, 李壮志, 唐贵德, 吴光恒. 物理学报, 2017, 66: 027101

[13] 齐伟华, 李壮志, 马丽, 唐贵德, 吴光恒, 胡凤霞. 物理学报, 2017, 66: 067501

[14] Qi W H, Li Z Z, Ma L, Tang G D, Wu G H. AIP Advances, 2018, 8: 065105

第2章 自由原子的电子壳层结构和晶体中的价电子

物质由原子组成, 物质的磁性也来源于原子磁性, 同时又与物质的结构和成分密切相关. 本章简单介绍与磁性有关的原子物理学知识, 主要介绍自由原子的电子壳层结构和原子磁性, 自由原子的电子亲和能和电离能, 典型磁性材料的晶体结合形态, 晶体中离子的有效半径, 以及晶体中离子对电子的束缚能.

2.1 自由原子的电子壳层结构

根据卢瑟福 (E. Rutherford) 等的 α 粒子散射实验和他们对于实验的分析 [1], 原子由原子核和核外电子组成. 原子的半径在 10^{-10}m 的数量级, 而原子核的半径在 $10^{-15} \sim 10^{-14}$m. 根据大量的光谱学实验和理论研究, 电子在原子核外按壳层分布, 其分布规律遵从量子力学原理, 保持稳定的状态.

电子壳层分为主壳层和次壳层. 主壳层序数用主量子数 n 表示. 按照元素周期表, 第 n 个周期的元素具有 n 个主壳层. 一个主壳层可以包含多个次壳层, 不同的次壳层分别用符号 s、p、d、f 表示, 其中能够容纳的最多电子数目分别为 2、6、10、14. 原子物理学和铁磁学教材已经给出各种元素详尽的电子壳层分布表. 通常, 表征某元素中某壳层的电子数目有一个约定的方法. 例如, Fe 的外壳层状态表征为 $3d^64s^2$, 表明有 6 个电子分布在第 3 主壳层的第 3 次壳层, 有 2 个电子分布在第 4 主壳层的第 1 次壳层. 附录 A 给出了自由原子的电子结构 [2]. 其中 Fe 的电子结构为 $[Ar]3d^64s^2$, 表示除明确写出的外层电子外, 内层电子与 Ar 原子的电子结构相同.

电中性的自由原子可以得到一个电子形成负一价离子, 同时放出能量, 这个能量称为电子亲和能. 例如, 氧得到两个电子就形成 O^{2-}, 其外壳层形成 8 个电子的稳定结构 $2s^22p^6$, 氧的第二电子亲和能为 8.08eV. 电中性的自由原子中的电子如果得到足够的能量, 就可以离开原子, 使原子成为正一价离子, 这个能量称为第一电离能. 同理, 第二个电子离开正一价离子所需的能量为第二电离能, 依此类推. 附录 A 给出了第一至第五电离能 (V_1 至 V_5)[2], 单位为 eV. 图 2.1(a)～(e) 示出了 V_1 至 V_5 随原子序数 N 变化的趋势. 可以看出, 一般情况下, 在同一个周期中电离能随原子序数的增加而增大, 不同周期的电离能随周期数的增加而减小. 对于同一个原子来说, 后一个电子的电离能远大于前一个电子的电离能. 例如, Fe 的前五个电子的电离能分别为 7.90eV、16.19eV、30.65eV、54.8eV、75.0eV. 电离能反映了原子核对电子的束缚能力. **当自由原子形成晶体时, 电子亲和能和电离能的大小对于材料中阴阳离子得失电子必然产生重要影响.** 在后续章节中将介绍我们提出的利用自由原子的电离能数据和量子力学势垒模型探讨氧化物阳离子分布问题的研究结果.

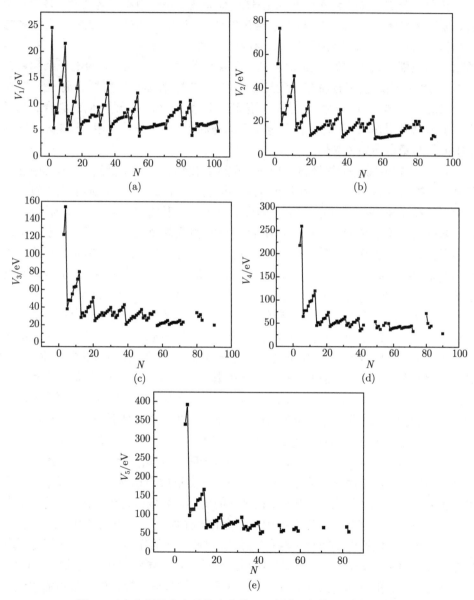

图 2.1 自由原子中电子的电离能 V_i 随原子序数 N 变化的趋势

(a)~(e) 依次为第一至第五电离能

2.2　晶体结合理论简介

按照传统的晶体结合理论 [3,4], 晶体结合类型主要分为离子键结合、共价键结合、金属键结合、分子键结合以及混合键结合. 晶体结合的最终形态有单晶、多晶或纳米晶块体, 单晶、多晶或纳米晶薄膜, 纳米线等. 碱金属 Li、Na、K、Rb、Cs 的第一电离能都很小, 在 5.39~3.89eV. 卤族元素 F、Cl、Br、I 的电子亲和能在 3.06~3.61eV. 当这些碱金属与卤素结合成化合物时, 容易形成典型的离子化合物. 例如, NaCl 晶体中的 Na 和 Cl 分别形成正一价和负一价离子, 它们的结合靠离子之间的库仑吸引作用, 同时也存在电子云的泡利 (Pauli) 排斥作用, 形成离子间的平衡间距和稳定的离子晶体.

3d 过渡族金属离子与氧离子形成的磁性氧化物属于离子键结合, 但其中含有部分共价键. 例如, 3d 过渡金属离子的第二电离能在 12.8~20.3eV, 明显大于氧的第二电子亲和能 8.08eV. 这导致氧离子索取第二个电子形成 O^{2-} 存在一定的困难, 所以在氧化物中除存在 O^{2-} 外, 还存在 O^-. O^{2-} 外层轨道的 2p 电子有一定几率以阳离子为媒介跃迁到 O^- 的 2p 空穴上. 这种跃迁在一定意义上可理解为形成共价键. 可以用电离度 (ionicity) 的概念来描述离子键和共价键的比例. 定义全部为离子键时, 电离度为 1.00, 这时所有氧离子为负二价. 由于含有负一价氧离子, 所以氧化物的电离度是一个小于 1.00 的数值 [3]. 1970 年, 菲利蒲 (Phillips) 发表一篇综述文章 [5], 介绍了自 1932 年化学家鲍林 (Pauling) 关于电离度的研究工作之后的大量电离度研究工作, 给出了许多化合物的电离度数据. 例如, BeO、MgO、CaO、SrO 的电离度分别为 0.600、0.814、0.913、0.926, 其中 Be、Mg、Ca、Sr 的第二电离能分别为 18.21eV、15.04eV、11.87eV、11.00eV, 说明电离度有随第二电离能减小而增大的趋势. 可见自由原子的电离能对晶体中离子的得失电子确实具有重要影响.

金属和合金磁性材料属于金属键结合, 其中含有自由电子. 例如, 对于导电性能良好的金属 Cu([Ar]$3d^{10}4s^1$), 理论计算和实验研究表明, 平均每个 Cu 原子贡献一个自由电子. 在金属晶体内部, 带正电的离子实形成周期性势场. 一方面, 不受离子实外层电子轨道约束, 自由电子在这样的周期性势场中运动, 带负电的自由电子与带正电的离子实之间的库仑吸引能具有使离子实间距缩小的趋势. 另一方面, 相邻离子实外层轨道电子间存在泡利排斥能. 这两方面的作用导致离子实间可形成稳定的离子间距和晶体结构. 在本书的后续讨论中把金属中的离子实简称为离子.

把处于 0K 和 1atm (1atm = 1.01325×10^5Pa) 的晶体分解为处于基态的中性原子所需的能量, 定义为晶体的结合能 [3,4], 用 W 表示. 因而晶体体系的能量 $U_0 = -W$. 磁性材料的结合能还包括磁有序能, 即外斯分子场的能量. 磁有序能使体系的能量降低. 在后文中除另有说明外, 所说的磁有序能指其绝对值的大小. 当相邻的磁性离子铁磁性耦合时, 磁有序能克服离子磁矩间的磁性排斥能, 维持这种铁磁性耦合. 当相邻的磁性离子反铁磁性耦合时, 也存在离子磁矩间的磁性互作用能.

2.3 晶体中离子的有效半径

在量子力学中, 电子的状态用波函数来描述. 电子在空间某一点出现的几率与波函数在该点的强度成比例. 从这个角度来说, 离子没有固定的半径. 但是通过 X 射线衍射 (XRD) 可以测量晶体中的离子间距, 因而可以认为晶体中离子有一个有效半径, 这可给材料物理和化学研究者带来方便. 通过对大量实验结果的研究, Shannon 给出了一套离子有效半径数据[6], 见附录 B. 可以看出, 阳离子的有效半径随化合价的升高而减小, 随配位数的减小而减小. 这套离子半径数据已经成为材料物理和化学研究者定性讨论材料性能的一种依据.

表 2.1 给出几种二、三价阳离子在配位数为 6 时的有效半径 r^{2+}、r^{3+} 及其半径差 $r^{2+} - r^{3+}$. 可以看出, 这几种二、三价离子的有效半径差在 0.09~0.19Å. 这表明一个电子的得失对最外层电子云厚度的影响, 也可理解为离子最外层一个电子的电子云厚度在 0.09~0.19Å, 并说明离子的绝大部分价电子是局域电子.

表 2.1 几种二、三价阳离子在配位数为 6 时的有效半径 r^{2+}、r^{3+} 及其半径差 $r^{2+} - r^{3+}$ [6]

元素	$r^{2+}/\text{Å}$	$r^{3+}/\text{Å}$	$r^{2+} - r^{3+}/\text{Å}$
Cr	0.80	0.615	0.185
Mn	0.83	0.645	0.185
Fe	0.78	0.645	0.135
Co	0.745	0.61	0.135
Ni	0.69	0.60	0.09
Ag	0.94	0.75	0.19

注: 在配位数为 6 时, O^{2-} 的有效半径为 1.40Å[6]

2.4 晶体中离子对电子的束缚能

前述自由原子的电离能指的是其电子离开所在能级到达真空能级所需要的能量. 当离子结合成晶体时, 一个离子对其电子的束缚受到其周围环境的影响. 所以离子对电子的束缚与自由原子有一定差别, 但是也存在对应关系.

晶体中离子对其电子的束缚能, 可以用 X 射线光电子谱 (X-ray photoelectron spectra, XPS) 来探测[7]. 用单色的 X 射线照射样品, 特定能量的入射光子同样品中各原子的电子发生作用, 可发生两种情况: ① 光子被原子的轨道电子散射, 导致部分能量损失, 可探测到散射光子能量低于入射光子, 称为康普顿散射; ② 光子把能量全部传递给轨道电子, 导致电子从原子中发射, 产生光电子, 这就是 XPS 的研究对象. 这些光电子从产生之处运动到样品表面, 再克服逸出功而发射出来. 用接收装置接收这些光电子, 并用能量分析器进行分析, 就得到 XPS. XPS 的探测深度可用逸出电子非弹性散射的平均自由程 λ 表示: 对于金属, λ 为 0.5~3nm; 对于氧化物, λ 为 2~4nm. 探测深度约为 $3\lambda\cos\theta$, 其中 θ 为接收器与样品表面法线之间的角度.

晶体中离子对其电子的束缚能数据可以从 XPS 手册[8] 查到. 这种束缚能是电子从所在能级到达费米能级所需的能量. 实际材料中的束缚能数据比手册中的数据会有少许偏差. 图 2.2 给出晶体中离子对 1s 电子的束缚能 E_b 和自由原子中 1s 电子的电离能 V_N 随原子序数的变化关系. 可见尽管 E_b 小于 V_N, 但二者都随原子序数的增加而迅速增大, 也可理解为 **E_b 随 V_N 的增大而增大**. **E_b 和 V_N 的这种关系是我们后续章节中利用自由原子电离能分析材料中离子化合价和电子结构的依据.**

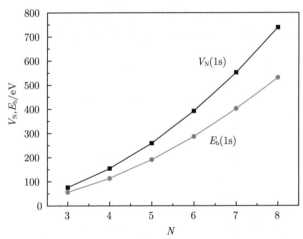

图 2.2   晶体中离子对 1s 电子的束缚能 E_b 和自由原子中 1s 电子的电离能 V_N 随原子序数 N 的变化关系

利用 XPS 还可得到晶体的价电子谱. Ley 等[9] 给出了从 Sc 到 Fe 的价带谱, 表明这些金属的价电子分布在费米能级以下约 12 eV 的范围内. 我们[10] 研究了 CaO、ZnO、$MnFe_2O_4$、$ZnFe_2O_4$ 的价带光电子谱, 这些氧化物的价电子也分布在费米能级以下约 12eV 的范围内, 示于图 2.3. 从图 2.3 还看到一个有趣的结果, 在 ZnO 和 $ZnFe_2O_4$ 中, Zn 3d 电子集中分布在费米能级以下 8.2~11.5eV 范围内, 这是因为其中的 Zn^{2+} 有 10 个 3d 电子, 具有 3d 满壳层结构, 自由 Zn 原子的第三电离能为 39.72eV, 极难失去第三个电子.

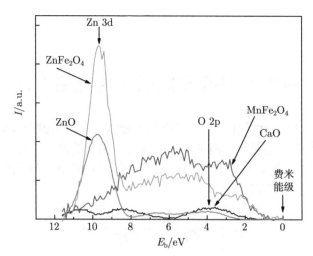

图 2.3　CaO、ZnO、$MnFe_2O_4$、$ZnFe_2O_4$ 的价带光电子谱 [10]，即光电子强度 I 随束缚能 E_b 的变化

参 考 文 献

[1] 褚圣麟. 原子物理学. 北京：人民教育出版社, 1979

[2] 《实用化学手册》编写组. 实用化学手册. 北京：科学出版社, 2001

[3] 黄昆原著, 韩汝琦改编. 固体物理学. 北京：高等教育出版社, 1988

[4] 方俊鑫, 陆栋. 固体物理学. 上海：上海科学技术出版社, 1980

[5] Phillips J C. Rev. Mod. Phys., 1970, 42: 317

[6] Shannon R D. Acta Cryst. A., 1976, 32: 751

[7] 陆家和, 陈长彦. 现代分析技术. 北京：清华大学出版社, 1995

[8] Wagner C D, Davis W M, Mouldcr J F, Muilenberg G E. Handbook of X-ray Photoelectron Spectroscopy. Eden Prairie: Perkin-Elmer Coporation, 1979

[9] Ley L, Dabbousi O B, Kowalczyk S P, McFeely F R, Shiley D A. Phys. Rew. B, 1977, 16: 5372

[10] Ding L L, Wu L Q, Ge X S, Du Y N, Qian J J, Tang G D, Zhong W. Results in Physics, 2018, 9: 866

第3章　磁性材料基本知识和传统磁有序模型简介

从某种意义上说, 世界上一切物质都具有磁性, 这是因为组成这些物质的原子中电子和原子核都具有磁性. 但是由于组成各种物质的原子结构和物质的晶体结构不同, 表现出的磁性强弱也不同. 本章简单介绍后续章节用到的磁性材料基本知识和传统观点的磁有序模型.

3.1　物质按磁性分类

通常用单位体积的磁矩 M 来描述物质磁性的强弱, M 称为磁化强度. 任何材料的磁性都可以用 M 随磁场强度 H 变化的方式来表征, 为此, 又常用物质的磁化率 χ 或磁导率 μ 来反映物质磁性的特点. 有

$$M = \chi H, \tag{3.1}$$

或

$$B = \mu_0(H + M) = \mu_0(1 + \chi)H = \mu_0\mu H. \tag{3.2}$$

在国际单位 (SI) 制中, 由于 M 和 H 的单位都是安/米, 因此 χ 是无量纲的纯数. 磁感应强度 B 的单位是特斯拉. 式中 $\mu = 1 + \chi$ 为相对磁导率, 是无量纲的纯量; μ_0 称为真空磁导率, 其值是 $\mu_0 = 4\pi \times 10^{-7}\mathrm{H/m}$. 在目前的期刊文献中, 常用真空磁感应强度 $\mu_0 H$ 表示磁场强度. 本书后面多处也采用了这种表示方法. 由于 M 是单位体积的磁矩, 因而 χ 也是属于单位体积的, 所以由 (3.1) 式定义的 χ 称为体积磁化率, 此外还有质量磁化率 χ_m 和摩尔磁化率 χ_A, 它们与 χ 的关系是

$$\chi_m = \chi/\rho, \tag{3.3}$$

$$\chi_A = \chi_m A = \chi A/\rho, \tag{3.4}$$

式中, ρ 是样品的密度; A 是每摩尔材料的质量. 所以在比较磁化率的数值时, 要注意区别它们是属于哪一种磁化率, 并注意若所用的单位不同, 数值也不同.

早期人们把物质按磁性分为逆磁性、顺磁性、铁磁性材料, 发现逆磁性和顺磁性材料的磁性很弱, 铁磁性材料的磁性很强. 其主要特点是: 当把一个铁磁性材料加入到外磁场中时, 总磁场大幅度地增强; 当把一个顺磁性材料加入到外磁场中时, 总磁场有所增强但幅度很小; 当把一个逆磁性材料加入到外磁场中时, 总磁场略有减小.

人们从原子磁矩的角度解释了逆磁性与顺磁性、铁磁性材料的区别: Cu 是典型的逆磁性材料, 其原子的价电子结构是 $3d^{10}4s^1$, 其中的 4s 电子形成自由电子, 3d 次壳层是一个封闭的壳层结构, 5 个 3d 能级上有 10 个电子, 5 个自旋向上, 5 个自旋向下, 自旋磁矩相互抵消, 原子没有固有磁矩. 置于外磁场中时, 使总磁场略微减小的逆磁性, 是物质中运动的电子在外磁场作用下, 受电磁感应而表现出的特性. 因而逆磁性是所有物质都有的一个特性, 只不过在顺磁性和铁磁性材料中被掩盖了. 顺磁性和铁磁性材料的全部或部分离子实具有未被填满的价电子壳层, 具有固有磁矩. 铁磁性材料的一个显著特点是存在一个居里温度, 当测试温度高于居里温度时, 材料的铁磁性消失, 转变为顺磁性.

为了解释材料的铁磁性, 1907 年, 外斯提出了分子场假说. 按照这一假说, 铁磁性物质中包含许多小区域, 即使没有外磁场, 这些区域中也有自发磁化强度. 这些具有自发磁化强度的小区域称为磁畴. 磁畴内的自发磁化, 是由于晶体中有很强的内场, 这种内场被称为分子场 [1]. 这种内场的存在, 可以使磁畴中的原子磁矩克服巨大的磁性排斥力平行排列起来. 这种磁畴已经在后来的实验中得到证实. 对于这种分子场, 传统铁磁学认为它是一种纯量子效应, 没有经典的物理模型与之对应 [1].

在前述基础上, 铁磁性物理研究者又根据原子磁矩在磁畴中的排列特点把铁磁性材料分为铁磁性、亚铁磁性和反铁磁性材料, 其区别可用几个例子简单解释: 金属 Fe、Co、Ni 是典型的铁磁性材料, 在其一个磁畴中所有离子实的磁矩都排列在一个方向上; MnO 是典型的反铁磁性材料, 在一个磁畴中锰离子的磁矩反平行排列, 并且在相反的两个方向上排列的锰离子数目相同, 磁矩相互抵消, 总磁矩非常接近零; Fe_3O_4 是典型的亚铁磁性材料, 在一个磁畴中铁离子磁矩反平行排列, 但是在两个方向上排列的铁离子数目不同, 离子磁矩抵消一部分后, 还有剩余, 总磁矩不为零.

表 3.1 给出五类材料磁化率的数量级及其随温度变化的特点, 并举出一些典型

表 3.1   五类材料磁化率的数量级及其随温度变化的特点

类别	举例	磁化率数量级 (SI 制)	磁化率随温度变化关系
逆磁性	Cu, Ag	-10^{-5}	不随温度变化
顺磁性	Al, Ti	$10^{-3} \sim 10^{-5}$	$\chi = C/T$(居里定律)
铁磁性	Fe, Co, Ni	10^6	在居里温度 T_C 以上变为顺磁性
亚铁磁性	Fe_3O_4, $CoFe_2O_4$	小于 10^6	在居里温度 T_C 以上变为顺磁性
反铁磁性	MnO, FeO	$10^{-3} \sim 10^{-5}$	在奈尔温度 T_N 以上变为顺磁性

注: 在 SI 制和 cgs 制中磁化率都无量纲, SI 制磁化率的数值除以 4π 得到 cgs 制磁化率数值, 可近似认为差一个数量级

材料的例子. 表 3.2 给出五类材料中的离子 (或离子实) 有无固有磁矩及其磁矩在磁畴中排列的特点. 图 3.1 示意给出表 3.1 中顺磁体、铁磁体 (或亚铁磁体)、反铁磁体磁化率的倒数随温度变化关系. 其中 T_C 为铁磁体 (或亚铁磁体) 的居里温度；T_N 和 θ_p 分别为反铁磁体的奈尔温度和顺磁居里温度.

　　通常称铁磁体和亚铁磁体为强磁性材料, 称顺磁体、反铁磁体和逆磁体为弱磁性材料.

表 3.2　五类材料中的离子 (或离子实) 有无固有磁矩及其磁矩在磁畴中排列的特点

类别	固有磁矩	磁畴	畴内离子磁矩方向	畴内总磁矩
逆磁性	无	—	—	—
顺磁性	有	无	—	—
铁磁性	有	在 T_C 以下有	相同	很大
亚铁磁性	有	在 T_C 以下有	不同	略小
反铁磁性	有	在 T_N 以下有	不同	趋于零

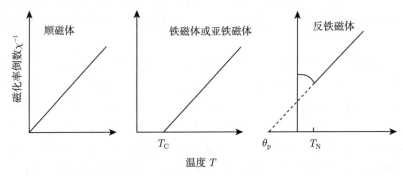

图 3.1　顺磁体、铁磁体 (或亚铁磁体)、反铁磁体磁化率的倒数随温度变化关系示意图

其中 T_C 为铁磁体 (或亚铁磁体) 的居里温度；T_N 和 θ_p 分别为反铁磁体的奈尔温度和顺磁居里温度

3.2　磁畴和磁畴壁

　　最早观察磁畴的方法是粉纹法. 把铁磁性材料表面做抛光处理后, 在表面撒上铁粉. 由于磁畴边界存在较强的磁场, 可以利用显微镜观察到铁粉向磁畴边界集中.

　　1967 年及以后 20 多年的磁泡存储器和布洛赫线存储器研究, 极大地推动了人们对磁畴和磁畴壁物理机制的理解 [2,3]. 利用透射式偏光显微镜可在透明的石榴石磁泡薄膜材料上观察到十分清晰的磁畴 [4-6], 如图 3.2 所示, 其样品成分为 $(YSmCa)_3(FeGe)_5O_{12}$, 膜厚为 7.6μm. 在图 3.2 中的磁畴存在 N、S 极, 黑、白磁畴代表相反的磁化方向. 图 3.2(a) 是无外加磁场时的一种磁畴, 其中一对黑、白磁畴的总宽度约为 16μm, 与薄膜的厚度有关, 膜越薄, 磁畴越窄 [3]. 图 3.2(b) 是经过一个直流磁场和一个同方向的脉冲磁场联合作用, 并且脉冲磁场撤销后的情况, 其中外磁场的方向与黑畴磁化方向平行. 图 3.2 说明在一个磁畴中离子磁矩克服巨大的磁性排斥能有序排列起来. 实验表明, 与外磁场方向相同的磁畴随外磁场的增强而增大, 饱和磁化时所有磁畴的磁化方向都变为与外磁场一致. 图 3.2 的黑白磁畴间存在一个厚度约为 0.3μm 的过渡区域, 称为磁畴壁. 图 3.3 所示的磁畴壁为布洛赫壁, 此外还有奈尔壁. 通过给 3.2(b) 所示的磁畴施加幅度适当的脉冲磁场, 还可在磁畴壁中产生布洛赫线, 如图 3.4 所示 [3,7]. 在上述样品中, 布洛赫线间的最小距离为 30~60nm[7]. 当磁畴壁中存在布洛赫线时, 饱和磁化所需外磁场强度明显升高 [2,4,8].

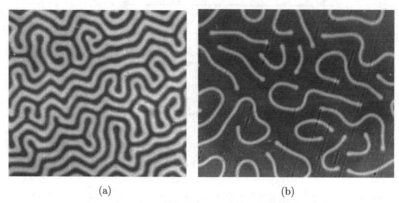

(a)   (b)

图 3.2 石榴石磁泡薄膜材料的两种磁畴 [4-6]

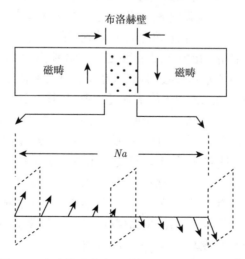

图 3.3 布洛赫壁中离子磁矩方向变化示意图 [3,7]

其中箭头表示离子磁矩方向, a 表示离子间距, Na 表示布洛赫壁的厚度

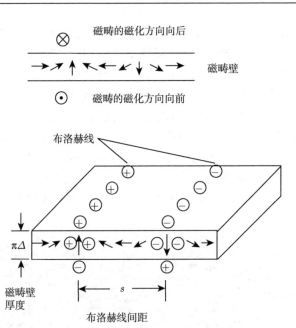

图 3.4 布洛赫线示意图 [3,7]

3.3 磁性材料的基本参数

磁性材料的主要性能可通过测量材料的磁滞回线和样品磁矩随温度变化曲线进行表征. 图 3.5(a) 和 (b) 分别给出在 10K 和 300K 下铁酸镍和铁酸钴的磁滞回线, 其纵轴为单位质量的磁化强度 σ, 称为比磁化强度, 横轴为真空状态的磁感应强度 $\mu_0 H$. 所用测试设备为带有低温环境和超导磁体的振动样品磁强计. 在图 3.5(b) 中标出了在 10K 下铁酸钴的比饱和磁化强度 σ_s、比剩余磁化强度 σ_r 和矫顽力 H_C. 这三个参数是磁性材料的基本参数. 由最大磁场处作磁滞回线的切线, 从切线与纵轴的交点得到 σ_s. 在磁场从饱和磁化下降过程中, 磁场降到 0 时, 磁化强度并不是 0, 这时的磁化强度值为 σ_r. 从 0 开始施加反向磁场, 当磁化强度降到 0 时的磁场强度值为 H_C. 从图 3.5 可以看出, 铁酸钴的 σ_r 和 H_C 远高于铁酸镍, 铁酸钴的 σ_s 也高于铁酸镍. 但是在低磁场下, 铁酸钴的磁化率 $(\mathrm{d}\sigma/\mathrm{d}H)$ 低于铁酸镍. 从图 3.5 还可以看出, 随着磁场的变化, 磁化率有所不同. 往往引入起始磁化率和最大磁化率的概念. 如果不明确指出, 泛指的一个材料的磁化率可理解为最大磁化率. 作为永磁体的硬磁材料, 要求 σ_r 和 H_C 越高越好; 而作为软磁材料, 要求 σ_r 和 H_C 越低越好; 作为磁记录材料, 要求 σ_r 和 H_C 的值适当.

图 3.6(a) 给出典型钙钛矿结构锰氧化物 $La_{0.85}Sr_{0.15}MnO_3$ 和 $La_{0.6}Sr_{0.4}MnO_3$ 在 10K 下的磁滞回线, 图 3.6(b) 给出这两个样品在 0.05T 外磁场作用下比磁化强

度 σ 随温度下降的变化曲线. 将图 3.6(b) 中的 σ 对温度 T 求导数, 在 σ 下降最快的温度对应导数的极小值, 这个温度可定义为居里温度 T_C. 从图 3.6(b) 可以看出, 在居里温度附近, 磁化强度下降很快, 但是在远低于居里温度时, 磁化强度下降较慢. 这基本符合居里温度的定义: 在 T_C 以下, 样品为铁磁性或亚铁磁性; 在 T_C 以上, 样品为顺磁性. 实际上, 磁性材料从铁磁性或亚铁磁性到顺磁性的转变有一个转变温区. 对于单晶材料和块体多晶材料, 这个转变温区较窄; 而对于纳米材料, 这个转变温区随晶粒粒径的减小而展宽. 因此, 在研究宽转变温区材料时, 也有人把磁化强度趋近于 0 的温度定义为居里温度.

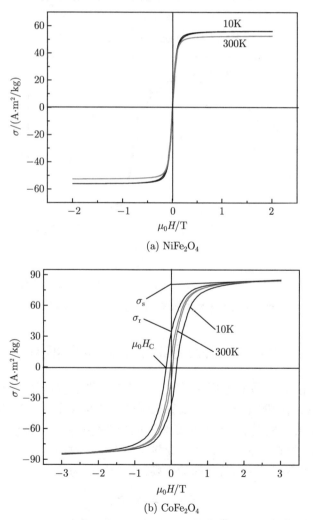

(a) NiFe$_2$O$_4$

(b) CoFe$_2$O$_4$

图 3.5 在 10K 和 300K 下铁酸镍 (a) 和铁酸钴 (b) 的磁滞回线

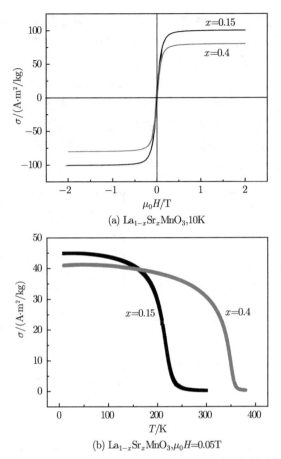

(a) $\mathrm{La_{1-x}Sr_xMnO_3}$,10K

(b) $\mathrm{La_{1-x}Sr_xMnO_3}$,$\mu_0H$=0.05T

图 3.6　$\mathrm{La_{0.85}Sr_{0.15}MnO_3}$ 和 $\mathrm{La_{0.6}Sr_{0.4}MnO_3}$ 在 10K 下的磁滞回线 (a) 及在 0.05T
外磁场作用下比磁化强度随温度下降的变化曲线 (b)

3.4　传统铁磁学中的磁有序模型

到目前为止, 磁学界普遍用离子间电子的交换作用解释分子场的来源 [1,9-11].
称氧化物磁性材料中磁性离子间的反铁磁耦合为超交换作用 (SE 模型), 铁磁耦合
为双交换作用 (DE 模型), 并用晶体场理论配合超交换和双交换作用给出解释. 称
金属和合金磁性材料中的交换作用为直接交换作用, 用固体能带论给出解释.

交换作用模型把一对自旋之间的交换作用能表示为

$$w_{ij} = -2J\mathbf{S}_i \cdot \mathbf{S}_j, \tag{3.5}$$

其中, J 称为交换积分, 取能量单位; $\mathbf{S}_i$ 和 $\mathbf{S}_j$ 为无量纲的自旋算符. 当自旋平行时,
交换积分取正值, 表示铁磁耦合; 当自旋反平行时, 交换积分取负值, 表示反铁磁耦

合. 因而交换作用能总是负值, 表示磁性交换作用使体系能量降低. 按照外斯的估算, 对于铁, 交换积分 $J = 2.16 \times 10^{-21} J = 13.5 meV^{[9]}$.

近角聪信 [9] 和 Coey[10] 用 MnO 中 $Mn^{2+}(3d^5)$-O^{2-}-$Mn^{2+}(3d^5)$ 间的反铁磁序解释**超交换作用模型**: 如图 3.7 所示, O^{2-} 的价电子结构为 $2s^2 2p^6$, 其外层 p^- 轨道向锰离子的外层轨道伸展, 2p 电子可分别进入相邻 Mn^{2+} 的 3d 轨道. Mn^{2+} 有 5 个 3d 电子, 已达 3d 次壳层的半满状态. 受洪德定则的限制, O^{2-} 的 2p 电子进入 Mn^{2+} 的 3d 轨道后, 其自旋方向必须与原有的 5 个 3d 电子自旋方向相反. O^{2-} 外层轨道的 2 个 2p 电子自旋方向相反, 导致一个 O^{2-} 最近邻的 2 个 Mn^{2+} 磁矩反平行.

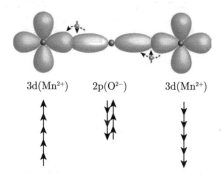

$$3d(Mn^{2+}) \qquad 2p(O^{2-}) \qquad 3d(Mn^{2+})$$

图 3.7 MnO 中的超交换作用模型示意图 [10]

双交换作用模型的基本物理图像一般用钙钛矿结构锰氧化物的磁有序状态说明 [9-14]. 例如 $La_{1-x}Sr_xMnO_3$ 中 Mn^{3+}-O^{2-}-Mn^{4+} 间的相互作用, 如图 3.8 所示, 晶体中 $Mn^{3+}(3d^4 : t_{2g}^3 e_g^1)$ 和 $Mn^{4+}(3d^3 : t_{2g}^3 e_g^0)$ 同时存在, 也就是说引入了部分空的 e_g 轨道. 由于 t_{2g} 电子的能量较低, 它与 O^{2-} 的 2p 态的重叠很小, 3 个 t_{2g} 电子形成了局域电子, 其自旋量子数为 3/2. 但 e_g 电子态的能量较高, 它与 O^{2-} 的 2p 态之间有较强的杂化, 因而 O^{2-} 的一个 2p 电子可以转移到 Mn^{4+} 的空 e_g 轨道, 同时, Mn^{3+} 的 e_g 电子转移到 O^{2-}, 这一过程使 e_g 电子从 Mn^{3+} 跳跃到 Mn^{4+} 且并不改变体系的能量, 由此形成导电性; 同时受洪德定则的制约, 巡游的 e_g 电子自旋与局域的 t_{2g} 电子的自旋必须平行排列, 从而导致锰离子的铁磁性耦合.

应用金属能带论解释磁性金属的电子结构, 关键在于对哈密顿函数如何构造. 这方面的工作以密度泛函理论 (DFT) 为基础, 至今仍在不断的改进中. Di Marco 等 [15-17] 在这方面做了较多的工作. 2007 年, Grechnev 等与 Di Marco 合作 [15], 基于局域密度近似加动力学平均场理论 (LDA+DMFT) 研究了 Fe、Co、Ni 的准粒子能带结构. 2012 年, Sánchez-Barriga 等与 Di Marco 合作 [16], 利用动力学平均场理论和三体散射近似对 Fe、Co、Ni 的自旋和角分辨光电子发射谱进行了拟合. 在拟合过程中, 他们调整了一个能量参数 U, 称为哈伯德 (Hubbard) 参数, 用于描述同一原子位置上自旋相反的两个电子之间的库仑排斥作用[11]. 他们得到 Fe、Co、Ni 磁性金属的参数 U 值分别为 1.5eV、2.5eV 和 2.8eV, 与 Steiner 等[18]1992 年报道的结果, 1.2eV、2.4eV 和 3.7eV, 相比较, Ni 的 U 值相差较多. 2016 年, Kvashnin 等与 Di Marco 合作[17], 利用 DFT 和 DFT+DMFT 进行第一原理计算, 研究了磁性金属铁的交换相互作用, 得到 Fe 的最近邻交换积分 J_1 约为 1.0mRy(1Ry=13.61eV)[10], 与文献 [9] 给出的 13.5meV 很接近, 但远小于 Steiner 等[18] 计算出的 Fe 的交换积分 J(=730meV).

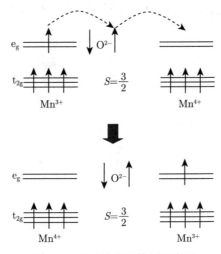

图 3.8   双交换作用模型示意图

参 考 文 献

[1] 戴道生, 钱昆明. 铁磁学 (上册). 北京: 科学出版社, 1987

[2] Han B S. J. Magn. Magn. Mater., 1991, 100: 455

[3] 《磁泡》编写组. 磁泡. 北京: 科学出版社, 1986

[4] 韩宝善, 凌吉武, 李伯臧, 聂向富, 唐贵德. 物理学报, 1986, 35: 130

[5] 唐贵德, 马长山, 杨连祥, 马丽梅. 近代物理实验. 石家庄: 河北科学技术出版社, 2003

[6] 齐伟华, 李壮志, 马丽, 唐贵德, 吴光恒, 胡凤霞. 物理学报, 2017, 66: 067501

[7] Tang G D, Liu Y, Hu H N, Liu Y P, Sun H Y, Nie X F. Phys. Stat. Sol. (b), 2003, 240(1): 201

[8] Nie X F, Tang G D, Niu X D, Han B S. J. Magn. Magn. Mater., 1991, 95: 231

[9] 近角聪信. 铁磁性物理. 葛世慧, 译. 兰州: 兰州大学出版社, 2002

[10] Coey J M D. Magnetism and Magnetic Materials. Cambridge: Cambridge University Press, 2010

[11] Stöhr J, Siegmann H C. 磁学: 从基础知识到纳米尺度超快动力学. 姬扬, 译. 北京: 高等教育出版社, 2012

[12] Salamon M B, Jaime M. Rev. Moder. Phys., 2001, 73: 583

[13] Dagotto E, Hotta T, Moreo A. Physics Reports, 2001, 344: 1

[14] 戴道生, 熊光成, 吴思诚. 物理学进展, 1997, 17(2): 201

[15] Grechnev A, Di Marco I, Katsnelson M I, Lichtenstein A I, Wills J, Eriksson O. Phys. Rev. B, 2007, 76: 035107

[16] Sánchez-Barriga J, Braun J, Minár J, Di Marco I, Varykhalov A, Rader O, Boni V, Bellini V, Manghi F, Ebert H, Katsnelson M I, Lichtenstein A I, Eriksson O, Eberhardt W, Dürr H A, Fink J. Phys. Rev. B, 2012, 85: 205109

[17] Kvashnin Y O, Cardias R, Szilva A, Di Marco I, Katsnelson M I, Lichtenstein A I, Nordström L, Klautau A B, Eriksson O. Phys. Rev. Lett., 2016, 116(21): 217202

[18] Steiner M M, Albers R C, Sham L J. Phys. Rev. B, 1992, 45(23):13272

第4章 传统磁有序模型的困难

对于几种典型磁性材料的一些磁有序实验结果, 目前用传统的磁有序模型还难以给出合理的解释, 成为多年来铁磁性物理学的难题. 这些难题包括 Cr、Mn 替代 $(A)[B]_2O_4$ 型尖晶石结构铁氧体的磁矩和阳离子分布问题, ABO_3 型钙钛矿结构锰氧化物磁矩随二价碱土离子掺杂而变化的问题, 磁性金属 Fe、Co、Ni 的价电子结构对其平均原子磁矩和电阻率的影响问题, 特别是, 对于磁有序能的来源是否能找到一个唯象模型? 本章简要介绍这些长期困扰磁学界的问题, 在后续各章陆续介绍我们对这些难题的解释.

4.1 铬和锰掺杂尖晶石结构铁氧体的磁有序难题

尖晶石结构铁氧体通式为 $(A)[B]_2O_4$, 其晶体结构如图 4.1 所示[1], 空间群

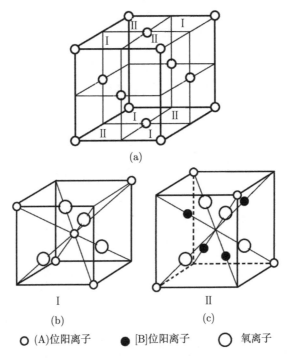

(a)

I   II

(b)   (c)

○ (A)位阳离子   ● [B]位阳离子   ◯ 氧离子

图 4.1 $(A)[B]_2O_4$ 型尖晶石结构铁氧体的晶体结构示意图

为 $Fd\bar{3}m$. 每个晶胞中包含 8 个 (A)[B]$_2$O$_4$ 结构单元, 32 个氧离子以面心立方 (fcc) 密堆积排列. 氧离子形成的 96 个间隙分为两种: 64 个四面体间隙和 32 个八面体间隙. 其中 8 个四面体间隙被金属离子占据, 称为 (A) 位; 16 个八面体间隙被金属离子占据, 称为 [B] 位. 如图 4.1(a) 所示, 每个晶胞又可以分成两种共 8 个小立方体, 分别如图 4.1(b) 和 (c) 所示. 在图 4.1(b) 中, 一个 (A) 位阳离子周围有 4 个氧离子; 在图 4.1(c) 中, 一个 [B] 位阳离子周围有 6 个氧离子. 所以 (A) 位与 [B] 位最近邻氧离子数目的比值为 2:3, 如果全部 (A) 位由二价阳离子占据, 全部 [B] 位由三价阳离子占据, 即晶体中的电荷密度达到平衡, 称为正尖晶石结构, 表达式为 $(M^{2+})[N^{3+}]_2O_4^{2-}$.

用 a 表示晶胞边长, 即晶格常数. 在理想状态下, (A) 位阳离子到最近邻氧离子的距离为 $\sqrt{3}a/8$, [B] 位阳离子到最近邻氧离子的距离为 $a/4$. 当考虑电子云的泡利排斥能时, 要求离子半径较大的二价阳离子全部进入间隙较大的 [B] 位, 半径较小的三价阳离子一半占据间隙较小的 (A) 位, 另一半占据 [B] 位, 称为反尖晶石结构, 表达式为 $(N^{3+})[M^{2+}N^{3+}]O_4^{2-}$. 当同时考虑电荷密度平衡和泡利排斥能的影响时, 一部分二价阳离子进入 (A) 位, 称为混合尖晶石结构, 表达式为 $(M_{1-x}^{2+}N_x^{3+})[M_x^{2+}N_{2-x}^{3+}]O_4^{2-}$, 其中 $0.0 < x < 1.0$. 当 $x = 0$ 时, 为正尖晶石结构; 当 $x = 1$ 时, 为反尖晶石结构.

(A)[B]$_2$O$_4$ 型尖晶石结构铁氧体 MFe$_2$O$_4$(M=Fe, Co, Ni, Cu) 是典型的亚铁磁性材料. 按照传统理论, 其 (A)、[B] 子晶格中离子磁矩分别平行排列, 但两个子晶格的离子磁矩相互反平行排列. 可近似认为其中铁离子都是三价, 一半进入 (A) 位, 另一半进入 [B] 位, 所以三价铁离子的磁矩恰好相互抵消; M 离子都是二价, 并且全部进入 [B] 位, 所以当 M= Fe, Co, Ni, Cu 时, 其平均分子磁矩实验值 (μ_{obs}) 分别为 $4.2\mu_B$、$3.3\mu_B$、$2.3\mu_B$、$1.3\mu_B$[2-5], 略大于二价铁离子、钴离子、镍离子和铜离子的磁矩 (μ_{M2})$4\mu_B$、$3\mu_B$、$2\mu_B$、$1\mu_B$, 说明反尖晶石结构是较好的近似 (这是由于每个电子的自旋磁矩为 $1\mu_B$, 3d 能级共有 5 个, 二价铁离子、钴离子、镍离子和铜离子的 3d 电子数目分别为 6、7、8、9, 离子磁矩等于 $(10 - n_d)\mu_B$). 但是, 当 M= Mn 时, μ_{obs} 约为 $4.6\mu_B$, 略小于 Mn^{2+} 的磁矩 ($\mu_{M2} = 5\mu_B$). 当 M =Cr 时, μ_{obs} 约为 $2\mu_B$, 只有 Cr^{2+} 磁矩 ($\mu_{M2} = 4\mu_B$) 的 1/2. 图 4.2 示出 μ_{obs} 和 μ_{M2} 随 M^{2+} 中 3d 电子数目 n_{M2} 的变化关系. 迄今为止, 对于 Mn 和 Cr 掺杂尖晶石铁氧体的磁结构与 Fe、Co、Ni 和 Cu 掺杂时的区别, 仍存在广泛的争议[6-20], 成为长期困扰磁学界的一个难题, 以至于在经典的铁磁性物理著作中[2-5], 回避关于 Cr 掺杂尖晶石铁氧体问题的介绍.

对于 Cr 掺杂的铁氧体, 一部分学者认为铬离子全部进入 [B] 位, 另一部分学者却认为铬离子既可以进入 [B] 位, 也可以进入 (A) 位.

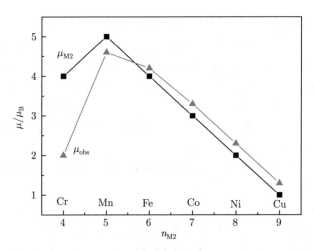

图 4.2   尖晶石结构铁氧体 $M\mathrm{Fe_2O_4}$ 的平均分子磁矩实验值 μ_{obs} 和 M^{2+} 磁矩 μ_{M2} 随 M^{2+} 中 3d 电子数目 n_{M2} 的变化关系

Kim 等 [6] 制备了尖晶石铁氧体 $\mathrm{Cr}_x\mathrm{Fe}_{3-x}\mathrm{O_4}$ ($x \leqslant 0.95$) 薄膜, 厚度为 700~ 800nm. 他们测量了样品的室温磁滞回线, 观察到样品的饱和磁化强度随 Cr 掺杂量的增加而减小. 他们假设铬离子全部为三价, 替代 [B] 位三价的铁离子, 拟合了样品磁化强度随 Cr 掺杂量的变化, 发现拟合结果较好. Lee 等 [7] 制备了铬掺杂镁铁氧体 $\mathrm{MgFe}_{2-x}\mathrm{Cr}_x\mathrm{O_4}$ ($x=$ 0.0, 0.1, 0.3, 0.5, 0.7), 通过分析样品的穆斯堡尔谱 (Mössbauer spectroscopy), 认为全部 Cr 都进入尖晶石结构的 [B] 位. Singhal 等 [8] 通过溶胶-凝胶自燃法制备了铬掺杂钴铁氧体 $\mathrm{CoCr}_x\mathrm{Fe}_{2-x}\mathrm{O_4}$ ($x=$ 0.2, 0.4, 0.6, 0.8, 1.0), 并研究了其结构、磁性、电性和光学性质. 他们认为铬离子全部为三价, 并且全部占据 [B] 位, 磁矩为 $3\mu_\mathrm{B}$ 的 $\mathrm{Cr^{3+}}$ 替代了 [B] 位的磁矩为 $5\mu_\mathrm{B}$ 的 $\mathrm{Fe^{3+}}$, 导致饱和磁化强度随 $\mathrm{Cr^{3+}}$ 含量的增加而减小. Birajdar 等 [9] 制备了铬掺杂的镍锌铁氧体 $\mathrm{Ni_{0.7}Zn_{0.3}Cr}_x\mathrm{Fe}_{2-x}\mathrm{O_4}$ ($x=$ 0.0, 0.1, 0.2, 0.3, 0.4, 0.5). 随着 Cr 掺杂量的增加, 该样品的体积密度和晶粒粒径均减小, 比饱和磁化强度从 58.31A·m²/kg 线性下降到 42.90A·m²/kg. 他们认为 $\mathrm{Ni^{2+}}$ 全部占据 [B] 位, $\mathrm{Zn^{2+}}$ 全部占据 (A) 位, 认为铬离子全部为三价, 在晶体场效应下, $\mathrm{Cr^{3+}}$ 优先替代位于 [B] 位的 $\mathrm{Fe^{3+}}$. 他们给出了计算得到的磁矩与实验磁矩的对比, 发现二者之间差别很大. Gismelseed 等 [10] 通过传统的陶瓷技术制备了 $\mathrm{NiCr}_x\mathrm{Fe}_{2-x}\mathrm{O_4}$($0.0 \leqslant x \leqslant 1.4$), 利用 X 射线衍射和穆斯堡尔谱研究其结构和磁性. 他们认为当铬离子含量较少时, 所有铬离子都占据 [B] 位；但当 $x \geqslant 1.2$ 时, 占据 [B] 位的一部分铬离子与其他离子磁矩之间出现倾角, 随着 Cr 掺杂量的继续增加, 一部分镍离子进入 (A) 位. Liang 等 [11] 通过沉淀氧化法制备了 $\mathrm{Fe}_{3-x}\mathrm{Cr}_x\mathrm{O_4}$($0 \leqslant x \leqslant 0.67$). 他们通过对样品的 X 射线近边吸收谱分析, 发现 $\mathrm{Fe}_{3-x}\mathrm{Cr}_x\mathrm{O_4}$ 吸收谱与 $\mathrm{FeCr_2O_4}$ 吸收谱相似, 认为铬离子为 $\mathrm{Cr^{3+}}$, 全

部占据 [B] 位. Mane 等[12] 利用固相反应法制备了铁氧体样品 $CoAl_xCr_xFe_{2-2x}O_4$ $(0.0 \leqslant x \leqslant 0.5)$. 他们认为所有的铬离子都是三价的, 并且全部进入 [B] 位.

Hashim 等[13] 通过柠檬酸凝胶自燃法制备了铬掺杂的镍镁铁氧体 $Ni_{0.5}Mg_{0.5}$ $Fe_{2-x}Cr_xO_4$ $(0.0 \leqslant x \leqslant 1.0$, 步长为 0.2). 利用 X 射线衍射分析, 他们认为, 当 $x \leqslant 0.6$ 时, 铬离子全部进入 [B] 位; $x = 0.8$ 和 1.0 时, 有 0.05 的 Cr 进入 (A) 位, 其余的 Cr 全部进入 [B] 位. Fayek 等[14] 制备了单相立方尖晶石结构系列样品 $NiCr_xFe_{2-x}O_4$, 利用穆斯堡尔谱分析, 认为当铬离子含量 $x \leqslant 0.6$ 时, 铬离子全部进入 [B] 位; 当 $x =$ 0.8 和 1.0 时, 有 0.6 的铬离子进入 [B] 位, 其余的铬离子进入 (A) 位. Kadam 等[15] 通过溶胶-凝胶法制备了铁氧体磁性材料 $Co_{0.5}Ni_{0.5}Cr_xFe_{2-x}O_4$ $(0.0 \leqslant x \leqslant 1.0$, 步长为 0.25), 他们发现随着 Cr 掺杂量的增加, 比饱和磁化强度从 $65.1 A \cdot m^2/kg$ 下降到 $40.6 A \cdot m^2/kg$. 他们通过 X 射线衍射谱分析得到阳离子分布, 认为其中铬离子、钴离子、镍离子都有 20% 进入 (A) 位, 80% 进入 [B] 位. Magalhães 等[16] 用传统的化学共沉淀法制备了系列样品 $Fe_{3-x}Cr_xO_4$ $(x = 0.00, 0.07, 0.26, 0.42, 0.51)$, 通过对样品的穆斯堡尔谱和 X 射线衍射谱进行分析, 他们认为在 Cr 含量较低时, Cr^{3+} 仅会替代 [B] 位的 Fe_{oct}^{3+}, 当 Cr 含量较高时, 铬离子会同时替代 (A) 位的 Fe_{tet}^{3+} 和 [B] 位的 Fe_{oct}^{2+}. Ghatage 等[17] 利用中子衍射方法研究了 $NiCr_xFe_{2-x}O_4$ $(0.0 \leqslant x \leqslant 1.0)$ 系列尖晶石铁氧体样品, 分析了其晶格常数和阳离子分布, 认为铬离子在 (A) 和 [B] 位都有分布. 表 4.1 列出上述部分文献给出的 (A)/[B] 位中铬离子的含量比, 可见不同作者给出的结果差别非常大.

表 4.1 不同作者对尖晶石铁氧体 (A)/[B] 位中铬离子含量比的分析结果

材料	(A)/[B] 位中铬离子的含量比	参考文献
$Cr_xFe_{3-x}O_4 (x \leqslant 0.95)$	0.0/x	[6]
$MgFe_{2-x}Cr_xO_4 (x=0.0, 0.1, 0.3, 0.5, 0.7)$	0.0/x	[7]
$CoCr_xFe_{2-x}O_4 (x=0.2, 0.4, 0.6, 0.8, 1.0)$	0.0/x	[8]
$Fe_{3-x}Cr_xO_4 (0 \leqslant x \leqslant 0.67)$	0.0/x	[11]
$CoAl_xCr_xFe_{2-2x}O_4 (0.0 \leqslant x \leqslant 0.5)$	0.0/x	[12]
$Ni_{0.5}Mg_{0.5}Fe_{2-x}Cr_xO_4 (x=0.2, 0.4, 0.6)$	0.0/x	[13]
$Ni_{0.5}Mg_{0.5}Fe_{2-x}Cr_xO_4 (x=0.8)$	0.05/0.75	[13]
$Ni_{0.5}Mg_{0.5}Fe_{2-x}Cr_xO_4 (x=1.0)$	0.05/0.95	[13]
$Co_{0.5}Ni_{0.5}Cr_xFe_{2-x}O_4 (x=0.25, 0.5, 0.75, 1.0)$	1/4	[15]
$NiCr_xFe_{2-x}O_4 (x=0.2)$	0.1/0.1	[17]
$NiCr_xFe_{2-x}O_4 (x=0.4)$	0.15/0.25	[17]
$NiCr_xFe_{2-x}O_4 (x=0.8)$	0.25/0.55	[17]
$NiCr_xFe_{2-x}O_4 (x=1.0)$	0.3/0.7	[17]

对于 Mn 掺杂的铁氧体, 一部分学者认为锰离子以 Mn^{2+} 的形式存在于铁氧体中, 并且 Mn^{2+} 倾向于占据 (A) 位, 还有一部分学者认为大部分锰离子进入 [B] 位.

传统观点认为 80% 的锰离子以 Mn^{2+} 的形式分布在 (A) 位 [2], 也有一些实验结果认为大部分锰离子分布在 [B] 位. Zhao 等 [18] 利用乳液法制备了纳米晶铁氧体 $Ni_{0.7}Mn_{0.3}Nd_{0.1}Fe_{1.9}O_4$, 通过分析穆斯堡尔谱, 认为锰离子全部进入 (A) 位, 给出具体的离子分布为 $(Mn_{0.30}^{2+}Fe_{0.41}^{3+}Ni_{0.29}^{2+})[Ni_{0.41}^{2+}Nd_{0.10}^{3+}Fe_{1.49}^{3+}]O_4$. Li 等 [19] 制备了 $Fe_{3-x}Mn_xO_4$ ($x = 0.25, 0.5, 0.75, 1.0$) 样品, 基于穆斯堡尔谱分析, 他们认为其中的锰离子全部占据 [B] 位. Fayek 等 [20] 制备了 6 个 $CoMn_xFe_{2-x}O_4$ ($0.2 \leqslant x \leqslant 1.0$) 样品, 利用穆斯堡尔谱和中子衍射分析, 认为所有的锰离子都是以三价状态占据 [B] 位. Lee 等 [21] 通过固相反应法制备了 $Co_{1-x}Mn_xFe_2O_4$($0.2 \leqslant x \leqslant 0.8$) 尖晶石铁氧体, 利用穆斯堡尔谱研究了阳离子分布, 认为当 $0.2 \leqslant x \leqslant 0.4$ 时, 锰离子全部进入 [B] 位; 当 $0.6 \leqslant x \leqslant 0.8$ 时, 锰离子开始进入 (A) 位. Roumaih[22] 利用固相反应法制备了 $Ni_{1-x}Cu_xFe_{2-y}Mn_yO_4$ ($x = 0.2, 0.5, 0.8$, y=0.00, 0.25, 0.50, 0.75, 1.00) 铁氧体, 通过穆斯堡尔谱和磁性数据分析, 认为锰离子以 Mn^{2+}、Mn^{3+}、Mn^{4+} 3 种价态存在, 阳离子分布为 $(Cu_t^{2+}Mn_z^{2+}Fe_{1-z-t}^{3+})[Ni_{1-x}^{2+}Cu_{x-t}^{2+}Mn_{y-2z}^{3+}Mn_z^{4+}Fe_{1+z+t-y}^{3+}]O_4^{2-}$, 当 $y \leqslant 0.75$ 时, 锰离子全部进入 [B] 位, 当 $y = 1.0$ 时, 分别有 12%($x=0.2$) 和 25%(x=0.5, 0.8) 的锰离子进入 (A) 位. Sakurai 等 [23] 制备了单晶样品 $Mn_{0.80}Zn_{0.18}Fe_{2.02}O_4$, 通过研究样品的 X 射线近边吸收谱、X 射线磁圆二色谱 (X-ray magnetic circular dichroism, XMCD), 得到样品中的阳离子分布情况为 $(Mn_{0.71}^{2+}Zn_{0.10}^{2+}Fe_{0.19}^{3+})[Mn_{0.09}^{2+}Zn_{0.08}^{2+}Fe_{1.83}^{3+}]O_4$. Harrison 等 [24] 制备了单晶 $Mn_{0.972}Fe_{1.992}O_4$, 认为 0.787 的锰离子进入 (A) 位. Gabal 等 [25] 制备了铁氧体 $Mn_{1-x}Zn_xFe_2O_4$($0.2 \leqslant x \leqslant 0.8$), 他们认为 Mn 以 Mn^{2+} 的形式存在, 并且 Mn^{2+} 既可以占据 (A) 位, 也可以占据 [B] 位. Hemeda[26] 通过传统陶瓷技术制备了铁氧体 $Co_{0.6}Zn_{0.4}Mn_xFe_{2-x}O_4$($x$=0.0, 0.1, 0.2, 0.3, 0.4, 0.5), 他认为 Mn^{2+} 全部进入 (A) 位, 占锰离子总数的 80%, 而 Mn^{3+} 全部进入 [B] 位, 占锰离子总数的 20%. 表 4.2 列出部分作者给出的 (A)/[B] 位中锰离子的

表 4.2　不同作者对尖晶石铁氧体 (A)/[B] 位中锰离子含量比的分析结果

材料	(A)/[B] 位中锰离子的含量比	参考文献
$MnFe_2O_4$	0.8/0.2	[2]
$Ni_{0.7}Mn_{0.3}Nd_{0.1}Fe_{1.9}O_4$	0.3/0.0	[18]
$Fe_{3-x}Mn_xO_4$(x= 0.25, 0.5, 0.75, 1.0)	0.0/x	[19]
$CoMn_xFe_{2-x}O_4$($0.2 \leqslant x \leqslant 1.0$)	0.0/x	[20]
$Co_{1-x}Mn_xFe_2O_4$(x=0.2, 0.4)	0.0/x	[21]
$Ni_{1-x}Cu_xFe_{2-y}Mn_yO_4$($x$=0.2, 0.5, 0.8; y=0.25, 0.50, 0.75)	0.00/y	[22]
$Co_{1-x}Mn_xFe_2O_4$(x=0.6)	0.40/0.19	[21]
$Ni_{1-x}Cu_xFe_{2-y}Mn_yO_4$($x$= 0.5, 0.8; y=1.0)	0.25/0.75	[22]
$Co_{1-x}Mn_xFe_2O_4$(x=0.8)	0.22/0.54	[21]
$Mn_{0.80}Zn_{0.18}Fe_{2.02}O_4$	0.71/0.09	[23]
$Mn_{0.972}Fe_{1.992}O_4$	0.787/0.185	[24]

含量比. 显然, 这些结果存在非常大的差异.

通过上述介绍可以发现, 不同学者对铬和锰离子分布的问题众说纷纭, 并给出了各自不同的见解, 磁矩的计算值和实验值差距很大. 虽然有些学者认为这是由于磁矩间出现倾角, 但并未给出磁矩倾角具体的变化趋势. 因此, 寻求一种合理而统一的模型来估算阳离子分布, 是一项非常有意义的工作.

4.2　钙钛矿结构锰氧化物磁矩变化趋势的难题

理想的 ABO_3 型钙钛矿氧化物晶胞为立方结构, 属于 $Pm\bar{3}m$ 空间群, 如图 4.3 所示. 有效半径较大的阳离子位于立方晶胞的顶点上, 称为 A 位; 有效半径较小的阳离子位于体心, 称为 B 位; 氧离子位于立方晶胞的 6 个面心. 晶格常数 $a = b = c = a_0$, 三个坐标轴间的夹角 $\alpha = \beta = \gamma = 90°$, 因而一个晶胞中含有一个 A 位离子、一个 B 位离子和三个氧离子. 容易看出, B—O 离子间距为 $a_0/2$, A—O 离子间距为 $a_0/\sqrt{2}$, A 位空间大于 B 位空间.

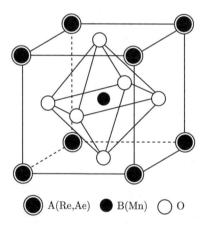

A(Re,Ae)　　B(Mn)　　O

图 4.3　立方结构的 ABO_3 型钙钛矿氧化物晶胞示意图

在 ABO_3 型锰氧化物 $Re_{1-x}Ae_xMnO_3$(Re = La, Pr, Nd 等, Ae = Ca, Sr, Ba, Pb 等) 中, 半径较大的稀土离子 Re 或碱土离子 Ae 占据 A 位, 半径较小的锰离子占据 B 位 [27-29]. A、B 位离子有效半径差别很大, 引起晶格层间的不匹配, 导致晶格发生畸变. 实际的掺杂钙钛矿锰氧化物往往畸变成正交结构或菱面体结构. 由于对称性降低, 正交结构的晶胞包含 4 个分子, 空间群为 $Pbnm$, 如图 4.4 所示. 菱面体结构晶胞包含 6 个分子, 空间群为 $R\bar{3}c$, 如图 4.5 所示. 图 4.4 和图 4.5 还给出了正交结构和菱面体结构与立方结构中离子分布的对应关系. 一般来讲, 晶格的畸变幅度很小 [27], 为便于理解, 有时使用等效立方晶胞讨论材料的物理性能.

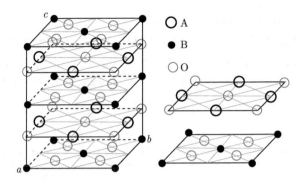

图 4.4 正交结构的 ABO_3 型钙钛矿氧化物晶胞示意图

如果 $a = b = \sqrt{2}a_0$, $c = 2a_0$, 则正交结构变为立方结构

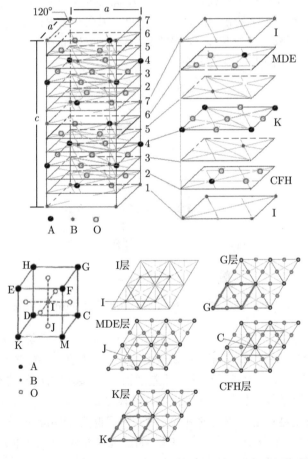

图 4.5 菱面体结构的 ABO_3 型钙钛矿氧化物晶胞示意图 [27]

如果 $c = \sqrt{6}a$, $a = \sqrt{2}a_0$, 则变成晶格常数为 a_0 的立方结构

ABO$_3$ 型钙钛矿结构锰氧化物 $Re_{1-x}Ae_xMnO_3$ 由于具有丰富的化学、物理性质及潜在的应用前景, 受到国内外材料和物理界的广泛关注 [27-40]. 例如, 在 $x = 0.0$ 或 1.0 时, 样品呈半导体特性, 不具有铁磁性和导电性, 然而在 $0.2 < x < 0.4$ 的范围内, 样品的铁磁性和导电性最好. $La_{1-x}Sr_xMnO_3$ 的磁电相图如图 4.6 所示 [39]. 其中, T_C 和 T_N 分别表示居里温度和奈尔温度; PI 和 PM 分别表示顺磁绝缘态和顺磁金属态; CI、FI、FM 和 AFM 分别表示自旋倾角绝缘态、铁磁绝缘态、铁磁金属态和反铁磁金属态. 对于这种材料的磁性和电输运性质, 1951 年, Zener[40] 用双交换作用模型给出了定性解释. 1955 年, Goodenough 等 [41] 提出了有关锰离子的 3d 电子和 O 的 2p 电子杂化的共价键理论, 用该理论可以定性地解释材料在不同组分时的晶体结构. 同年, Wollan 和 Koehler[42] 通过中子衍射研究了 $La_{1-x}Ca_xMnO_3$ 的晶体结构. 后来人们又对钙钛矿锰氧化物的结构、磁有序、磁电阻等物理特性进行了深入研究 [43-50]. 1995 年, Xiong 等 [51] 研究了 $Nd_{0.7}Sr_{0.3}MnO_3$ 薄膜样品的磁电阻效应, 发现其磁电阻可高达 $10^6\%$. 这类材料由于具有潜在的应用前景, 在世界范围内又引发了新一轮的研究热潮.

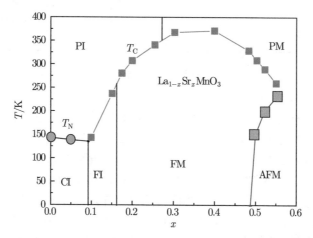

图 4.6 ABO$_3$ 型钙钛矿结构锰氧化物 $La_{1-x}Sr_xMnO_3$ 的磁电相图 [39]

其中 T_C 和 T_N 分别表示居里温度和奈尔温度; PI 和 PM 分别表示顺磁绝缘态和顺磁金属态; CI、FI、FM 和 AFM 分别表示自旋倾角绝缘态、铁磁绝缘态、铁磁金属态和反铁磁金属态

为了进一步探讨钙钛矿锰氧化物的物理机制, 人们运用多种先进的技术手段, 如穆斯堡尔谱、电子顺磁共振 (electron paramagnetic resonance)、拉曼 (Raman) 光谱、红外光谱等手段对这类材料 A、B 位不同元素掺杂进行了研究 [52-58].

对于这类材料磁性和电输运性质的物理机制, 人们虽然做了大量的实验和理论研究, 但是还有许多问题尚未解决, 其中三个较为突出的问题如下:

(1) A 位掺杂样品的磁矩随掺杂量的变化关系. 1995 年, Urushibara 等 [30] 研究

了 $La_{1-x}Sr_xMnO_3$ 单晶薄膜样品, 发现当 $x < 0.15$ 时, 样品的饱和磁化强度随 Sr 掺杂量的增加而迅速增大, 在 $x = 0.15$ 时样品的磁矩有最大值, 这与 Jonker 等 [36] 的研究结果类似. 这两篇文献报道的平均分子磁矩数据列于表 4.3, 其中, Urushibara 等 [30] 的磁矩在 4.2K 测得, Jonker 等 [36] 的磁矩在 90K 测得. 运用传统的 DE 模型不能合理解释 $0.0 < x < 0.15$ 时样品磁矩随 x 变化的实验结果, 即为什么样品磁矩从 $x = 0.00$ 时的 $0.0\mu_B$ 变为 $x = 0.15$ 时的 $4.2\mu_B$.

表 4.3　钙钛矿锰氧化物 $La_{1-x}Sr_xMnO_3$ 的平均分子磁矩随 Sr 掺杂量的变化

Sr 掺杂量 x	Urushibara 等 [30] $(4.2K)/\mu_B$	Jonker 等 [36] $(90K)/\mu_B$
0.00	—	0.00
0.10	3.6	3.08
0.15	4.2	—
0.20	3.9	3.73
0.25	3.9	—
0.30	3.5	3.71
0.35	—	3.66
0.40	3.4	3.51

(2) 对于 B 位掺杂 3d 过渡金属离子铬和铁、钴、镍, 有大量的实验研究, 分别用双交换作用和超交换作用机制进行了解释, 但是, 对这些材料中的磁有序规律, 需要进行系统的分析. 例如, 为什么铬离子与锰离子间是铁磁耦合, 铁离子、钴离子、镍离子与锰离子是反铁磁耦合？Wang 等 [59] 通过固相反应的方法制备了 $La_{0.67}Sr_{0.33}Mn_{1-x}Ni_xO_3 (0 \leqslant x \leqslant 0.2)$ 样品, 发现掺杂镍之后样品的饱和磁化强度和晶胞体积逐渐减小. 通过 XPS 分析认为镍离子以 Ni^{2+} 形式存在, 并且认为 Ni^{2+} 与 $Mn^{3+(4+)}$ 之间存在铁磁超交换作用. Gupta 等 [60] 研究了样品 $La_{0.67}Sr_{0.33}Mn_{1-x}Ni_xO_3 (0 \leqslant x \leqslant 0.09)$, 发现实验结果与 Wang 等 [59] 的实验结果相一致, 同样也认为掺杂镍离子为 Ni^{2+}. 作者认为 Ni^{2+} 与锰离子的磁矩方向反平行排列. Creel 等 [61] 研究了 Ni 掺杂 $La_{0.7}Sr_{0.3}MnO_3$ 钙钛矿锰氧化物, 他们发现 Ni 掺杂导致样品晶胞体积减小, 认为镍离子是 Ni^{3+} 而不是 Ni^{2+}, 并且认为 Ni^{3+} 与 Mn^{3+} 磁矩方向反平行排列. Selmi 等 [62] 通过固相反应法制备了名义成分为 $Pr_{0.7}Ca_{0.3}Mn_{1-y}Ni_yO_3 (0 \leqslant y \leqslant 0.1)$ 的系列样品, 认为 Ni 为 Ni^{2+}, 且 Ni^{2+} 与 Mn^{4+} 间存在反铁磁耦合作用.

Sun 等 [63] 通过传统固相反应方法制备了多晶样品 $La_{0.67}Ca_{0.33}Mn_{1-x}Cr_xO_3$ $(0 \leqslant x \leqslant 0.3)$, 发现样品的居里温度随 Cr 掺杂量的增加而逐渐降低, 作者认为 Cr^{3+} 与 Mn^{3+} 间可能存在双交换作用. Ammar 等 [64] 通过固相反应方法研究了 Cr 掺杂 $Pr_{0.5}Sr_{0.5}MnO_3$ 的晶体结构与磁性, 发现掺杂 Cr 之后, 样品的饱和磁化强度和晶胞体积都逐渐减小. 作者认为掺杂 Cr^{3+} 后, 破坏了 Mn^{3+} 与 Mn^{4+} 间的双交换作用. Xavier 等 [65] 研究了多晶样品 $La_{0.7}Sr_{0.3}Mn_{1-x}Fe_xO_3(0 \leqslant x \leqslant 0.1)$, 认为铁离子形成了反铁磁团簇, 导致样品的铁磁有序随掺杂量的增加而降低. Baazaoui 等 [66] 通过固相反应方法制备了钙钛矿锰氧化物 $La_{0.67}Ba_{0.33}Mn_{1-x}Fe_xO_3$ $(0 \leqslant x \leqslant 0.2)$, 认为 Fe^{3+} 与 Mn^{3+} 间为倾角反铁磁耦合. 通过对 $La_{2/3}Ca_{1/3}Mn_{0.97}Fe_{0.03}O_3$ 薄膜进行 X 射线磁圆二色谱的分析, Figueroa 等 [67] 认为铁离子与锰离子磁矩方向反平行排列. Nasri 等 [68] 通过球磨法制备了名义成分为 $Pr_{0.6}Sr_{0.4}Mn_{1-x}Fe_xO_3(0 \leqslant x \leqslant 0.3)$ 的系列样品, 认为 Fe-O-Mn 间为超交换反铁磁耦合. 样品磁性的减弱主要是由双交换与超交换的相互竞争导致的. Dhahri 等 [69] 通过溶胶-凝胶法制备了多晶样品 $La_{0.67}Pb_{0.33}Mn_{1-x}Co_xO_3(0 \leqslant x \leqslant 0.3)$, 发现样品的居里温度与金属-半导体转变温度随着 Mn^{3+} 被 Co^{3+} 替代, 而逐渐降低. Yoshimatsu 等 [70] 等对 $Pr_{0.8}Ca_{0.2}Mn_{1-y}Co_yO_3(0 \leqslant y \leqslant 0.3)$ 薄膜进行了研究, 认为掺杂的钴离子为 Co^{2+}, 且 Co^{2+} 与锰离子的自旋为铁磁超交换耦合作用. Chen 等 [71] 通过固相反应法制备了 $La_{0.7}Sr_{0.3}Mn_{1-x}Co_xO_3$ $(0 \leqslant x \leqslant 1)$, 发现在掺杂量 $x = 0.7$ 时, 样品饱和磁化强度出现最小值, 认为钴离子以 Co^{3+} 和 Co^{4+} 形式存在, 样品中存在铁磁与反铁磁相的相互竞争. 表 4.4 列出上述文献中关于 B 位掺杂离子的化合价以及与锰离子间磁性耦合关系的讨论, 可见存在争议.

表 4.4　钙钛矿锰氧化物 B 位掺杂离子的化合价及其与锰离子间的磁性耦合关系

掺杂元素	材料成分	耦合机制	参考文献
Cr	$La_{0.67}Ca_{0.33}Mn_{1-x}Cr_xO_3(0 \leqslant x \leqslant 0.3)$	Cr^{3+} 与 Mn^{3+} 间可能存在双交换作用	[63]
	$Pr_{0.5}Sr_{0.5}Mn_{1-x}Cr_xO_3(0 \leqslant x \leqslant 0.3)$	Cr^{3+} 破坏了 Mn^{3+} 与 Mn^{4+} 间的双交换作用	[64]
Fe	$La_{0.7}Sr_{0.3}Mn_{1-x}Fe_xO_3(0 \leqslant x \leqslant 0.10)$	铁离子形成了反铁磁团簇	[65]
	$La_{0.67}Ba_{0.33}Mn_{1-x}Fe_xO_3(0 \leqslant x \leqslant 0.2)$	Fe^{3+} 与 Mn^{3+} 间为倾角反铁磁耦合	[66]
	$La_{2/3}Ca_{1/3}Mn_{0.97}Fe_{0.03}O_3$	铁离子与锰离子磁矩方向反平行排列	[67]
	$Pr_{0.6}Sr_{0.4}Mn_{1-x}Fe_xO_3(0 \leqslant x \leqslant 0.3)$	Fe-O-Mn 间为超交换反铁磁耦合	[68]
Co	$Pr_{0.8}Ca_{0.2}Mn_{1-y}Co_yO_3(0 \leqslant y \leqslant 0.3)$	Co^{2+} 与锰离子的自旋为铁磁超交换耦合作用	[70]
	$La_{0.7}Sr_{0.3}Mn_{1-x}Co_xO_3(0 \leqslant x \leqslant 1)$	存在铁磁与反铁磁相的相互竞争	[71]
Ni	$La_{0.67}Sr_{0.33}(Mn_{1-x}Ni_x)O_3(0 \leqslant x \leqslant 0.2)$	Ni^{2+} 与 $Mn^{3+(4+)}$ 之间存在铁磁超交换作用	[59]
	$La_{0.67}Sr_{0.33}Mn_{1-x}Ni_xO_3(0 \leqslant x \leqslant 0.09)$	Ni^{2+} 与 Mn 的磁矩方向反平行排列	[60]
	$La_{0.7}Sr_{0.3}Mn_{1-x}Ni_xO_3(x \leqslant 0.4)$	Ni^{3+} 与 Mn^{3+} 磁矩方向反平行排列	[61]
	$Pr_{0.7}Ca_{0.3}Mn_{1-y}Ni_yO_3(0 \leqslant y \leqslant 0.1)$	Ni^{2+} 与 Mn^{4+} 之间存在反铁磁耦合作用	[62]

(3) 传统观点认为钙钛矿结构的 $LaMnO_3$ 中 Mn^{3+} 间反铁磁耦合. Töpfer 等 [72] 和 Prado 等 [73] 研究了热处理温度对 $LaMnO_3$ 磁矩的影响, 发现由于热处理条件不同, 样品中的氧空位含量不同, 导致样品的平均分子磁矩可在 $0\mu_B \sim 3\mu_B$ 变化; 而对于典型的反铁磁材料 MnO, 不论制备条件如何变化, 其磁矩都非常小. 因

而, $LaMnO_3$ 和 MnO 应属于两类不同的反铁磁材料, 但是, 对于这两类材料的反铁磁机制有什么区别, 需要进行研究.

4.3　金属磁性和导电性的关系

磁性金属 Fe、Co、Ni 的平均原子磁矩实验值分别为 $2.22\mu_B$、$1.72\mu_B$、$0.62\mu_B$ [2,74,75]. 由于其自由原子的价电子组态分别为 $3d^64s^2$、$3d^74s^2$、$3d^84s^2$, 如果在金属中其 4s 电子对磁矩无影响, 平均原子磁矩应为 $4.0\mu_B$、$3.0\mu_B$、$2.0\mu_B$, 远高于实验值.

在 0°C下 Cu 的电阻率为 $1.55\mu\Omega\cdot cm$, 明显低于其他 3d 过渡金属的电阻率. 例如, Fe、Co、Ni 的电阻率分别为 $8.6\mu\Omega\cdot cm$、$5.57\mu\Omega\cdot cm$、$6.14\mu\Omega\cdot cm$[75]. Cu 的价电子组态为 $3d^{10}4s^1$, 应用金属自由电子论可得到平均每个 Cu 原子贡献一个自由电子. 另一方面, 金属 Cu 属于逆磁性材料, 其原子磁矩为 0. 这说明在金属 Cu 中所有的 10 个 3d 电子都是被离子实紧密束缚的局域电子, 即在其 3d 次壳层 5 个能级的每一个能级上都存在自旋方向相反的 2 个电子, 使电子的自旋磁矩相互抵消.

因此, 可以合理地假设, 在电阻率高于 Cu 的 Fe、Co、Ni 金属中, 其自由原子的电子组态 ($3d^64s^2$、$3d^74s^2$、$3d^84s^2$) 在形成金属的过程中发生了变化: 大部分 4s 电子进入 3d 轨道, 变成 3d 电子, 剩余的 4s 电子成为自由电子. 由于 Fe、Co、Ni 的电阻率高于 Cu, 平均每个原子贡献的自由电子数目应少于一个. 因此, 可以从电子结构的角度对 Fe、Co、Ni、Cu 的磁性和电阻率给出统一的解释. 这需要进行系统的研究.

4.4　是否存在磁性材料磁有序能来源的唯象模型

金属 Fe、Co、Ni 的平均原子磁矩和一些典型氧化物磁性材料的平均分子磁矩 μ_{obs} 及其晶体结构、居里温度 T_C 列于表 4.5[2-5,74-77]. 可以看出, 尖晶石结构铁氧体的居里温度与金属 Ni 比较接近, 但显著高于钙钛矿结构锰氧化物的居里温度. 这说明传统观点中解释金属磁性的直接交换作用与解释氧化物磁性的超交换和双交换作用之间必然存在本征的联系. 这种本征的联系应该是磁有序能的来源.

在传统的铁磁性物理学中把磁有序能归因于原子间电子的交换作用, 并且认为这种交换作用是纯量子力学效应, 无任何与经典可对比之处 [2]. 以量子力学以及密度泛函理论为基础的材料模拟计算, 尽管在多类材料研究中取得了很好的效果, 但是在磁性材料模拟方面却遇到严重困难. 虽然对于已知磁性材料可以逐一进行模拟, 但是对于理论预测结果进行实验研究时, 所得材料的参数往往与预测结果存在数量级的差别. 其根本原因在于, 在密度泛函的能量表达式中含有明确的离子间电相互作用能计算方法, 但不能给出确切的磁相互能计算方法, 而把磁相互作用能计入包含多种不明能量的交换关联能中.

表 4.5 金属 Fe、Co、Ni 的平均原子磁矩和一些典型氧化物磁性材料的平均分子磁矩 μ_{obs} 及其晶体结构和居里温度 T_C

材料	晶体结构	μ_{obs}/μ_B	T_C/K	参考文献
Fe	BCC	2.22	1043	[74,75]
Co	HCP	1.72	1404	[74,75]
Ni	FCC	0.62	631	[74,75]
$MnFe_2O_4$	尖晶石	4.6	570	[75]
$FeFe_2O_4$	尖晶石	4.2	860	[75]
$CoFe_2O_4$	尖晶石	3.3	793	[75]
$NiFe_2O_4$	尖晶石	2.3	863	[75]
$CuFe_2O_4$	尖晶石	1.3	766	[75]
$La_{0.8}Ca_{0.2}MnO_3$	钙钛矿	3.76	198	[76]
$La_{0.75}Ca_{0.25}MnO_3$	钙钛矿	3.13	240	[77]
$La_{0.85}Sr_{0.15}MnO_3$	钙钛矿	4.2	238	[30]
$La_{0.7}Sr_{0.3}MnO_3$	钙钛矿	3.5	369	[30]

也就是说, 迄今为止在主流的磁学研究中还没有找到一个关于磁有序能的唯象模型, 即类似于库仑相互作用能表达式的磁有序能表达式. 也许这就是目前许多磁学难题的总根源, 这个问题的解决可能是推动铁磁学研究的一个关键点.

参 考 文 献

[1] 方俊鑫, 陆栋. 固体物理 (下册). 上海: 上海科学技术出版社, 1981

[2] 戴道生, 钱昆明. 铁磁学 (上册). 北京: 科学出版社, 1987

[3] 近角聪信. 铁磁性物理. 葛世慧, 译. 兰州: 兰州大学出版社, 2002

[4] Coey J M D. Magnetism and Magnetic Materials. Cambridge: Cambridge University Press, 2010

[5] Stöhr J, Siegmann H C. 磁学: 从基础知识到纳米尺度超快动力学. 姬扬, 译. 北京: 高等教育出版社, 2012

[6] Kim K J, Lee H J, Lee J H, Lee S, Kim C S. J. Appl. Phys., 2008, 104: 083912

[7] Lee S W, An S Y, Ahn G Y, Kim C S. J. Appl. Phys., 2000, 87: 6238

[8] Singhal S, Jauhar S, Singh J, Chandra K, Bansal S. J. Mol. Struct., 2012, 1012: 182

[9] Birajdar A A, Shirsath S E, Kadam R H, Patange S M, Lohar K S, Mane D R, Shitre A R. J. Alloy Compd., 2012, 512: 316

[10] Gismelseed A M, Yousif A A. Phys. B, 2005, 370: 215

[11] Liang X L, Zhong Y H, Zhu S Y, He H P, Yuan P, Zhu J X, Jiang Z. Solid State Sci., 2013, 15: 115

[12] Mane D R, Devatwal U N, Jadhav K M. Meter. Lett., 2000, 44: 91

[13] Hashim M, Alimuddin, Kumar S, Shirsath S E, Kotnala R K, Chung H, Kumar R. Powder Technol., 2012, 229: 37

[14] Fayek M K, Ata-Allah S S. Phys. Stat. Sol. A, 2003, 198: 457

[15] Kadam R H, Birajdar A P, Alone S T, Shirsath S E. J. Magn. Magn. Mater., 2013, 327: 167

[16] Magalhães F, Pereira M C, Botrel S E C, Fabris J D, Macedo W A, Mendonca R, Lago R M, Oliverira L C A. Applied Catalysis A: General, 2007, 332(1): 115

[17] Ghatage A K, Patil S A, Paranjpe S K. Solid State Communications, 1996, 98: 885

[18] Zhao L j, Xu W, Yang H, Yu L X. Curr. Appl. Phys., 2008, 8: 36

[19] Li Y H, Kouh T, Shim I B, Kim C S. J. Appl. Phys., 2012, 111: 07B544

[20] Fayek M K, Sayed Ahmed F M, Ata-Allah S S. J. Mater. Sci., 1992, 27: 4813

[21] Lee D H, Kim H S, Yo C H, Ahn K, Kim K H. Mater. Chem. Phys., 1998, 57: 169

[22] Roumaih K. J. Mol. Struct., 2011, 1004: 1

[23] Sakurai S, Sasaki S, Okube M, Ohara H, Toyoda T. Phys. B, 2008, 403: 3589

[24] Harrison F W, Osmqnd W P, Teale W. Phys. Rev., 1957, 106: 865

[25] Gabal M A, Al-Luhaibi R S, Al Angari Y M. J. Magn. Magn. Mater., 2013, 348:107

[26] Hemeda O M. J. Magn. Magn. Mater., 2002, 251: 50

[27] 唐贵德. 几种 ABO_3 结构镧锰氧化物的结合能和材料中的离子化合价问题研究. 石家庄: 河北师范大学, 2007

[28] Helmolt R V, Wocker J, Holzapfel B, Schultz L, Samwer K. Phys. Rev. Lett., 1993, 71: 2331

[29] Ju H L, Kwon C, Li Q, Greene R L, Venkatesan T. Appl. Phys. Lett., 1994, 65: 2108

[30] Urushibara A, Moritomo Y, Arima T, Asamitsu A, Kido G, Tokura Y. Phys. Rev. B, 1995, 51: 14103

[31] Tang G D, Hou D L, Li Z Z, Zhao X, Qi W H, Liu S P, Zhao F W. Appl. Phys. Lett., 2006, 89: 261919

[32] Tang G D, Hou D L, Chen W, Zhao X, Qi W H. Appl. Phys. Lett., 2007, 90: 144101

[33] Tang G D, Hou D L, Chen W, Hao P, Liu G H, Liu S P, Zhang X L, Xu L Q. Appl. Phys. Lett., 2007, 91: 152503

[34] Tang G D, Liu S P, Zhao X, Zhang Y G, Ji D H, Li Y F, Qi W H, Chen W, Hou D L. Appl. Phys. Lett., 2009, 95: 121906

[35] Hong F, Cheng Z X, Wang J L, Wang X L, Dou S X. Appl. Phys. Lett., 2012, 101: 102411

[36] Jonker G H, Van Santen J H. Physica, 1950, 16(3): 337

[37] Jonker G H, Van Santen J H. Physica, 1953, 19(1): 120

[38] Jonker G H. Physica, 1954, 20(7): 1118

[39] Tokura Y, Tomioka Y. J. Magn. Magn. Mater., 1999, 200(1): 1

[40] Zener C. Phys. Rev., 1951, 82(3): 403

[41] Goodenough J B. Phys. Revi., 1955, 100(2): 564

[42] Wollan E O, Koehler W C. Phys. Revi., 1955, 100(2): 545

[43] Anderson P W, Hasegawa H. Phys. Rev., 1955, 100(2): 675

[44] Sun J R, Rao G H, Gao X R, Liang J K, Wong H K, Shen B G. Journal of applied Physics, 1999, 85(7): 3619

[45] De Gennes P G. Phys. Rev., 1960, 118(1): 141

[46] Searle C W, Wang S T. Canadian J. Phy., 1970, 48(17): 2023

[47] Dabrowski B, Xiong X, Bukowski Z, Dybzinski R, Klamut P W, Siewenie J E, Chmaissem O, Shaffer J, Kimball C W. Phys. Rev. B, 1999, 60(10): 7006

[48] Kusters R M, Singleton J, Keen D A, Mcgreevy R, Hayes W. Physica B, 1989, 155(1): 362

[49] Hibble S J, Cooper S P, Hannon A C, Fawcett I D, Greenblatt M. J. Phys. Condens. Matter., 1999, 11(47): 9221

[50] Hwang H Y, Cheng S W, Radaelli P G, Marezio M, Batlogg B. Phys. Rev. Lett., 1995, 75(5): 914

[51] Xiong G C, Li Q, Ju H L, Mao S N, Senapati L, Xi X X, Greene R L, Venkatesan T. Applied Physics Letters, 1995, 66(11): 1427

[52] Roy C, Budhani R C. Journal of Applied Physics, 1999, 85(6): 3124

[53] Iliev M N, Abrashev M V. Journal of Raman Spectroscopy, 2001, 32(10): 805

[54] Wang X, Cui Q, Pan Y, Zou G T. Journal of Alloys and Compounds, 2003, 354(1): 91

[55] De Marzi G, Popovi Z V, Cantarero A, Dohcevic-Mitrovic Z, Paunovic N, Bok J, Sapinã F. Physical Review B, 2003, 68(6): 064302

[56] Souza Filho A G, Faria J L B, Guedes I, Sasaki J M, Freire P T C, Freire V N, Mendes Filho J. Physical Review B, 2003, 67(5): 052405

[57] Autret C, Gervais M, Gervais F, Raimboux N, Simon P. Solid State Sciences, 2004, 6(8): 815

[58] Mostafa A G, Abdel-Khalek E K, Daoush W M, Moustfa S F. Journal of Magnetism and Magnetic Materials, 2008, 320: 3356

[59] Wang Z H, Cai J W, Shen B G, Chen X, Zhan W S. Journal of Physics: Condensed Matter, 2000, 12: 601

[60] Gupta M, Kotnala R K, Khan W, Azam A, Naqvi A H. Journal of Solid State Chemistry, 2013, 204: 205

[61] Creel T F, Yang J, Kahveci M, Malik S K, Quezado S, Pringle O A, Yelon W B, James W J. J. Appl. Phys., 2013, 114: 013911

[62] Selmi A, Cheikhrouhou-Koubaa W, Koubaa M, Cheikhrouhou A. Journal of Superconductivity and Novel Magnetism, 2013, 26(5): 1421

[63] Sun Y, Xu X J, Zhang Y H. Phys. Rev. B, 2000, 63: 054404

[64] Ammar A, Zouari S, Cheikhrouhou A. J. Alloy. Compd., 2003, 354: 85

[65] Xavier M M, Jr, Cabral F A O, Araújo J H de, Chesman C, Dumelow T. Phys. Rev. B, 2000, 63: 012408

[66] Baazaoui M, Zemni S, Boudard M, Rahmouni H, Gasmi A, Selmi A,Oumezzine M. Materials Letters, 2009, 63: 2167

[67] Figueroa A I, Campillo G E, Baker A A, Osorio J A, Arnache O L, Laan G V D. Superlattices and Microstructures, 2015, 87: 42

[68] Nasri A, Zouari S, Ellouze M, Rehspringer J L, Lehlooh A F, Elhalouani F. Journal of Superconductivity and Novel Magnetism, 2014, 27(2): 443

[69] Dhahri N, Dhahri A, Cherif K, Dhahria J, Taibib K, Dhahric E. J. Alloy. Compd., 2010, 496: 69

[70] Yoshimatsu K, Wadati H, Sakai E, Harada T, Takahashi Y, Harano T, Shibata G, Ishigami K, Kadono T, Koide T, Sugiyama T, Ikenaga E, Kumigashira H, Lippmaa M, Oshima M, Fujimori A. Phys. Rev. B, 2013, 88: 174423

[71] Chen X G, Fu J B, Yun C, Zhao H, Yang Y B, Du H L, Han J Z, Wang C S, Liu S Q, Zhang Y, Yang Y C, Yang J B. J. Appl. Phys., 2014, 116: 103907

[72] Töpfer J, Goodenough J B. J. Solid State Chem., 1997, 130: 117

[73] Prado F, Sanchez R D, Caneiro A, Causa M T, Tovar M. J. Solid State Chem., 146: 418

[74] Chen C W. Magnetism and Metallurgy of Soft Magnetic Materials. Amsterdam: North-Holland Publishing Company, 1977

[75] 饭田修一, 大野和郎, 神前熙, 熊谷宽夫. 物理学常用数表. 张质贤, 等, 译. 北京: 科学出版社, 1979

[76] Hibble S J, Cooper S P, Hannon A C, Fawcett I D, Greenblatt M. J. Phys. Condens. Matter., 1999, 11: 9921

[77] Radaelli P G, Cox D E, Marezio M, Cheong S W, Shiffer P E, Ramirez A P. Phys. Rev. Lett., 1995, 75: 4488

第5章 氧化物磁有序的 O 2p 巡游电子模型

根据固体物理学 [1], 在一些化合物晶体中可形成共价键和离子键共存的混合价键. 通常引入电离度来描述其中共价键和离子键的含量比, 用 $f_i(0 \leqslant f_i \leqslant 1)$ 表示. 对于完全共价结合, $f_i = 0$; 对于完全离子结合, $f_i = 1$. 像金刚石、硅和锗等元素晶体, 可认为是完全共价晶体, 而氧化物是混合价材料. 1932 年, Pauling 就对电离度问题进行了系统的研究, 后来, 一直有人对电离度进行研究, 并且把电离度的概念应用于一些实验结果的定性讨论中.

氧化物中存在一部分共价键, 可以理解为一部分价电子在阴阳离子间跃迁, 导致氧离子的平均化合价的绝对值小于 2.0, 即在氧化物中除负二价氧离子外还存在一部分负一价氧离子. 负二价氧离子最外层有 8 个电子, 是满壳层电子结构. 负一价氧离子的最外层存在一个 O 2p 空穴. 本章首先介绍传统的电离度研究以及我们关于尖晶石铁氧体电离度的估算结果, 然后介绍关于 O 2p 空穴和负一价氧离子的实验和理论研究, 最后介绍我们提出的关于氧化物磁有序的 O 2p 巡游电子模型.

5.1 早期电离度研究简介

1932 年, Pauling 给出了电离度的一种定义 [2]

$$f_i = 1 - \exp\left[-(x_A - x_B)^2/4\right]. \tag{5.1}$$

其中, x_A 和 x_B 分别表示 A 和 B 原子的电负性 (electronegativity)[1,2]. 电负性用来度量中性原子对成键电子吸引能力的相对大小, 可用电离能和电子亲和能定义

$$\text{电负性} = 0.18(\text{电离能} + \text{电子亲和能}). \tag{5.2}$$

单位为电子伏, 系数 0.18 只是为了使 Li 的电负性为 1.0[1]. 表 5.1 列出了元素电负性的数值 [3]. 可以看出, 在周期表中主族元素的电负性周期性变化, 从左到右电负性逐渐增强, 从上到下电负性逐渐减弱.

1970 年, Phillips[2] 评论了之前的电离度研究, 介绍了他本人关于电离度的研究工作. 他给出了电离度的另一种定义

$$f_i = \frac{C^2}{E_h^2 + C^2}. \tag{5.3}$$

其中, E_h 和 C 分别表示共价结合成分和离子结合成分的贡献. 他通过光谱学分析给出这两个参数, 从而给出许多二元化合物的电离度, 并且把他们的电离度数值 (f_{IP}) 与 Pauling 1932 年 (f_i) 和 1939 年 (f_{i1}) 给出的两套电离度数值进行了比较, 见表 5.2. 表 5.2 中的其他参数在 5.2 节介绍.

表 5.1　元素电负性的数值[3]

H 2.1																	He
Li 1.0	Be 1.5											B 2.0	C 2.5	N 3.0	O 3.5	F 4.0	Ne
Na 0.9	Mg 1.2											Al 1.5	Si 1.8	P 2.1	S 2.5	Cl 3.0	Ar
K 0.8	Ca 1.0	Sc 1.3	Ti 1.6	V 1.6	Cr 1.6	Mn 1.5	Fe 1.8	Co 1.9	Ni 1.8	Cu 1.9	Zn 1.6	Ga 1.6	Ge 1.8	As 2.0	Se 2.4	Br 2.8	Kr 3.0
Rb 0.8	Sr 1.0	Y 1.2	Zr 1.4	Nb 1.6	Mo 1.8	Tc 1.9	Ru 2.2	Rh 2.2	Pd 2.2	Ag 1.9	Cd 1.7	In 1.7	Sn 1.8	Sb 1.9	Te 2.1	I 2.5	Xe 2.6
Cs 0.7	Ba 0.9	La 1.1	Hf 1.3	Ta 1.5	W 1.7	Re 1.9	Os 2.2	Ir 2.2	Pt 2.2	Au 2.4	Hg 1.9	Tl 1.8	Pb 1.8	Bi 1.9	Po 2.0	At 2.2	Rn 2.4
Fr 0.7	Ra 0.7	Ac 1.1															

Ce 1.1	Pr 1.1	Nd 1.1	Pm 1.1	Sm 1.1	Eu 1.1	Gd 1.1	Tb 1.1	Dy 1.1	Ho 1.1	Er 1.1	Tm 1.1	Yb 1.1	Lu 1.2
Th 1.3	Pa 1.5	U 1.7	Np 1.3	Pu 1.3	Am 1.3	Cm 1.3	Bk 1.3	Cf 1.3	Es 1.3	Fm 1.3	Md 1.3	No 1.3	Lr

表 5.2　一些二元化合物的电离度. 其中 f_{IP} 是 Phillips 于 1970 年给出的电离度, f_i 和 f_{i1} 分别是 Pauling 于 1932 年和 1939 年给出的电离度[2]. f_{IT} 是我们估算的电离度[4], N、V_C、r 和 R 是我们估算电离度时使用的参数, 将在 5.2 节介绍

材料	f_{IT}	f_{IP}[2]	f_i[2]	f_{i1}[2]	N	V_C	r	R
BeO	0.568	0.602	0.63	0.81	4	18.21	0.138	0.159
MgO	0.641	0.841	0.73	0.88	6	15.04	0.140	0.330
CaO	0.831	0.913	0.79	0.97	6	11.87	0.140	0.778
SrO	0.926	0.926	0.79	0.93	6	11.03	0.140	1.000
ZnO	0.572	0.616	0.59	0.80	4	17.96	0.138	0.168
CdO	0.589	0.785	0.55	0.85	6	16.91	0.140	0.210
BeS	0.543	0.312	0.22	0.61	4	18.21	0.181	0.105
MgS	0.606	0.786	0.34	0.67	6	15.04	0.184	0.257
CaS	0.804	0.902	0.43	0.81	6	11.87	0.184	0.735
SrS	0.914	0.914	0.43	0.91	6	11.03	0.184	1.000
ZnS	0.546	0.623	0.18	0.59	4	17.96	0.181	0.112
CdS	0.562	0.685	0.18	0.59	4	16.91	0.181	0.151
BeSe	0.538	0.299	0.18	0.59	4	18.21	0.195	0.092
MgSe	0.599	0.790	0.29	0.65	6	15.04	0.198	0.237
CaSe	0.801	0.900	0.39	0.90	6	11.87	0.198	0.723

续表

材料	f_{IT}	f_{IP}[2]	f_i[2]	f_{i1}[2]	N	V_{C}	r	R
SrSe	0.917	0.917	0.39	0.80	6	11.03	0.198	1.000
ZnSe	0.541	0.676	0.15	0.57	4	17.96	0.195	0.099
CdSe	0.556	0.699	0.15	0.58	4	16.91	0.195	0.134
BeTe	0.530	0.169	0.09	0.55	4	18.21	0.218	0.073
MgTe	0.584	0.554	0.18	0.59	6	15.04	0.221	0.208
CaTe	0.783	0.894	0.26	0.88	6	11.87	0.221	0.702
SrTe	0.903	0.903	0.26	0.75	6	11.03	0.221	1.000
ZnTe	0.532	0.546	0.06	0.53	4	17.96	0.218	0.079
CdTe	0.545	0.675	0.04	0.52	4	16.91	0.218	0.112

5.2 尖晶石铁氧体的电离度研究

尽管电离度研究已经有几十年的历史, 但是对于三元和三元以上化合物的电离度研究却很少. 为研究电离度对尖晶石铁氧体磁性和阳离子分布的影响, 我们参照 Phillips 的电离度数据和量子力学势垒模型对尖晶石铁氧体的电离度进行了系统的研究 [4].

5.2.1 量子力学势垒模型

根据量子力学 [5], 电子穿过一个如图 5.1 所示方势垒的透射系数可以表示为

$$T \approx \frac{16k_0^2 k^2}{\left(k_0^2 + k^2\right)^2} \mathrm{e}^{-2ka}, \quad ka \gg 1. \tag{5.4}$$

其中,

$$k_0 = \sqrt{2mE/\hbar^2}, \quad k = \sqrt{2m(V_0 - E)/\hbar^2}. \tag{5.5}$$

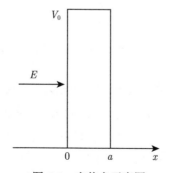

图 5.1 方势垒示意图

这里, $\hbar$ 是普朗克常量, m 和 E 分别是电子的质量和动能, V_0 和 a 分别是势垒高度和宽度. 从 (5.4) 式和 (5.5) 式可以得到

$$T \approx \frac{16E(V_0 - E)}{V_0^2} \mathrm{e}^{-2a\sqrt{2m(V_0-E)/\hbar^2}}, \quad ka \gg 1. \tag{5.6}$$

由于材料中离子对电子的束缚能随自由原子电离能的增大而增大 (见图 2.2), 2007 年, 我们提出应用量子力学势垒模型和自由原子的电离能数据来研究化合物中阴阳离子间电子的得失 [6]. 假设相邻的阴离子与阳离子间存在一个方势垒, 势垒的高度正比于阳离子最后被电离电子的电离能, 势垒的宽度与相邻阴阳离子间的距离有关, 因此具有不同化合价的阳离子数目比与它们各自最后被电离的电子穿过相应势垒的几率有关. 根据量子力学中方势垒透射系数的近似表达式 (5.6), 如图 5.2 所示, 位于一个阴离子附近的两个阳离子上的电子穿过各自的方势垒到达阴离子的透射系数比值可以近似表示为

$$R = \frac{P_{\mathrm{C}}}{P_{\mathrm{D}}} = \frac{V_{\mathrm{D}}}{V_{\mathrm{C}}} \exp\left[10.24\left(r_{\mathrm{D}}V_{\mathrm{D}}^{1/2} - cr_{\mathrm{C}}V_{\mathrm{C}}^{1/2}\right)\right]. \tag{5.7}$$

其中, 长度和能量的单位分别是纳米 (nm) 和电子伏 (eV). P_{C} 和 P_{D} 分别表示两个电子透过方势垒到达阴离子的几率, V_{C} 和 V_{D} 表示势垒的高度, r_{C} 和 r_{D} 表示势垒宽度. c 是实际势垒偏离方势垒的形状修正参数.

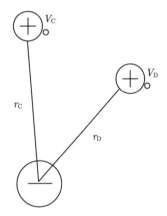

图 5.2   一个阴离子附近的两个阳离子及其电子

5.2.2   II-VI族化合物电离度的量子力学势垒模型研究

从表 5.2 中 Phillips 计算的 II-VI族化合物的电离度 f_{IP}, 以及 Pauling 在 1932 年和 1939 年计算得出的电离度 f_i 和 f_{i1}, 可以看到锶化合物具有最大的电离度. 通过拟合锶化合物的电离度, 我们 [4] 利用 (5.7) 式可估算其他化合物的电离度. 对于 II-VI族化合物, 如 SrO, 如果所有阳离子都失去两个电子成为正二价离子, 则电离

度为 1.0; 如果阳离子只有第一个电子被电离, 那么 $f_i = 0.5$. 在部分阳离子形成二价离子的情况下, 电离度可以表示为

$$f_{\mathrm{IT}} = 0.5 + 0.5 \times c_{\mathrm{f}} \times R. \tag{5.8}$$

这里参数 R 可以通过 (5.7) 式计算得出. 计算中取 V_C 和 V_D 分别为所研究化合物中的阳离子的第二电离能和 Sr 的第二电离能, r_C 和 r_D 取相同的值, 为所研究化合中的阴离子的有效离子半径, 取势垒形状修正参数 $c = 1.0$. 对于 SrO, 令 (5.8) 式中的 $R = 1.0$, 通过拟合 Phillips [2] 计算出的 SrO 电离度 0.926, 可以得到拟合参数 $c_{\mathrm{f}} = 0.852$. 同样地, 可以得到硫化物、硒化物、碲化物的拟合参数 c_{f} 分别为 0.828、0.834 和 0.806. 可以看到, 这些拟合参数 c_{f} 间的差别都很小. 表 5.2 给出了根据 (5.7) 与 (5.8) 式计算出所研究化合物的电离度 f_{IT}, 以及计算过程中所用到的参数: 阳离子的第二电离能 V_C, 阴离子的配位数 N, 阴离子的有效离子半径 r 和参数 R. 从表 5.2 中可以看到, 电离度 f_{IT} 与 Phillips 电离度 f_{IP}、Pauling 电离度 f_i(1932 年)、f_{i1} (1939 年) 比较接近, 说明用 (5.7) 和 (5.8) 式用来估算化合物的电离度是可行的. 因此, 我们用类似的方法研究尖晶石铁氧体的电离度.

Fe$_3$O$_4$ 是典型的 (A)[B]$_2$O$_4$ 型尖晶石铁氧体. 我们 [4] 利用密度泛函理论计算出 (A)、[B] 位 3d 电子态密度 (DOS) 比值, 再利用磁矩的实验值进行校准, 得到其电离度为 0.879. 在此基础上, 应用上述量子力学势垒模型, 提出了估算尖晶石铁氧体电离度的新方法, 从而估算了尖晶石结构 M_3O_4、MFe$_2$O$_4$(M= Mn, Fe, Co, Ni, Cu, Zn, Cr) 的电离度.

5.2.3 Fe$_3$O$_4$ 价电子态密度的密度泛函研究

根据传统铁氧体理论 [7,8], Fe$_3$O$_4$ 具有标准的反尖晶石结构 (参见图 4.1), 一个晶胞中含有 8 个 (A)[B]$_2$O$_4$ 分子, 共有 56 个原子, 空间群为 $Fd\bar{3}m$, 晶格常数 $a = b = c = 8.39$Å, $\alpha = \beta = \gamma = 90°$. 所有的氧离子以面心立方密堆积排列, 一半的 Fe^{3+} 位于氧离子形成的四面体间隙 (A) 位, 另一半的 Fe^{3+} 与等量的 Fe^{2+} 位于氧离子形成的八面体间隙 [B] 位, 也就是说 (A) 位的配位数为 4, [B] 位的配位数为 6.

我们 [4] 采用由英国剑桥大学基于平面赝势密度泛函理论开发的 Material Studio 5.5 软件包中提供的 Cambridge Serial Total Energy Package (简称 CAS-TEP)[9,10] 程序计算了立方结构尖晶石铁氧体 Fe$_3$O$_4$ 价电子态密度. 我们采用广义梯度近似 (generalized gradient approximation, GGA) 的 PW91[11] 方法计算电子结构的交换关联函数, 并在计算中考虑哈伯德参数 U[12]. 对于 Fe$_3$O$_4$ 的 (A) 位与 [B] 位所选择 U 值的大小分别为 5.0eV 和 4.0eV. 这样的取值与 Antonov 等 [13] 计算掺杂块材 Fe$_3$O$_4$, Zhu 等 [14] 计算 Fe$_3$O$_4$ 表面所使用的取值都非常接近. 另外, 我们采用超软赝势描述电子与离子实间的相互作用, 其截断能设定为 500eV. 选取 O

和 Fe 原子的价电子组态分别为 $2s^2 2p^4$ 和 $3d^6 4s^2$, 能量收敛标准设定为每个原子 $5.0×10^{-7}$eV. 计算总能量和电荷密度时采用 Monkhorst-Pack 方案, 沿着倒易空间中的三个坐标轴方向, 选择 k 格点为 6×6×6. 金属的磁矩用自旋极化的 DFT 进行计算, 初始自旋值为系统默认值.

图 5.3 为计算出的立方尖晶石结构 Fe_3O_4 材料 Fe 3d 和 O 2p 的电子态密度, 即在每电子伏能量间隔内每个 Fe_3O_4 分子中 1 个 (A) 位 Fe, 2 个 [B] 位 Fe, 4 个 O 的价电子数目 n 随束缚能 E_b 的变化关系. 插图给出了 Fe 4s 与 O 2s 的电子态密度, 可以看到, 在费米能级 (0eV) 以下 Fe 4s 的电子总数约为 Fe 3d 的 5%, 所以 Fe 4s 电子对磁性能的影响可以忽略. 远离费米能级的 −17eV 以下分布着约 96% 的 O 2s 电子, 处于该能量范围内的电子不能与金属阳离子发生杂化, 所以 O 2s 电子对磁性能的影响也可以忽略. 在费米能级附近, 只有 Fe 3d 和 O 2p 电子分布, 因此材料的磁有序受到在 Fe 3d 和 O 2p 之间跃迁的巡游电子的调控.

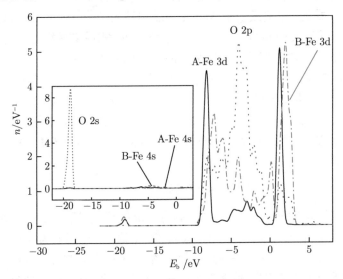

图 5.3   立方尖晶石结构 Fe_3O_4 材料中 Fe 3d 和 O 2p 的电子态密度, 即在每电子伏能量间隔内每个 Fe_3O_4 分子中 1 个 (A) 位 Fe, 2 个 [B] 位 Fe, 4 个 O 的价电子数目 n 随束缚能 E_b 的变化关系

由图 5.3 可以计算出 Fe_3O_4 中处于 (A)、[B] 位每个铁离子的 3d 电子平均数 Fe_A、Fe_B, 以及每个氧离子的 2p 电子平均数, 分别为 5.975、6.089、4.894. 可以看到, 氧离子的 2p 电子平均数小于 O^{2-} 的 6, 铁离子的平均 3d 电子数 6.051 [= (5.975+6.089×2)/3, 1 个 Fe_A 与 2 个 Fe_B] 大于传统观点认为全部氧离子化合价为 −2 时的 5.33[=(6+5×2)/3, 1 个 Fe^{2+} 与 2 个 Fe^{3+}]. 也就是说, 通过电子态密度计算得出的阴阳离子化合价明显小于传统理论值. 出现该现象的原因是氧离子的第二电

子亲和能 (8.08eV) 远小于铁离子的第三电离能 (30.65eV), 因此 Fe^{3+} 不容易形成.

5.2.4 价电子态密度计算结果的校正

根据传统理论, 在远低于居里温度时, 具有反尖晶石结构的 Fe_3O_4 中处于 (A) 位或 [B] 位的阳离子磁矩平行排列, 但是两个子晶格的阳离子磁矩相互反平行排列. 应用上述计算出的铁离子 3d 电子数, 可以计算出每个 Fe_3O_4 的分子磁矩是 $3.8\mu_B[(10-6.089) \times 2 -(10-5.975)]$, 该值明显小于实验值 $4.2\mu_B$ [7,8]. 因此, 我们根据磁矩的实验值对由电子态密度计算得出的铁离子 3d 电子数进行修正.

设处于 (A) 位和 [B] 位的一个铁离子磁矩为分别 $m_A(\mu_B)$ 和 $m_B(\mu_B)$, 二者磁矩方向相反. 如果要使理论磁矩与实验磁矩 $4.2\mu_B$ 吻合, 那么有

$$2m_B - m_A = 4.2, \tag{5.9}$$

假设实际处于 (A) 位与 [B] 位铁离子的 3d 电子数的比值 (n_A/n_B) 等于由电子态密度计算出的比值, 那么有

$$n_A/n_B = 5.975/6.089. \tag{5.10}$$

根据洪德定则和传统铁氧体理论, 有

$$m_A = 10 - n_A, \quad m_B = 10 - n_B, \tag{5.11}$$

联立 (5.9)~(5.11) 式, 可以得出

$$n_A = 5.584, \quad n_B = 5.692; \quad m_A = 4.416, \quad m_B = 4.308. \tag{5.12}$$

该结果说明通过修正后处于 (A) 位和 [B] 位的铁离子的 3d 电子数分别为 5.584 和 5.692, 其数值明显低于未修正前由电子态密度计算得出的 5.975 和 6.089, 但是明显高于传统观点认为的 5(一个 Fe^{3+} 位于 (A) 位) 和 5.5(一个 Fe^{3+} 和一个 Fe^{2+} 位于 [B] 位).

出现这种情况的原因是氧化物的电离度达不到 1.0. 如果认为除 (5.12) 式给出的 3d 电子外, 铁离子的所有其他 4s 和 3d 电子都被氧离子获得, 那么铁离子在 (A) 位和 [B] 位的平均化合价分别为 +2.416 ($8-n_A$, 一个铁原子的 3d 和 4s 电子总数为 8) 和 +2.308 ($8-n_B$). 这与 Jeng 等 [15] 计算的结果非常接近. 作进一步的计算, 很容易得到处于 (A) 位的 Fe_A^{3+} 与 Fe_A^{2+} 含量比为 0.416/0.584, 处于 [B] 位的 Fe_B^{3+} 与 Fe_B^{2+} 含量比为 0.308/0.692. 也就是说, 平均每个 Fe_3O_4 分子中的 Fe^{3+} 含量仅为 1.032 (= 0.416 + 0.308 × 2), 而不是传统观点认为的 2.00. 我们由此可以计算出氧离子的平均化合价为 $V_{alO} = -1.758$ [=−(2.416 + 2 × 2.308) / 4]. 氧离子

化合价为理想值 -2.0 时, $f_i = 1.0$, 所以可用氧离子的平均化合价定义电离度:

$$f_i = |V_{alO}|/2.00. \tag{5.13}$$

上述研究结果给出 Fe_3O_4 的电离度为 0.879 [$=1.758/2$].

5.2.5 用量子力学势垒模型估算尖晶石铁氧体的电离度

Mn、Fe、Co、Ni、Cu、Zn、Cr 七种元素的第三电离能分别为 $33.67eV$、$30.65eV$、$33.50eV$、$35.17eV$、$36.83eV$、$39.72eV$、$30.96eV$. 其中 Fe 的第三电离能最小, 为 $30.65eV$, 所以在 $M_3O_4(M= Mn, Fe, Co, Ni, Cu, Zn, Cr)$ 中 Fe_3O_4 应该具有最大的电离度. 利用 5.2.2 节关于 II-VI 族化合物电离度的拟合方法, 通过拟合 Fe_3O_4 的电离度 0.879 可以计算出 $(A)[B]_2O_4$ 尖晶石铁氧体的电离度 f_{IT}.

如果 Fe_3O_4 的电离度为 1.00, 则 3 个 Fe 从原子到离子共有 8 个电子被 O 夺得, 因此当每个铁原子失去两个电子 (共 6 个) 时, $f_i = 0.75$, 所以尖晶石铁氧体的电离度可以表示为

$$f_{IT} = 0.75 + 0.25 \times c_f \times R. \tag{5.14}$$

对于 Fe_3O_4, 设 $R= 1.0$, 通过拟合其电离度 0.879, 可以得到拟合参数 $c_f = 0.516$. 从而, 应用 (5.14) 和 (5.7) 式, 容易估算出 $M_3O_4(M= Mn, Fe, Co, Ni, Cu, Zn, Cr)$ 的电离度. 表 5.3 给出了估算结果, 以及所用到的参数: V_C 为 M 阳离子的第三电离能, r 为氧离子在配位数为 12 时的有效离子半径, R 为 M_3O_4 中 M 阳离子的第三个电子透过方势垒的几率与 Fe_3O_4 中 Fe 的第三个电子透过方势垒几率的比值.

表 5.3   估算出的尖晶石铁氧体电离度 f_{IT}. R 为 $M_3O_4(M= Mn, Fe, Co, Ni, Cu, Zn, Cr)$ 中 M 阳离子的第三个电子透过方势垒的几率与 Fe_3O_4 中 Fe 的第三个电子透过方势垒几率的比值, 其中势垒的高度 V_C 为 M 阳离子的第三电离能, 势垒的宽度 r 取 12 配位时氧离子的有效半径

M_3O_4	f_{IT}	阳离子的总化合价	V_C	r	R
Mn_3O_4	0.8293	6.6343	33.67	0.144	0.6146
Fe_3O_4	0.8790	7.0320	30.65	0.144	1.0000
Co_3O_4	0.8314	6.6515	33.50	0.144	0.6313
Ni_3O_4	0.8129	6.5029	35.17	0.144	0.4873
Cu_3O_4	0.7990	6.3916	36.83	0.144	0.3795
Zn_3O_4	0.7822	6.2573	39.72	0.144	0.2493
Cr_3O_4	0.8726	6.9805	30.96	0.144	0.9501

注: 我们假设存在 Ni_3O_4、Cu_3O_4 和 Zn_3O_4, 列出相关的计算结果, 目的在于用这些结果进一步计算表 5.4 中 MFe_2O_4 的电离度

假设表 5.3 给出的 M_3O_4 的电离度也是尖晶石铁氧体中 M 离子的电离度, 通过对一个 M 离子和两个铁离子的电离度取平均值, 容易算出 $MFe_2O_4(M=$ Mn, Fe, Co, Ni, Cu, Zn, Cr) 的电离度, 如表 5.4 所示.

表 5.4 对于 $MFe_2O_4(M =$ **Mn, Co, Ni, Cu, Zn, Cr**) 尖晶石铁氧体材料, 计算的尖晶石铁氧体电离度 f_{IT} 和阳离子总化合价

铁氧体	f_{IT}	阳离子的总化合价
$MnFe_2O_4$	0.8624	6.8994
$CoFe_2O_4$	0.8631	6.9052
$NiFe_2O_4$	0.8570	6.8556
$CuFe_2O_4$	0.8523	6.8185
$ZnFe_2O_4$	0.8467	6.7738
$CrFe_2O_4$	0.8769	7.0148

5.3 氧化物中 O 2p 空穴的实验研究

氧离子的第二电子亲和能为 8.08eV, 这个能量值大于大部分自由原子的第一电离能, 小于大部分自由原子的第二电离能, 参见附录 A, 所以, 即使在一氧化物中, 也很难形成全部氧离子都是负二价的理想状态, 一般都会存在一部分负一价氧离子. 阳离子的第三电离能远大于氧离子的第二电子亲和能, 因此随着 "阴离子/阳离子" 含量比的升高, 氧化物中负一价氧离子的含量会逐渐增多, 氧化物平均化合价的绝对值逐渐降低, 与理想值的偏差会逐渐增大. 这已经被越来越多的实验研究和理论计算所证实. 较早的实验研究, 是利用电子能量损失谱实验发现在氧化物中存在 O 2p 空穴. 由于负二价氧离子最外层是具有 8 个电子 $(2s^22p^6)$ 的稳定结构, 如果氧离子外层轨道存在一个空穴, 就成为负一价氧离子.

5.3.1 氧化物的电子能量损失谱研究

电子能量损失能谱 (electron energy loss spectroscopy, EELS) 是利用入射电子束在试样中发生非弹性散射, 用电子损失的能量

$$\Delta E = E_0 - E_{min} \tag{5.15}$$

来分析样品的化学组成、厚度及电子结构等信息. 其中, E_0 为入射电子的能量; E_{min} 为入射电子经样品发生非弹性散射损失一部分能量后剩余的能量. ΔE 与样品中元素的电子结构特征密切相关. 根据 ΔE 的大小, EELS 分为零损失峰 (zero loss peak)、低能损失区 (0~50eV) 和高能损失区 (50eV 以上). 高能损失区是由样品中 K、L、M 内层电子被激发而形成的.

1988 年, Nücker 等 [16] 报道了他们关于超导材料 $YBa_2Cu_3O_{7-y}$ 的 EELS 研究. 他们使用透射式高能电子能量损失谱仪, 能量和波数分辨率分别为 0.4eV 和 $0.2Å^{-1}$. 入射电子束的初始能量为 170keV. 其样品是利用超薄切片机从块体样品上切下的, 厚度为 1000Å. 由于谱仪采用透射式, 其给出的结果不是表面信息, 而是整个 1000Å 厚度样品的信息. $YBa_2Cu_3O_{7-y}$ 样品中氧空位含量 y 的变化, 是通过在超高真空中对样品退火实现的. 通过对样品中氧离子近边 EELS 的分析, 他们发现在费米能级处的电子态密度具有显著的 O 2p 特征, 并且随材料中氧空位含量 y 而变化, 所以他们认为这种超导化合物的载流子是 O 2p 空穴.

Ju 等 [17] 利用聚合物溶胶-凝胶技术, 在 (100) 面的 $LaAlO_3$ (LAO) 基片上制备了钙钛矿锰氧化物薄膜材料 $La_{1-x}Sr_xMnO_3(0.0 \leqslant x \leqslant 0.7)$. 样品最后在空气中 700℃退火 1h, 通过 X 射线衍射分析, 显示所有样品都具有单相 ABO_3 钙钛矿结构. 作者测量了样品电阻率随测试温度的变化关系曲线, 得到的结果如图 5.4(a) 所示. 曲线的变化规律与 Urushibara 等 [18] 研究单晶样品 $La_{1-x}Sr_xMnO_3(0 \leqslant x \leqslant 0.4)$ 时得到的结果十分相似. 图 5.4(b) 为 $La_{1-x}Sr_xMnO_3(x= 0.0, 0.3, 0.5)$ 样品薄膜和 $LaAlO_3$ 基片的 O 的 K 边电子能量损失谱, 其横轴已经换算成样品发射光电子相对于费米能级的束缚能. 可以看到, 3 个薄膜样品在 529eV 附近有一个很强的谱峰, 而 $LaAlO_3$ 基片没有这个谱峰. 作者认为这个谱峰反映出样品中存在 O 2p 的空态, 说明 $La_{1-x}Sr_xMnO_3$ 系列样品的导电是由于 O 2p 空穴造成的 p-型导电.

这个实验现象也可以利用电离能给出解释: ①假设在 $LaAlO_3$ 中 La 和 Al 都可失去 3 个电子形成三价离子, 所有氧离子都可形成负二价离子, 不存在 O^- 和 O 2p 空穴, 所以图 5.4(b) 中 $LaAlO_3$ 基片在 529eV 附近没有谱峰; ② 由于 Al、Mn、Sr 的第三电离能分别为 28.45eV, 33.67eV, 43.60eV, Mn 的第四电离能为 51.20eV. 如果在两种材料中 La—O 键间得失电子能力相同, 与 Al 相比, Mn 比较难于失去第三个电子, 导致 Sr 掺杂量为零的 $LaMnO_3$ 薄膜中一部分氧离子成为 O^-, 所以存在 O 2p 空穴, Sr 的第三电离能和 Mn 第四电离能远高于 Al 的第三电离能, 不可能形成三价锶离子和四价锰离子, 所以掺杂 Sr 会导致 O^- 和 O 2p 空穴含量增加. 因而图 5.4(b) 的 3 个薄膜样品 $La_{1-x}Sr_xMnO_3(x= 0, 0.3, 0.5)$ 在 529eV 附近出现谱峰.

Mn 第四电离能 (51.20eV) 远高于 Sr 的第三电离能 (43.6eV) 和 Al 的第三电离能 (28.45eV), 这套实验结果也说明在 $La_{1-x}Sr_xMnO_3$ 系列样品中不会出现四价锰离子, **这也成为我们在后续章节中讨论钙钛矿结构锰氧化物磁有序和电输运性质的重要依据.**

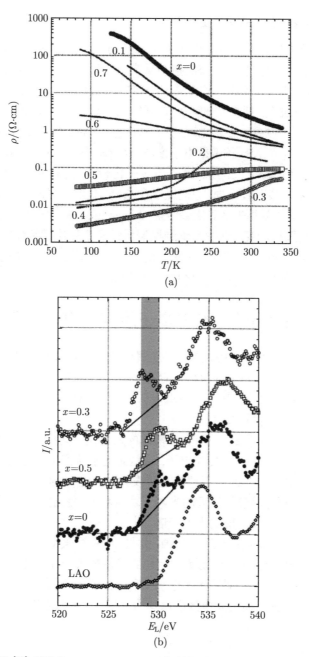

图 5.4 由 Ju 等 [17] 报道的 La$_{1-x}$Sr$_x$MnO$_3$ 系列样品电阻率 ρ 随测试温度 T 的变化关系曲线 (a) 及 O 的 K 边电子能量损失谱 (b)

(b) 中的横轴已经换算成样品发射光电子相对于费米能级的束缚能

5.3.2   关于 O 2p 空穴的其他实验研究

Mizoroki 等 [19] 制备了多晶样品 La$_{1-x}$Sr$_x$MnO$_3$($x=$ 0.1, 0.2, 0.3, 04, 0.5), 利用磁性康普顿散射实验证明, 当 Sr 掺杂量为 0.1 和 0.2 时, 掺杂的空穴择优进入 O 2p 态. Grenier 等 [20] 利用 O 的 K 边 X 射线衍射, 在 La$_{7/8}$Sr$_{1/8}$MnO$_3$ 中观察到 2p 电荷的有序变化, 即存在 "富空穴" 和 "贫空穴"MnO 平面的交替变化.

Ibrahim 等 [21] 制备了庞磁电阻材料 Pr$_{1-x}$Sr$_x$MnO$_3$($x=0.0$, $x=0.3$), 研究了材料的 X 射线吸收谱 (XAS) 和俄歇电子谱, 认为材料中存在 O 2p 空穴, 且其浓度随 Sr 掺杂量的增加而增大. Papavassiliou 等 [22] 比较了材料 La$_{1-x}$Ca$_x$MnO$_{3+\delta}$ 的核磁共振结果与 X 射线吸收数据, 他们发现在 O 2p 轨道上形成了自旋极化的空穴.

基于上述电子能量损失谱等实验结果, Alexandrov 等 [23,24] 指出**传统的 DE 模型与这些实验结果相冲突, 这些实验结果清楚地表明铁磁锰氧化物中的电流载流子是氧的 p 空穴而不是 d 电子**. 从而提出一个完全不同于 DE 模型的 O 2p 空穴载流子模型, 用于解释钙钛矿锰氧化物的导电性质.

5.4   氧化物中负一价氧离子的 X 射线光电子谱研究

对于氧化物, 传统的 XPS 分析方法假设所有的氧离子均为负二价, 不分析 O 1s 谱. 近年来, 对于 XPS 的 O 1s 谱研究已经有许多报道, 但是在对 O 1s 谱的分析上存在不同的观点. 其中一种观点认为, 利用 O 1s 谱可以给出氧化物中负一价氧和负二价氧的含量比.

用单色 X 射线照射样品, 具有一定能量的入射光子同样品原子相互作用, 使原子中的电子发生光致电离, 产生光电子, 这些光电子从产生之处输运到表面, 然后克服逸出功而发射. 这就是 X 射线光电子发射的三步过程. 由于后两步要消耗光电子的能量, 只有距样品表面很近的光电子才能从表面发射出来. 用能量分析器接收并分析, 可得到样品表面层的光电子谱 [25].

如果用离子束溅射对表面进行刻蚀, 并与 XPS 测量交替进行, 还可探测材料内部的光电子信息. 但是在刻蚀过程中, 与原子量较大的离子比较, 原子量小的离子会有较多损失, 在分析时要给予考虑.

XPS 的测量以爱因斯坦光电效应原理为基础. 对于孤立原子, 光电子动能为

$$E_k = h\nu - E_b. \tag{5.16}$$

其中, $h\nu$ 是已知的入射光子能量, 用能量分析器测出光电子能量 E_k, 就可算出光电子的束缚能 E_b. 对于同一种元素, 不同能级上电子的 E_b 不同, 形成不同的 XPS 峰, 其中最强的称为主峰. 对于不同元素的主峰, E_b 和 E_k 不同, 因而可利用 XPS 进行表面成分分析.

现代的 X 射线光电子谱仪可以自动扣除逸出功等因素的影响, 直接给出费米能级以下的光电子能谱.

5.4.1 BaTiO$_3$ 和几种一氧化物电离度的 O 1s 光电子谱研究

Cohen[26,27] 利用密度泛函理论计算了 BaTiO$_3$ 价电子的态密度, 计算结果给出 Ba、Ti 和 O 的平均化合价分别是 2.00、2.89 和 −1.63. 这个结果可以从元素电离能的角度很好地理解: 钡离子的化合价 (+2) 与传统观点相同, 是因为 Ba 元素的第二电离能为 10.00eV, 与 O 的第二电子亲和能 (8.08eV) 比较接近. 钛离子化合价 (+2.89) 明显低于传统观点的 +4 价, 是因为 Ti 元素的第三、四电离能分别为 27.49eV、43.27eV, 远高于 O 的第二电子亲和能, 所以不能形成 +4 价钛离子.

Dupin 等 [28] 研究了一些氧化物的 XPS, 提出一个观点: 在氧化物的 O 1s 谱中出现在 527.7~530.6eV 范围内的谱峰对应于 O^{2-} 的光电子, 在 531.1~532.0eV 范围内的谱峰对应于 O$^-$ 的光电子; 与材料表面化学吸附氧 (O^0) 对应的谱峰出现在 531.1~533.5eV 范围内, 如图 5.5 所示.

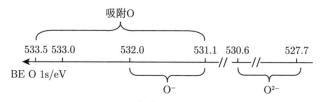

图 5.5 Dupin 等 [28] 对 O 1s 谱的分析示意图

基于这样的观点, 我们分析了一些氧化物的 XPS[29], 包括 BaTiO$_3$ 和一氧化物 CaO、MnO、CoO、ZnO、NiO、CuO 粉末样品. XRD 谱表明所用的样品均为单相, 具体的结构、晶格常数、晶粒粒径等参数见表 5.5[29]. 图 5.6 是 BaTiO$_3$ 的 O 1s 光电子谱峰强度随束缚能 E_b 变化关系, 点是实验值, 曲线是经过 Gaussian-Lorentzian 函数拟合得到的结果, 二者基本吻合. 用三个对称峰拟合 O 1s 谱, 对称峰分别位于束缚能 528.5eV、530.7eV 和 532.6eV. 按照 Dupin 等 [28] 的观点: 低束缚能峰属于 O^{2-}, 中间束缚能峰属于 O$^-$, 高束缚能峰属于化学吸附氧 O^{Chem}. BaTiO$_3$ 的 O 1s 光电子谱拟合数据见表 5.6. 不考虑化学吸附氧, 从 O$^-$ 与 O^{2-} 特征峰的相对峰面积 S_1 和 S_2 可以推得其相对含量 O_1 和 O_2. 注意到 $O_1 + O_2 = 1$, $O_1/O_2 = S_1/S_2$, 得到

$$O_2 = \frac{1}{1 + S_1/S_2}, \quad O_1 = 1 - O_2, \tag{5.17}$$

进而得到氧离子的平均化合价

$$V_{\text{alO}} = -2O_2 - O_1. \tag{5.18}$$

表 5.5　几个样品的摩尔质量、纯度、晶粒粒径、所属晶系和晶格常数 [29]

分子式	摩尔质量/(g/mol)	纯度/%	晶粒粒径/nm	晶系	晶格常数 a, b, c/nm 和键角 α, γ, β/(°)
BaTiO$_3$	233.19	99.5	>100	四角	$a=0.3995, b=0.3995, c=0.4033$
CaO	56.08	98.0	>100	立方	$a=0.4810$
MnO	70.94	99.5	>100	立方	$a=0.4446$
CoO	74.93	99.0	47.3	立方	$a=0.4261$
ZnO	81.39	99.0	>100	六角	$a=0.3250, b=0.3250, c=0.5207$
NiO	74.69	99.0	13.6	立方	$a=0.4181$
CuO	79.55	99.0	27.7	单斜	$a=0.4682, b=0.3428, c=0.5130$ $\alpha=\gamma=90.00, \ \beta=99.41$

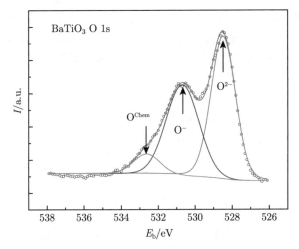

图 5.6　BaTiO$_3$ 的 O 1s 光电子谱峰强度 I(点) 及其拟合结果 (曲线) 随束缚能 E_b 变化关系[29]

表 5.6　几个样品的 O 1s 光电子谱拟合结果 [29]. 按照 Dupin[28] 的观点, 低束缚能峰属于 O^{2-}, 中间束缚能峰属于 O$^-$, 高束缚能峰属于化学吸附氧 O^{Chem}

化学式	峰位/eV	半高宽/eV	峰面积百分比/%
	528.48	1.55	50.9
BaTiO$_3$	530.68	2.10	41.8
	532.62	1.67	7.20
	530.65	1.90	87.1
CaO	532.15	1.55	12.0
	533.60	1.05	0.90
	529.25	1.45	66.3
MnO	530.80	1.52	27.4
	532.04	1.62	6.30

续表

化学式	峰位/eV	半高宽/eV	峰面积百分比/%
	529.25	1.56	62.4
CoO	530.95	1.79	26.9
	532.60	1.99	10.7
	529.60	1.21	64.7
ZnO	531.20	1.87	31.4
	532.95	1.27	4.00
	528.70	1.07	67.2
NiO	530.50	1.50	29.5
	532.13	1.30	3.30
	529.85	1.95	51.8
CuO	531.70	1.90	40.5
	533.35	1.79	7.70

从表 5.6 可知, 对于 $BaTiO_3$, S_1/S_2=0.418/0.509, 利用 (5.17) 式算出 O_1=0.45, O_2=0.55. 因此, 利用 (5.18) 式估算出氧离子的平均化合价 $V_{alO} = -1.55$. 与 Cohen[26,27] 利用 DFT 计算得到的 $BaTiO_3$ 中 O 的平均化合价 −1.63 比较接近.

一氧化物 CaO、MnO、CoO、ZnO、NiO 和 CuO 的 O 1s 光电子谱峰强度及其拟合结果随束缚能变化关系如图 5.7 所示, 拟合数据 (分峰峰位、峰半高宽和峰面积百分比) 列于表 5.6. 按照 $BaTiO_3$ 中氧离子化合价的分析方法 (5.17) 和 (5.18) 式, 得到一氧化物系列样品中氧的平均化合价 V_{alO}. 根据 5.2 节中电离度的定义 (5.13) 式, $f_i = |V_{alO}|/2.00$, 可求得 f_i. V_{alO}、f_i 和阳离子第二电离能 $V(M^{2+})$ 数据列于表 5.7. 另外, 将 Phillips[2] 报道的 SrO、CaO、MgO 和 BeO 的 f_i 和相应的 $V(M^{2+})$ 也列在表 5.7.

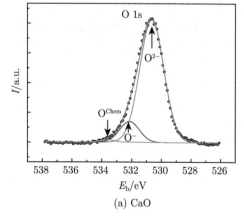

(a) CaO

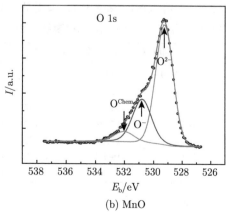

(b) MnO

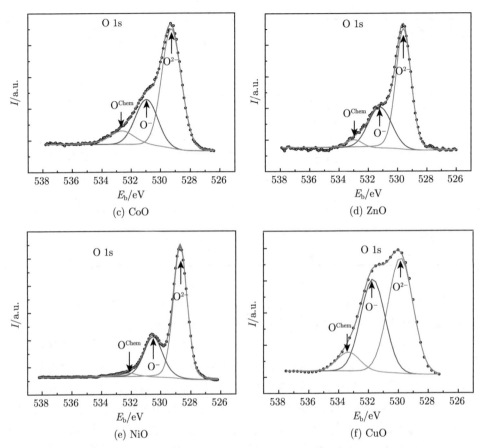

图 5.7　一氧化物 CaO、MnO、CoO、ZnO、NiO 和 CuO 的 O 1s 光电子谱峰强度 I (点) 及其拟合结果 (曲线) 随束缚能 E_b 变化关系

表 5.7　利用 XPS 分析得到的一氧化物 MO 中氧离子的平均化合价 V_{alO} 和电离度 f_i [29]. $V(M^{2+})$ 表示 M 离子的第二电离能. Phillips[2] 报道的几种一氧化物相应参数也列在表中

利用 XPS 分析得到的数据 [29]				Phillips [2] 报道的数据		
一氧化物 MO	$V(M^{2+})$/eV	V_{alO}	f_i	一氧化物 MO	$V(M^{2+})$/eV	f_i
CaO	11.87	−1.879	0.940	SrO	11.03	0.926
MnO	15.64	−1.707	0.854	CaO	11.87	0.913
CoO	17.06	−1.699	0.849	MgO	15.04	0.841
ZnO	17.96	−1.673	0.837	BeO	18.21	0.785
NiO	18.17	−1.695	0.847			
CuO	20.29	−1.560	0.780			

利用表 5.7 中的数据得到一氧化物电离度 f_i 随阳离子第二电离能 $V(M^{2+})$ 的变化关系, 如图 5.8 所示. 可以看出: ① XPS 实验结果 [29] 与 Phillips[2] 报道的 f_i 随 $V(M^{2+})$ 的变化趋势相同, 数值接近; ② f_i 随 $V(M^{2+})$ 的增大而减小.

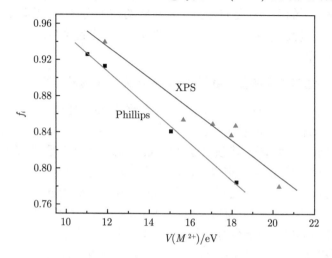

图 5.8　由 XPS 实验 [29] 与 Phillips[2] 得到的一氧化物电离度 f_i 随阳离子第二电离能 $V(M^{2+})$ 的变化关系

Guo 等 [30] 和 Reddy 等 [31] 报道了几种二氧化物的电离度 f_i. 利用他们给出的数值可得到 f_i 随阳离子第四电离能 $V(M^{4+})$ 的变化关系, 如图 5.9 所示. 容易看出, 当 $V(M^{4+}) > 44\text{eV}$ 时, f_i 小于 0.75, 即不存在四价的阳离子.

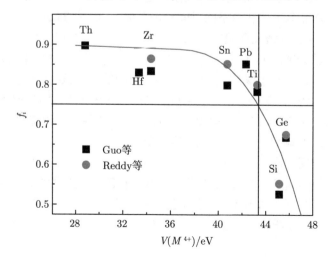

图 5.9　二氧化物电离度 $f_i^{[30,31]}$ 随阳离子第四电离能 $V(M^{4+})$ 的变化关系

对于图 5.8 和图 5.9 的结果, 可以通过电子亲和能和电离能来理解: 由于氧离子的第二电子亲和能为 8.08eV, 几个一氧化物样品中阳离子第二电离能 $V(M^{2+})$ 在 11.03~20.29eV, 几个二氧化物样品中阳离子第四电离能 $V(M^{4+})$ 在 28~46eV. 晶体中离子对电子的束缚能随自由原子电离能的增大而增大 (见图 2.2), 自由原子中电子的电离能越高, 在晶体中的相应束缚能越高, 将越难被氧离子得到, 导致材料的电离度下降.

5.4.2　Ar^+ 刻蚀对单晶和多晶钛酸锶 X 射线光电子谱的影响

我们探讨了 Ar^+ 刻蚀对单晶和多晶钛酸锶 XPS 的影响[32,33]. 我们从两个 ABO_3 型钙钛矿结构 $SrTiO_3$ 的 O 1s 光电子谱, 观察到 O^-/O^{2-} 峰强比随着刻蚀时间的增加而减小, Ti^{2+}/Ti^{3+} 峰强比逐渐增大. 考虑到化合价平衡, 给出了阴阳离子的化合价, 进而得到样品中氧空位的含量随着刻蚀时间增加而增加, 与 Steinberger 等[34] 研究 ZnO 的 Ar^+ 刻蚀所得氧空位的变化结果十分接近.

两个 $SrTiO_3$ 样品, 一个为单晶薄片, 另一个为多晶片体, 以下简称 SSTO 和 PSTO. 两个样品来自于两个公司. 单晶样品在真空炉中生长制备, 而后密封在真空袋中, 一直到样品测试前. 多晶片体样品由粉体压制成片状在空气中煅烧而成, 在样品测试前经过抛光和无水酒精清洗.

在室温下测量了样品的 XRD 谱, 表明其晶体结构均为立方钙钛矿结构, 空间群为 $Pm\bar{3}m$. 利用 Scherrer 公式进行估算, 结果表明 PSTO 样品的晶粒粒径大于 100nm. 使用单色 Al K_α 射线 ($h\nu = 1486.6eV$), 在室温下测量了样品的 XPS. 利用 Ar^+ 对材料的表面进行刻蚀, 刻蚀时间依次为 0s、30s、60s、90s、120s、150s、180s, 每刻蚀一次, 测量一套 XPS. 刻蚀过程在真空中进行.

对于两个样品刻蚀前和经不同时间刻蚀后的 O 1s 和 Ti $2p_{3/2}$ 光电子谱, 利用 Gaussian-Lorentzian 函数进行拟合, 拟合方法与 5.4.1 节相似.

对于未经过刻蚀的 O 1s 光电子谱, 如图 5.10(a) 和图 5.11(a) 所示, 可以用三个对称峰 (P1、P2 和 P3) 拟合, 三个对称峰的束缚能大小依次是 $E_{b1} < E_{b2} < E_{b3}$. 从 P1 到 P2 的化学位移 ($\Delta E = E_{b2} - E_{b1}$) 在 1.88~2.08eV, 而从 P1 到 P3 的化学位移 ($\Delta E = E_{b3} - E_{b1}$) 在 2.88~3.22eV. 如 5.4.1 节所述, 束缚能峰 P1 属于 O^{2-}, P2 峰属于 O^-, P3 峰属于 O^{Chem}(化学吸附氧).

经过不同时间 (30s、60s、90s、120s、150s 和 180s) Ar^+ 刻蚀后的 O 1s 光电子谱, 如图 5.10(b)~(g)、图 5.11(b)~(g) 所示, 其 O 1s 谱用两个对称峰拟合. 第一个对称峰的束缚能低于 530eV, 十分接近于 P1 峰, 属于 O^{2-}. 第二个对称峰相对于第一个对称峰的化学位移 ($\Delta E = E_{b2} - E_{b1}$) 在 1.50~1.96eV, 接近 P2 峰, 属于 O^-.

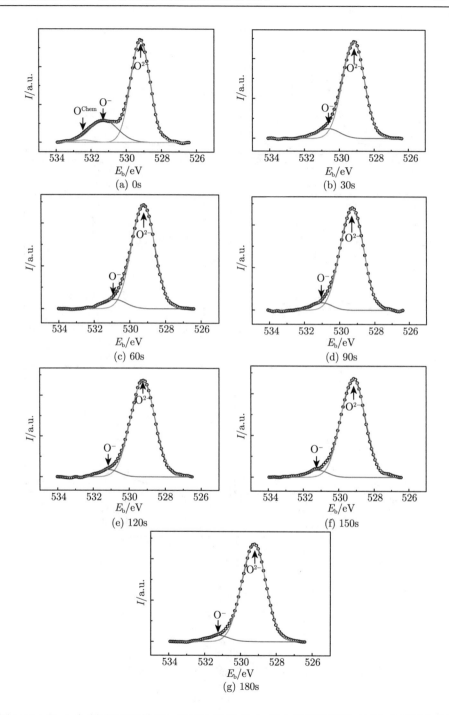

图 5.10 经 Ar$^+$ 刻蚀不同时间后, SSTO 样品 O 1s 光电子谱峰强度 I(点) 及其拟合结果 (曲线) 随束缚能 E_b 变化关系 [32,33]

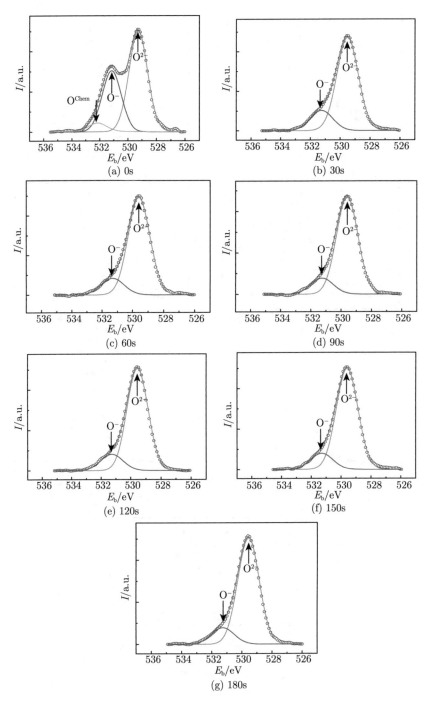

图 5.11　经 Ar$^+$ 刻蚀不同时间后, PSTO 样品的 O 1s 光电子谱峰强度 I(点) 及其拟合结果
(曲线) 随束缚能 E_b 变化关系 [32,33]

由于刻蚀过程是在真空中进行, 经过刻蚀得到的 O 1s 光电子谱不存在化学位移 ($\Delta E = E_{b3} - E_{b1}$) 约为 3eV 的化学吸附氧峰. SSTO 和 PSTO 样品的 O 1s 光电子谱的拟合数据分别列于表 5.8 和表 5.9, 其中, E、ΔE、FWHM、S 和 V_{alO} 分别代表峰位、化学位移 (从 P1 峰到 P2 峰或者 P3 峰)、半高宽、峰面积相对百分比和氧离子的平均化合价. 其中, 利用 (5.17) 式、(5.18) 式和 O^-、O^{2-} 峰的面积比计算出 V_{alO}.

表 5.8 经 Ar^+ 刻蚀不同时间 Δt 后, SSTO 样品的 O 1s 光电子谱的拟合数据: 峰位 E, 化学位移 ΔE(从 P1 峰到 P2 峰或者 P3 峰), 半高宽 FWHM, 峰面积相对百分比 S 和氧离子的平均化合价 V_{alO} [32,33]

$\Delta t/s$	E/eV	$\Delta E/eV$	FWHM/eV	$S/\%$	V_{alO}
0	529.189	—	1.300	75.103	−1.762
	531.265	2.076	1.856	23.487	
	532.410	3.221	1.130	1.41	
30	529.187	—	1.490	90.735	−1.907
	530.620	1.433	1.500	9.265	
60	529.250	—	1.530	91.956	−1.920
	530.851	1.601	1.481	8.044	
90	529.314	—	1.555	94.094	−1.941
	531.000	1.686	1.326	5.906	
120	529.245	—	1.600	94.18	−1.942
	531.140	1.895	1.310	5.82	
150	529.191	—	1.630	94.197	−1.942
	531.180	1.989	1.290	5.803	
180	529.255	—	1.610	94.197	−1.942
	531.215	1.96	1.310	5.803	

表 5.9 经 Ar^+ 刻蚀不同时间 Δt 后, PSTO 样品的 O 1s 光电子谱的拟合数据: 峰位 E, 化学位移 ΔE(从 P1 峰到 P2 峰或者 P3 峰), 半高宽 FWHM, 峰面积相对百分比 S 和氧离子的平均化合价 V_{alO} [32,33]

$\Delta t/s$	E/eV	$\Delta E/eV$	FWHM/eV	$S/\%$	V_{alO}
0	529.270	—	1.550	58.136	−1.617
	531.150	1.88	1.600	36.054	
	532.150	2.88	1.560	5.811	
30	529.510	—	1.690	81.548	−1.815
	531.253	1.743	1.767	18.452	
60	529.590	—	1.660	84.71	−1.847
	531.309	1.719	1.776	15.29	
90	529.597	—	1.670	85.32	−1.853
	531.257	1.66	1.750	14.68	
120	529.549	—	1.640	85.258	−1.853
	531.270	1.721	1.750	14.742	

$\Delta t/\mathrm{s}$	E/eV	$\Delta E/\mathrm{eV}$	FWHM/eV	$S/\%$	V_{alO}
150	529.590	—	1.700	85.889	−1.859
	531.290	1.7	1.750	14.111	
180	529.563	—	1.680	85.843	−1.858
	531.270	1.707	1.770	14.157	

图 5.12 是经过不同时间 (0s、30s、60s、90s、120s、150s 和 180s) 刻蚀后的 SSTO 样品 Ti 2p$_{3/2}$ 光电子谱峰强度及其拟合结果随束缚能变化关系, 可看出: 低束缚能峰强随着刻蚀时间增加而升高. 据 Cohen[26,27] 的计算结果, 假定高束缚能峰属于 Ti^{3+}、低束缚能峰属于 Ti^{2+}. 通过拟合 Ti 2p$_{3/2}$ 光电子谱得到相应的拟合数据, 列于表 5.10. 类似于 (5.17) 式和 (5.18) 式, 从 Ti^{2+} 与 Ti^{3+} 峰面积的相对百分比 S_2/S_3, 计算 Ti^{2+} 与 Ti^{3+} 的含量, T_2 和 T_3. 注意到 $T_2 + T_3 = 1$, $T_2/T_3 = S_2/S_3$, 得到

$$T_3 = \frac{1}{1 + S_2/S_3}, \quad T_2 = 1 - T_3, \tag{5.19}$$

进而得到钛离子的平均化合价

$$V_{\mathrm{alT}} = 3T_3 + 2T_2, \tag{5.20}$$

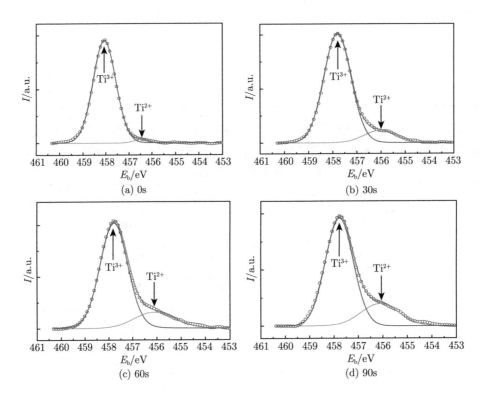

(a) 0s　　　　　　　　　　　　(b) 30s

(c) 60s　　　　　　　　　　　　(d) 90s

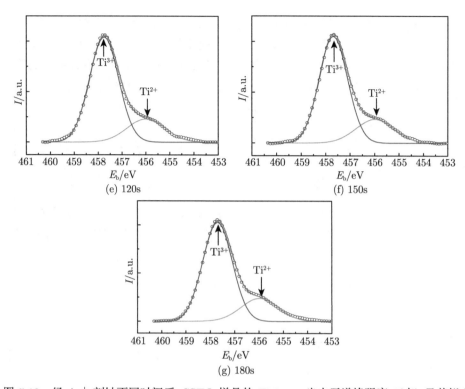

图 5.12 经 Ar^+ 刻蚀不同时间后, SSTO 样品的 Ti $2p_{3/2}$ 光电子谱峰强度 I(点) 及其拟合
结果 (曲线) 随束缚能 E_b 变化关系 [32,33]

表 5.10 经 Ar^+ 刻蚀不同时间 Δt 后, SSTO 样品的 Ti $2p_{3/2}$ 光电子谱的拟合数据: 峰
位 E, 半高宽 FWHM, 峰面积相对百分比 S 和钛离子的平均化合价 V_{alT} [32,33]

Δt/s	E/eV	FWHM/eV	S/%	V_{alT}
0	456.461	0.775	2.097	2.979
	458.059	1.170	97.903	
30	456.034	1.557	11.561	2.884
	457.804	1.330	88.439	
60	456.095	1.950	18.033	2.820
	457.785	1.360	81.967	
90	456.120	1.810	21.731	2.783
	457.778	1.340	78.269	
120	455.990	1.860	22.332	2.777
	457.750	1.440	77.668	
150	455.981	1.830	22.911	2.771
	457.681	1.370	77.089	
180	455.985	1.800	23.001	2.770
	457.705	1.420	76.999	

图 5.13 是经不同时间 (0s、30s、60s、90s、120s、150s 和 180s) 刻蚀后的 PSTO 样品 Ti $2p_{3/2}$ 光电子谱峰强度及其拟合结果随束缚能变化关系, 相应的拟合数据列于表 5.11. 应用与 SSTO 样品相同的分析方法得到 PSTO 样品中钛离子的价态.

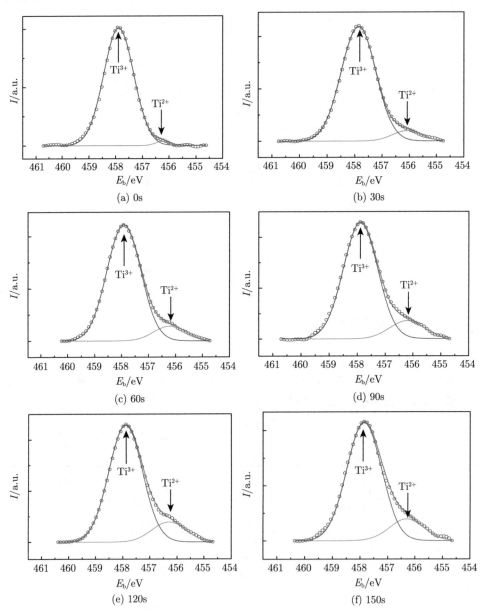

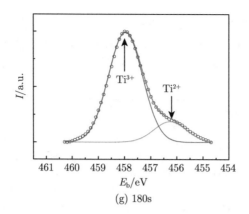

(g) 180s

图 5.13 经 **Ar⁺** 刻蚀不同时间后, PSTO 样品的 Ti $2p_{3/2}$ 光电子谱峰强度 I(点) 及其拟合
结果 (曲线) 随束缚能 E_b 变化关系 [32,33]

表 5.11 经 **Ar⁺** 刻蚀不同时间 Δt 后, PSTO 样品 Ti $2p_{3/2}$ 光电子谱的拟合数据: 峰位
E, 半高宽 FWHM, 峰面积相对百分比 S 和钛离子的平均化合价 V_{alT} [32,33]

$\Delta t/s$	E/eV	FWHM/eV	$S/\%$	V_{alT}
0	456.260	0.590	1.55	2.985
	457.885	1.330	98.45	
30	456.090	1.250	7.079	2.929
	457.860	1.480	92.921	
60	456.210	1.400	10.733	2.893
	457.915	1.470	89.267	
90	456.220	1.450	13.476	2.865
	457.887	1.440	86.524	
120	456.289	1.450	14.604	2.854
	457.889	1.460	85.396	
150	456.310	1.470	15.402	2.846
	457.856	1.490	84.598	
180	456.260	1.460	15.243	2.848
	457.963	1.520	84.757	

综合以上分析可得到经过不同时间 (Δt) 的氩离子刻蚀后, SSTO 和 PSTO 样品的氧离子、锶离子、钛离子的平均化合价 V_{alO}、V_{alS}、V_{alT} 以及阳离子的总化合价 V_{al}^+, 列于表 5.12. 其中, V_{alO} 的绝对值和 V_{al}^+ 随刻蚀时间的变化关系示于图 5.14. 结合表 5.12 与图 5.14, 可发现有趣的实验现象: ① 氧离子平均化合价绝对值 ($|V_{alO}|$) 随着刻蚀时间增加而升高, 而阳离子平均化合价 (V_{al}^+) 随着刻蚀时间增加而降低; ② 当刻蚀时间 $\Delta t \leqslant 90s$ 时, $|V_{alO}|$ 和 V_{al}^+ 的变化率随着刻蚀时间增加逐渐变小; ③ 当刻蚀时间 $\Delta t \geqslant 90s$ 时, $|V_{alO}|$ 和 V_{al}^+ 基本不随着刻蚀时间变化. 这些实验现象与 Steinberger 等 [34] 的报道基本一致. 以下解释这些实验现象.

表 5.12　经过不同刻蚀时间 Δt 后, SSTO 和 PSTO 样品的氧离子、锶离子、钛离子的平均化合价 V_{alO}、V_{alS}、V_{alT}, 以及阳离子的总化合价 V_{al}^{+} [32,33]

$\Delta t/s$	SSTO				PSTO			
	V_{alO}	V_{alS}	V_{alT}	V_{al}^{+}	V_{alO}	V_{alS}	V_{alT}	V_{al}^{+}
0	−1.762	2.000	2.979	4.979	−1.617	2.000	2.985	4.985
30	−1.907	2.000	2.884	4.884	−1.815	2.000	2.929	4.929
60	−1.920	2.000	2.820	4.820	−1.847	2.000	2.893	4.893
90	−1.941	2.000	2.783	4.783	−1.853	2.000	2.865	4.865
120	−1.942	2.000	2.777	4.777	−1.853	2.000	2.854	4.854
150	−1.942	2.000	2.771	4.771	−1.859	2.000	2.846	4.846
180	−1.942	2.000	2.770	4.770	−1.858	2.000	2.848	4.848

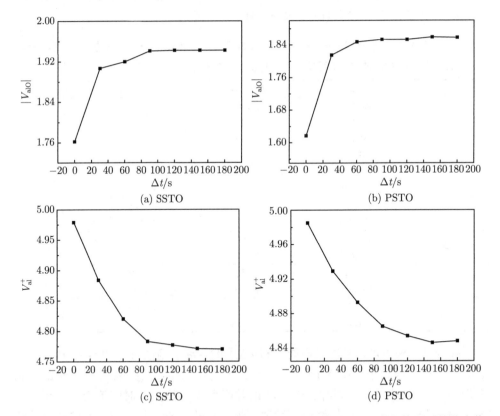

(a) SSTO　　(b) PSTO　　(c) SSTO　　(d) PSTO

图 5.14　SSTO 和 PSTO 样品中氧离子平均化合价的绝对值 ($|V_{alO}|$) 与阳离子平均化合价 (V_{al}^{+}) 随着刻蚀时间 Δt 的变化关系

Steinberger 等 [34] 研究了 ZnO 中 Zn 和 O 含量随着 Ar^{+} 刻蚀时间的变化关系. 他们发现材料中 O 含量从未刻蚀时 ($\Delta t = 0$s) 阴阳离子总含量的 55% 下降到

刻蚀时间 $\Delta t = 400\text{s}$ 时的 45%；同时 Zn 含量从未刻蚀时 ($\Delta t = 0\text{s}$) 的 45% 上升到刻蚀时间 $\Delta t = 400\text{s}$ 时的 55%. 因此材料的化学式由 $Zn_{0.82}O$ ($\Delta t = 0\text{s}$) 变为 $ZnO_{0.82}$($\Delta t = 400\text{s}$), 即样品从 18%Zn 空位变为 18%氧空位. 其原因是在 Ar^+ 刻蚀过程中, 原子量相对较小的离子比原子量相对较大的离子更易丢掉. 当刻蚀时间 $\Delta t \geqslant 400\text{s}$ 时, 锌/氧离子含量比例基本不变.

同样地, 在我们的实验样品中, 随着刻蚀时间的增加, 氧离子/金属离子含量比例下降, 导致氧空位含量随刻蚀时间增加而增加. 假设刻蚀过程使样品表层的化学式由标准的 ABO_3 变成 $ABO_{3-\delta}$, δ 表示平均每分子中氧空位含量. 阴离子总化合价的绝对值 ($|V_{alO}|$) 等于阳离子总化合价 ($V_{al}^+ = V_{alS} + V_{alT}$), 所以对于材料 $ABO_{3-\delta}$, $(3-\delta)|V_{alO}| = V_{al}^+$, 推得 $SrTiO_{3-\delta}$ 中的氧空位含量 (δ)

$$\delta = 3 - \frac{V_{al}^+}{|V_{alO}|}, \tag{5.21}$$

把表 5.12 中的数据代入 (5.21) 式得到 $SrTiO_{3-\delta}$ 中的氧空位含量 (δ), 并由式 $V_V = (\delta/3) \times 100\%$ 推得 $SrTiO_{3-\delta}$ 中氧空位百分比 (V_V), 列于表 5.13. 从表 5.13 中看出: 未刻蚀时 ($\Delta t = 0\text{s}$) SSTO 和 PSTO 的 δ 值分别是 0.174 和 -0.082, 平均每分子的氧含量分别是 2.83 和 3.08. 即未刻蚀 ($\Delta t = 0\text{s}$) 时 SSTO 中存在氧空位, PSTO 中存在阳离子空位. 这种氧含量与标准含量的偏差在其他相关文献中也有报道[34-36].

表 5.13 经过不同刻蚀时间 Δt, SSTO 和 PSTO 样品中平均每分子 ($ABO_{3-\delta}$) 的氧空位含量 δ 和氧空位含量百分比 $V_V = (\delta/3) \times 100\%$

$\Delta t/\text{s}$	SSTO			PSTO		
	δ	化学式	$V_V/\%$	δ	化学式	$V_V/\%$
0	0.174	$SrTiO_{2.83}$	5.8	-0.082	$SrTiO_{3.08}$	—
30	0.439	$SrTiO_{2.56}$	14.6	0.285	$SrTiO_{2.71}$	9.5
60	0.490	$SrTiO_{2.51}$	16.3	0.351	$SrTiO_{2.65}$	11.7
90	0.536	$SrTiO_{2.46}$	17.9	0.375	$SrTiO_{2.62}$	12.5
120	0.540	$SrTiO_{2.46}$	18.0	0.380	$SrTiO_{2.62}$	12.7
150	0.543	$SrTiO_{2.46}$	18.1	0.393	$SrTiO_{2.61}$	13.1
180	0.544	$SrTiO_{2.46}$	18.1	0.392	$SrTiO_{2.61}$	13.1

另外, 从表 5.13 中也可以看出, SSTO 样品在刻蚀时间 $\Delta t \geqslant 90\text{s}$ 时的最大氧空位百分比为 18.1%, 与 Steinberger 等[34] 报道的刻蚀时间 $\Delta t = 400\text{s}$ 时 $ZnO_{0.82}$ 中氧空位含量百分比相同. 刻蚀时间 Δt 的不同, 可能是由于两组实验中使用的 Ar^+ 束流大小和材料硬度的不同.

根据以上的讨论, O 1s 光电子谱中化学位移 $\Delta E \approx 2\text{eV}$ 的 P2 峰强随着刻蚀时间 Δt 的增加而下降 (图 5.10、图 5.11), 而氧空位含量 δ 随着刻蚀时间 Δt 的增加

而升高 (表 5.13). 这些结果说明 P2 峰源于 O⁻ 的假定是合理的, 一些作者 [37,38] 关于 P2 峰源于氧空位的假定是不合理的.

5.5　O 2p 巡游电子模型 (IEO 模型)

如以上几节所述, 许多实验研究和理论计算表明, 在磁性氧化物中除存在 O^{2-} 外还存在大量 O^-. 考虑到这些研究结果, Alexandrov 等 [23,24] 指出传统的 DE 模型与这些实验结果相冲突, 这些实验结果清楚地表明铁磁锰氧化物中的电流载流子是 O p 空穴而不是 d 电子, 从而提出一个完全不同于 DE 模型的 O 2p 空穴载流子模型, 用于解释钙钛矿锰氧化物的导电性质. 类似于这个 O 2p 空穴载流子模型, 我们提出一个关于氧化物磁有序的 **O 2p 巡游电子模型** [39,40], 简称为 IEO 模型, 主要包括四点:

第一, 磁性氧化物中同时存在 O^{2-} 和 O^-, $O^{2-}(2s^22p^6)$ 的外电子壳层为满壳层结构, $O^-(2s^22p^5)$ 的外电子壳层存在一个 2p 空穴. O^{2-} 的 2p 电子有一定的几率以阳离子为媒介跃迁到邻近 O^- 外层轨道的 2p 空穴上, 成为巡游电子, 巡游电子在跃迁过程中自旋方向保持不变.

第二, 由于每个 O^{2-} 的外层轨道存在自旋方向相反的两个 2p 电子, 造成一个 O^{2-} 周围的阳离子按键长键角等因素分成两个磁性子晶格, 在每个子晶格中巡游电子的自旋方向相同, 但是两个磁性子晶格中巡游电子的自旋方向相反. 例如, 尖晶石结构铁氧体中八面体和四面体的阳离子分别形成 (A) 和 [B] 子晶格. 在每个子晶格中巡游电子的自旋方向相同, 但是 (A) 和 [B] 子晶格中巡游电子的自旋方向相反.

第三, 在同一子晶格中, 由于巡游电子在跃迁过程中自旋的方向保持不变, 每个离子的电子自旋方向 (包括局域电子和巡游电子) 都必须遵守洪德定则. 因此, 在同一子晶格中, 如果两个 3d 过渡金属离子的 3d 电子数目 (n_d) 同时满足 $n_d \geqslant 5$ (或它们都满足 $n_d \leqslant 4$), 则它们的磁矩平行排列; 而如果一个阳离子的 $n_d \geqslant 5$, 另一个阳离子的 $n_d \leqslant 4$, 则它们的磁矩反平行排列.

第四, 当巡游电子通过阳离子的最高能级时, 它消耗系统的能量很少. 例如, 在尖晶石铁氧体中自旋向下巡游电子经过 Fe^{3+} $(3d^5)$. 而当巡游电子通过阳离子的较低能级时, 它消耗系统的能量较多. 例如, 当尖晶石铁氧体中用 Co 替代 Fe, 使 Fe 含量小于 2 时, 材料中出现阳离子磁矩的倾角耦合, 平均分子磁矩和居里温度随 Fe 含量的减少而迅速降低 [41].

按照此规则, 在尖晶石结构的 $MFe_2O_4(M=$ Fe, Co, Ni, Cu) 中, 所有阳离子的 3d 电子数目都满足 $n_d \geqslant 5$, 四面体和八面体位置离子磁矩取向反平行, 同类位置的离子磁矩取向平行. Mn^{3+}、Cr^{2+}、Cr^{3+}、Ti^{2+} 和 Ti^{3+} 的 3d 电子数分别为

4、4、3、2 和 1, 在尖晶石铁氧体中, 它们的磁矩取向应与同一子晶格中 Mn^{2+} 以及二价和三价铁离子、钴离子、镍离子、铜离子 ($n_d \geqslant 5$) 的磁矩取向相反.

为进一步讨论巡游电子在不同离子间的跃迁过程, 需要考虑洪德定则对电子按能级排列和电子自旋方向的限制 [7]. 对于 3d 过渡金属的 3d 电子在 3d 能级上的排列, 3d 次壳层由于有 5 个能级, 最多可容纳 10 个电子. 当 3d 电子数目满足 $n_d \leqslant 5$ 时, 从低能级到高能级, 每个能级排列一个电子, 所有电子的自旋方向都向上排列, 称为**多数自旋**; 当 $n_d > 5$ 时, 多出的电子自旋方向向下, 从高能级向低能级排列, 称为**少数自旋**. 对于稀土金属的 4f 电子, 4f 次壳层由于有 7 个能级, 最多可容纳 14 个电子. 当 4f 电子数目满足 $n_f \leqslant 7$ 时, 从低能级到高能级, 每个能级排列 1 个电子, 所有电子的自旋方向都向上排列; 当 $n_f > 7$ 时, 多出的电子自旋方向向下, 从高能级向低能级排列. 这样的排列规则已经得到许多实验研究和理论计算结果的证实 [42].

Kisker 等 [43] 研究了金属 Fe 的自旋和角分辨光电子谱, 结果如图 5.15 所示. 可以看出, 当测试温度在远低于居里温度 T_C 的 $0.3T_C$ 时, 自旋向上的 3d 电子大部分分布在费米能级以下 6eV 的范围内, 而自旋向下的电子主要分布在费米能级以下 1.5eV 的范围内. 在本书 11.1 节将介绍的实验结果, 观察到金属 Fe 中铁原子的价电子组态为 $3d^7 4s^1$, 而不是自由铁原子的 $3d^6 4s^2$, 与图 5.15 中自旋向上和自旋向下的谱峰面积比基本一致. 这证明在金属 Fe 中自旋向下的 3d 电子从高能级向低能级排列.

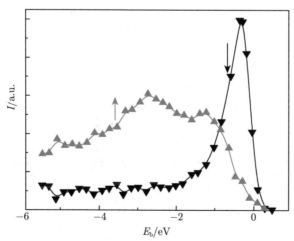

图 5.15 金属 Fe 的自旋和角分辨光电子谱 [43], 即光电子谱峰强度 I 随束缚能 E_b 的变化曲线

测试温度在 $0.3T_C$, T_C 代表居里温度. 其中 "↑" 和 "↓" 分别指出自旋向上和自旋向下的谱线

图 5.16(a) 给出一段离子链, O^{2-}-Mn^{2+}($3d^5$)-O^{2-}-Mn^{3+}($3d^4$)-O^-, 其中右端的

负一价氧离子缺少一个自旋向上的 2p 电子, 即存在一个 2p 空穴, 用 "Δ" 表示. 图中 "↑" 和 "↓" 符号分别表示自旋向上和自旋向下的电子. 用 "e⁻ ↑" 表示一个自旋向上的巡游电子. 由于右端的氧离子有一个 O 2p 空穴 "Δ", 中间氧离子自旋向上的 2p 电子就有一定几率经过 Mn^{3+} 跃迁到右端的 O 2p 空穴上, 如图 5.16(b) 所示, 从而形成如图 5.16(c) 所示的状态. 类似地, 左端氧离子自旋向上的 2p 电子也可经历图 5.16(d) 所示的过程, 跃迁到中间的氧离子, 使离子链最终变成图 5.16(e) 所示的状态. 从图 5.16(a) 到图 5.16(e) 的转变过程, 也可看成 O 2p 空穴 "Δ" 从右端的氧离子跃迁到左端氧离子的过程. 应注意到, 根据 IEO 模型, 在这个巡游电子的跃迁过程中, Mn^{2+} 的磁矩必须与 Mn^{3+} 反平行排列. 否则, 如果 Mn^{2+} 与 Mn^{3+} 磁矩平行排列, 如图 5.16(f) 所示, 左端氧离子上自旋向上的 2p 电子受到洪德定则的限制 (一个能级上不能同时容纳自旋方向相同的两个电子), 就不能通过 Mn^{2+} 跃迁到中间的氧离子上.

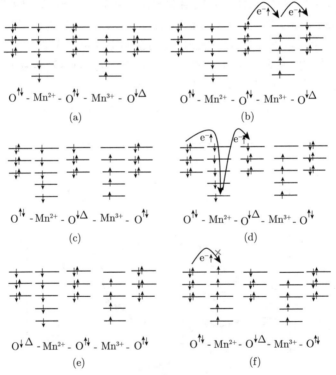

图 5.16　(a)~(e) Mn^{2+} 与 Mn^{3+} 磁矩反平行排列, 一个自旋向上的巡游电子在 O^{2-}-Mn^{2+}-O^{2-}-Mn^{3+}-O^- 离子链上跃迁过程示意图; (f) 如果 Mn^{2+} 与 Mn^{3+} 磁矩平行排列, 自旋向上的巡游电子不能经过 Mn^{2+} 发生跃迁

此外, 与图 5.16(b) 中巡游电子 "e⁻-↑" 经过 Mn^{3+} 相比较, 在图 5.16(d) 中巡游

电子 "$e^-\uparrow$" 经过 Mn^{2+} 时要消耗较多的系统能量, 导致样品的居里温度降低, 这将在后续章节进行具体讨论.

应该注意到, 类似于 O 2p 空穴的自旋极化 [22], 也存在 O^- 的磁矩方向问题. 在图 5.16 中 O^- 的 3 个 2p 能级上, 根据洪德定则, 本应在每个能级上排列一个自旋向上的电子, 在两个较高的 2p 能级上排列自旋向下的电子, 在最低的 2p 能级上没有自旋向下的电子. 但是, 我们讨论自旋向上的 2p 电子在这个离子链上巡游, O^- 磁矩需要像 Mn^{2+} 一样与 Mn^{3+} 磁矩反平行排列. 类似地, 可认为 O^{2-} 的高低能级也是颠倒的.

图 5.17(a) 给出一段离子链 O^{2-}-Fe^{3+}-O^{2-}-Fe^{3+}-O^-, 其中右端的负一价氧离子缺少一个自旋方向向下的 2p 电子, 即存在一个 2p 空穴, 用 "∇" 表示. 其中, "$e^-\downarrow$" 表示一个自旋向下的巡游电子. 由于右端的氧离子有一个 2p 空穴 "∇",

图 5.17 (a)~(e) Fe^{3+} 磁矩平行排列, 一个自旋向下的巡游电子在 O^{2-}-Fe^{3+}-O^{2-}-Fe^{3+}-O^- 离子链上跃迁过程示意图; (f) 只有当 Mn^{3+} 磁矩与 Fe^{3+} 磁矩反平行排列时, 自旋向下的巡游电子才能经过 Mn^{3+} 发生跃迁

中间氧离子自旋向下的 2p 电子就有一定几率经过 Fe^{3+} 跃迁到右端的 O 2p 空穴上, 如图 5.17 (b) 所示, 从而形成如图 5.17 (c) 的状态. 类似地, 左端氧离子自旋向下的 O 2p 电子也可经历图 5.17 (d) 所示的过程, 跃迁到中间的氧离子, 使离子链最终变成图 5.17(e) 所示的状态. 从图 5.17(a) 到图 5.17 (e) 的转变过程, 也可看成 O 2p 的空穴 "∇" 从右端的氧离子跃迁到左端氧离子的过程.

在图 5.17 中也考虑到了 O 2p 能级上自旋的排列规则问题. 我们讨论自旋向下的 2p 电子在这个离子链上巡游, 当它到达 O^- 的 2p 空穴时需占据最低的 2p 能级. 也可认为 O^- 和 O^{2-} 都是高能级在上, 低能级在下.

如果把上述离子链中左侧的 Fe^{3+} 换为 $Mn^{3+}(3d^4)$[或 $Cr^{2+}(3d^4)$], 它们的磁矩必须与右侧的 Fe^{3+} 反平行排列, 才能实现左端氧离子自旋向下的 O 2p 电子经 Mn^{3+}(或 Cr^{2+}) 向中间氧离子空穴的跃迁, 如图 5.17(f) 所示. 由此可解释 3.1 节提到的尖晶石铁氧体 MFe_2O_4 的磁矩和居里温度研究中多年困扰人们的问题. 当 M=Fe, Co, Ni, Cu 时, 无论在 (A) 子晶格还是 [B] 子晶格, 所有阳离子的磁矩都平行排列, 平均分子磁矩实验值略大于二价 M 离子的磁矩. 当 M= Mn 时, 存在少量三价 Mn^{3+}, 其磁矩与铁离子磁矩反平行排列, 导致平均分子磁矩实验值略小于 Mn^{2+} 的磁矩; 当 M= Cr 时, 二价和三价铬离子的磁矩都与铁离子磁矩反平行排列, 导致平均分子磁矩实验值只有二价铬离子的磁矩的一半, 详细讨论见后续第 6 章至 10 章. 根据 IEO 模型第四点, 从图 5.17(f) 可以看出, 当尖晶石铁氧体中含有 Mn^{3+} 或铬离子时, 巡游电子在巡游过程中将消耗体系较多的能量, 从而导致材料的居里温度降低. 作为例子, 从表 4.5 看出, $MnFe_2O_4$ 的居里温度为 570K, 明显低于 MFe_2O_4(M=Fe, Co, Ni, Cu) 的居里温度 (860K, 793K, 863K, 766K).

5.6　IEO 模型与传统磁有序模型的关系

在 IEO 模型的建立过程中, 吸收了 SE 模型和 DE 模型的一部分观点: 第一, 在 IEO 模型中, 接受了在 DE 模型中巡游电子在巡游过程中自旋方向保持不变的观点 (参见图 3.8); 第二, 在 IEO 模型中, 认为 O^{2-} 外层轨道的自旋相反的两个 2p 电子分别沿两个子晶格跃迁的观点与 SE 模型中对 MnO 反铁磁序的解释 [8] 有相似之处 (参见图 3.7).

IEO 模型与 SE 模型、DE 模型的主要区别在于: SE 模型、DE 模型假设氧化物中的所有氧离子都具有负二价状态, 完全忽略负一价氧离子和 O 2p 空穴的存在; IEO 模型承认在氧化物中存在 O^- 这个经过多年理论和实验研究给出的结果, 以及在此基础上的阴阳离子化合价平衡, 认为在 3d 过渡族磁性氧化物中的巡游电子源于 O 2p 电子, 而不是阳离子的 3d 电子. 从而成功解释了在 4.1 节和 4.2 节中所述的困扰磁学界多年的难题.

表 5.14 分别列出了 IEO 模型和传统模型对一些典型磁性氧化物磁有序问题的解释, 可使读者对 IEO 模型与传统模型有一个清晰的比较. 详细的讨论见后续第 6~10 章.

表 5.14　用 IEO 模型与用传统模型对一些典型磁性氧化物在远低于居里温度时的磁有序问题的解释的比较

材料举例	磁矩排列	用 IEO 模型解释	用传统模型解释
$MO(M=$Mn, Fe, Co, Ni), 氯化钠结构	↑↑↑↑↑↑↑↑ ↓↓↓↓↓↓↓↓	两个子晶格中巡游电子的自旋方向反平行, 导致两个子晶格的阳离子磁矩反平行. 两个子晶格晶体结构相同, 各种阳离子分布规律相同或接近相同, 总磁矩为 0 或很小	超交换作用
LaMnO$_3$, 类钙钛矿结构	↓↑↓↑↓↑↓↑	只有一个磁性子晶格, Mn^{3+}(3d^4) 与 Mn^{2+}(3d^5) 磁矩反平行排列 当制备条件导致氧含量变化时, 锰离子平均化合价发生变化, Mn^{2+}/Mn^{3+} 比例发生变化, 样品磁矩变化很大	Mn^{3+} 间超交换作用
MFe$_2$O$_4$($M=$ Fe,Co, Ni, Cu), 尖晶石结构	↑↑↑↑↑ ↓↓↓↓↓↓↓↓↓	所有阳离子的 $n_d \geqslant 5$; 两个子晶格中巡游电子的自旋方向反平行排列, 导致两个磁性子晶格离子磁矩反平行排列; 由于两个子晶格的晶体结构不同, 总磁矩不为 0	(1) 超交换作用, A—O—B 键角比 A—O—A、B—O—B 键角更接近 180°, 磁矩反平行排列 [8]; (2) [B] 子晶格内双交换作用, (A) 与 [B] 位离子磁矩间超交换作用 [44,45]
MFe$_2$O$_4$($M=$Ti, Cr), 尖晶石结构	↑↑↓↑↑ ↓↓↑↓↓↑↓↑	在每个子晶格中钛离子、铬离子 ($n_d \leqslant 4$) 磁矩都与铁离子($n_d \geqslant 5$) 反平行排列	存在争议
MnFe$_2$O$_4$	↑↑↓↑↑ ↓↓↑↓↓↑↓↑	在每个子晶格中 Mn^{3+}(n_d = 4) 磁矩都与 Mn^{2+}、铁离子 ($n_d \geqslant 5$) 反平行排列	存在争议
La$_{0.85}$Sr$_{0.15}$MnO$_3$	↑↑↑↑↑↑↑↑	只有一个磁性子晶格, 全部锰离子都是 Mn^{3+}(3d^4), 磁矩平行排列	Mn^{3+} 与 Mn^{4+} 间双交换作用
La$_{0.8}$Sr$_{0.2}$Mn$_{0.9}$Fe$_{0.1}$O$_3$	↑↑↑↑↓↑↑↑↑	Fe^{3+}(3d^5) 与 Mn^{3+}(3d^4) 磁矩反平行排列	Fe^{3+}(3d^5) 与 Mn^{3+}(3d^4) 超交换作用
La$_{0.8}$Sr$_{0.2}$Mn$_{0.9}$Cr$_{0.1}$O$_3$	↑↑↑↑↑↑↑↑↑	Cr^{3+}(3d^3) 与 Mn^{3+}(3d^4) 磁矩倾角铁磁排列	Cr^{3+}(3d^3) 与 Mn^{3+}(3d^4) 双交换作用

IEO 模型与传统模型的一个最显著差别是: 传统模型认为在 $La_{1-x}Sr_xMnO$ 中 Mn^{3+} 与 Mn^{3+} 反铁磁耦合, Mn^{3+} 与 Mn^{4+} 铁磁耦合, 不能解释其平均分子磁矩随 Sr 含量的变化关系; 而 IEO 模型认为其中不存在 Mn^{4+}, Mn^{3+} 与 Mn^{3+} 铁磁耦合, Mn^{2+} 与 Mn^{3+} 反铁磁耦合, 成功解释了平均分子磁矩随 Sr 含量的变化, 详见 9.1 节.

参 考 文 献

[1] 黄昆原著, 韩汝琦改编. 固体物理学. 北京: 高等教育出版社, 1988

[2] Phillips J C. Rev. Mod. Phys., 1970, 42: 317

[3] 任慧. 含能材料的无机化学基础. 北京: 北京理工大学出版社, 2015

[4] Ji D H, Tang G D, Li Z Z, Hou X, Han Q J, Qi W H, Bian R R, Liu S R. J. Magn. Magn. Mater., 2013, 326: 197

[5] 曾谨言. 量子力学. 北京: 科学出版社, 1981

[6] Tang G D, Hou D L, Chen W, Zhao X, Qi W H. Appl. Phys. Lett., 2007, 90: 144101

[7] Chen C W. Magnetism and Metallurgy of Soft Magnetic Materials. Amsterdam: North-Holland Publishing Company, 1977

[8] 近角聪信. 铁磁性物理. 葛世慧, 译. 兰州: 兰州大学出版社, 2002

[9] Payne M C, Teter M P, Allen D C, Arias T A, Joannopoulos J D. Rev. Mod. Phys., 1992, 64: 1045

[10] Milman V, Winkler B, White J A, Packard C J, Payne M C, Akhmatskaya E V, Nobes R H. International Journal of Quantum Chemistry, 2000, 77: 895

[11] Perdew J P, Wang Y. Phys. Rev. B, 1992, 45: 13244

[12] Anisimov V I, Zaanen J, Andersen O K. Phys. Rev. B, 1991, 44: 943

[13] Antonov V N, Harmon B N, Yaresko A N. Phys. Rev. B, 2003, 67: 024417

[14] Zhu L, Yao K L, Liu Z L. Phys. Rev. B, 2006, 74: 035409

[15] Jeng H T, Guo G Y, Huang D J. Phys. Rev. Lett., 2004, 93: 156403

[16] Nücker N, Fink J, Fuggle J C, Durham P J. Phys. Rev. B, 1988, 37: 5158

[17] Ju H L, Sohn H C, Krishnan K M. Phys. Rev. Lett., 1997, 79: 3230

[18] Urushibara A, Moritomo Y, Arima T, Asamitsu A, Kido G, Tokura Y. Phys. Rev. B, 1995, 51: 14103

[19] Mizoroki T, Itou M, Taguchi Y, Iwazumi T, Sakurai Y. Appl. Phys. Lett., 2011, 98: 052107

[20] Grenier S, Thomas K J, Hill J P, Staub U, Bodenthin Y, García-Fernández M, Scagnoli V, Kiryukhin V, Cheong S W, Kim B G, Tonnerre J M. Phys. Rev. Lett., 2007, 99: 206403

[21] Ibrahim K, Qian H J, Wu X, Abbas M I, Wang J O, Hong C H, Su R, Zhong J, Dong Y H, Wu Z Y, Wei L, Xian D C, Li Y X, Lapeyre G J, Mannella N, Fadley C S, Baba Y. Phys. Rev. B, 2004, 70: 224433

[22] Papavassiliou G, Pissas M, Belesi M, Fardis M, Karayanni M, Ansermet J P, Carlier D, Dimitropoulos C, Dolinsek J. Europhys. Lett., 2004, 68: 453

[23] Alexandrov A S, Bratkovsky A M. Phys. Rev. Lett., 1999, 82: 141

[24] Alexandrov A S, Bratkovsky A M, Kabanov V V. Phys. Rev. Lett., 2006, 96: 117003

[25] 陆家和, 陈长彦. 现代分析技术. 北京: 清华大学出版社, 1995

[26] Cohen R E. Nature, 1992, 358:136

[27] Cohen R E, Krakauer H. Phys. Rev. B, 1990, 42: 6416

[28] Dupin J C, Gonbeau D, Vinatier P, Levasseur A. Phys. Chem. Chem. Phys., 2000, 2: 1319

[29] Wu L Q, Li Y C, Li S Q, Li Z Z, Tang G D, Qi W H , Xue L C, Ge X S, Ding L L. AIP Advances, 2015, 5: 097210

[30] Guo Y Y, Kuo C K, PNicholson P S. Solid State Ionics, 1999, 123: 225

[31] Reddy R R, Gopal K R, Nazeer Ahammed Y, Narasimhulu K, Siva Sankar Reddy L, Krishna Reddy C V. Solid State Ionics, 2005, 176: 401

[32] Wu L Q, Li S Q, Li Y C, Li Z Z, Tang G D, Qi W H, Xue L C, Ding L L, Ge X S. Appl. Phys. Lett., 2016, 108: 021905

[33] 武力乾. 氧离子价态研究及其对钙钛矿锰氧化物 $La_{1-x}Sr_xMnO_3$ 磁性的影响. 石家庄: 河北师范大学, 2016

[34] Steinberger R, Duchoslav J, Arndt M, Stifter D. Corrosion Science, 2014, 82: 154

[35] Guo Y Q, Zhu M G, Li W, Roy S, Ali N, Wappling R. J. Magn. Magn. Mater., 2004, 279: 246

[36] Mahendiran R, Tiwary S K, Raychaudhuri A K, Ramakrishnan T V. Physical Review B, 1996, 53: 3348

[37] Bogle K A, Bachhav M N, Deo M S, Valanoor N, Ogale S B. Appl. Phys. Lett., 2009, 95: 203502

[38] Zhang P, Gao C X, Lv F Z, Wei Y P, Dong C H, Jia C L, Liu Q F, Xue D S. Appl. Phys. Lett., 2014, 105: 152904

[39] Xu J, Ma L, Li Z Z, Lang L L, Qi W H, Tang G D, Wu L Q, Xue L C, Wu G H. Phys. Status Solidi B, 2015, 252: 2820

[40] Tang G D, Li Z Z, Ma L, Qi W H, Wu L Q, Ge X S, Wu G H, Hu F X. Physics Reports, 2018, 758:1

[41] Liu S R, Ji D H, Xu J, Li Z Z, Tang G D, Bian R R, Qi W H, Shang Z F, Zhang X Y, Journal of Alloys and Compounds, 2013, 581: 616

[42] Johnson P D. Rep. Prog. Phys., 1997, 60: 1217

[43]　Kisker E, Schroder K, Campagna M, Gudat W. Phys. Rev. Lett., 1984, 52: 2285

[44]　McQueeney R J, Yethiraj M, Chang S, Montfrooij W, Perring T G, Honig J M, Metcalf P. Phys. Rev. Lett., 2007, 99: 246401

[45]　Moyer J A, Vaz C A F, Arena D A, Kumah D, Negusse E, Henrich V E. Phys. Rev. B, 2011, 84: 054447

第6章 典型尖晶石结构铁氧体的磁有序

在 4.1 节, 介绍了 (A)[B]$_2$O$_4$ 型尖晶石铁氧体的晶体结构, 以及传统铁氧体理论对其磁有序的解释和所遇到的困难, 特别是对于含有 Cr 和 Mn 的尖晶石铁氧体, 关于其阳离子在 (A)/[B] 位分布的讨论, 存在截然不同的观点. 如第 5 章所介绍, 为解决这些多年来的争议, 基于氧化物中存在 O 2p 空穴和 O$^-$ 的大量实验研究结果, 我们提出一个 IEO 模型 [1,2]. 本章介绍应用这个模型解释多年来困扰研究者的含有 Cr 和 Mn 的尖晶石铁氧体的磁有序和阳离子分布的相关问题, 在这些铁氧体处于基态时, 其阳离子磁矩为共线耦合, 即平行或反平行, 不存在倾角.

6.1 典型尖晶石结构铁氧体磁矩和阳离子分布的拟合方法

如 4.1 节所述, 对于 (A)[B]$_2$O$_4$ 型尖晶石铁氧体 MFe$_2$O$_4$, 当 M= Fe, Co, Ni, Cu 时, 平均分子磁矩的实验值 (μ_{obs}) 略大于利用传统模型给出的计算值 (μ_{cal}, 等于二价 M 离子的磁矩); 当 M = Mn 时, μ_{obs} 略小于 μ_{cal}; 而当 M = Cr 时, μ_{obs} 只有 μ_{cal} 的二分之一. 我们利用 IEO 模型成功解释了这个难题 [1]: 当 M = Fe, Co, Ni, Cu 时, 由于所有阳离子的 3d 电子数目 $n_d \geqslant 5$, 在每一个子晶格中的阳离子磁矩平行排列; 当 M = Mn 时, 由于 Mn^{3+}(3d^4) 的 3d 电子数目 $n_d = 4$, 其磁矩与铁离子的磁矩反平行排列, 由于 Mn^{2+}(3d^5) 的 $n_d = 5$, 其磁矩仍与铁离子的磁矩平行排列; 当 M = Cr 时, 由于 Cr^{2+}(3d^4) 和 Cr^{3+}(3d^3) 的 $n_d = 4$ 和 3, 其磁矩都与铁离子的磁矩反平行排列. 利用 IEO 模型和 (5.7) 式给出的量子力学势垒模型拟合样品在 10K 下的平均分子磁矩实验值, 我们报道了多个系列 Cr 或 Mn 掺杂尖晶石铁氧体的阳离子分布 [1-11]. 本节以 Cr 和 Co 掺杂对尖晶石铁氧体 Ni$_{0.7}$Fe$_{2.3}$O$_4$ 不同的影响为例 [4], 介绍 IEO 模型的应用.

利用化学共沉淀方法制备了尖晶石铁氧体 Co$_x$Ni$_{0.7-x}$Fe$_{2.3}$O$_4$(0.0 $\leqslant x \leqslant$ 0.3)、Cr$_x$Ni$_{0.7-x}$Fe$_{2.3}$O$_4$(0.0 $\leqslant x \leqslant$ 0.3) 和 Cr$_x$Ni$_{0.7}$Fe$_{2.3-x}$O$_4$(0.0 $\leqslant x \leqslant$ 0.3), 应用 IEO 模型拟合了 10K 下三个系列样品磁矩的实验值随着掺杂量 x 的变化关系, 拟合值和实验值吻合得很好, 成功地解释了应用传统理论不能解释的问题: Co 掺杂系列样品的比饱和磁化强度随着 Co 含量的增加而增大, 而 Cr 掺杂系列样品的比饱和磁化强度随着 Cr 含量的增加而减小. 在拟合过程中, 分别得到了三个系列样品中各种阳离子在 (A)、[B] 位的分布情况. 估算出占据 (A) 位的铬离子含量约为铬离子总量的 40%, 与 Ghatage 等 [12] 通过分析中子衍射谱给出的结果很接近.

6.1.1　样品的 X 射线衍射谱分析

通过分析 XRD 谱得到 $Co_xNi_{0.7-x}Fe_{2.3}O_4$、$Cr_xNi_{0.7-x}Fe_{2.3}O_4$ 和 $Cr_xNi_{0.7}$ $Fe_{2.3-x}O_4$ 系列样品均呈单相立方尖晶石结构, 空间群为 $Fd\bar{3}m$, 没有杂相. 应用 X'Pert HighScore Plus 软件对 XRD 数据进行 Rietveld 拟合 [13], 得到了样品的晶格常数 a, (A) 位阳离子中心到最近邻的氧离子中心的距离, 即 A—O 键长 d_{AO}, 以及 B—O 键长 d_{BO} 和 A—B 键长 d_{AB}, 列于表 6.1.

表 6.1　系列样品 $Co_xNi_{0.7-x}Fe_{2.3}O_4$、$Cr_xNi_{0.7-x}Fe_{2.3}O_4$ 和 $Cr_xNi_{0.7}Fe_{2.3-x}O_4$ 的 XRD 数据拟合结果. a 为样品的晶格常数, d_{AO}、d_{BO} 和 d_{AB} 分别为 A—O 键长、B—O 键长和 A—B 键长 [4]

	x	a/Å	d_{AO}/Å	d_{BO}/Å	d_{AB}/Å
$Co_xNi_{0.7-x}Fe_{2.3}O_4$	0.00	8.348	1.894	2.038	3.461
	0.10	8.355	1.896	2.040	3.464
	0.20	8.359	1.897	2.041	3.465
	0.30	8.365	1.898	2.042	3.468
$Cr_xNi_{0.7-x}Fe_{2.3}O_4$	0.00	8.349	1.894	2.038	3.461
	0.15	8.357	1.896	2.040	3.465
	0.25	8.359	1.897	2.041	3.466
	0.30	8.362	1.897	2.042	3.467
$Cr_xNi_{0.7}Fe_{2.3-x}O_4$	0.00	8.352	1.895	2.039	3.462
	0.05	8.349	1.894	2.038	3.461
	0.10	8.347	1.894	2.038	3.461
	0.15	8.347	1.894	2.038	3.461
	0.20	8.345	1.894	2.037	3.460
	0.25	8.343	1.893	2.037	3.459
	0.30	8.341	1.893	2.036	3.458

容易算出, 在立方尖晶石结构中 d_{AO}、d_{BO}、d_{AB} 的理想值分别为 $\sqrt{3}a/8$、$a/4$、$\sqrt{11}a/8$. 但是, 从表 6.1 中我们可以看出, d_{AB} 的实验值和理想值大致相同, 而 d_{AO} 的实验值是理想值的 1.05 倍, d_{BO} 的实验值是理想值的 0.98 倍, 可以用下式来表示:

$$d_{AO} = 1.05 \times \frac{\sqrt{3}}{8}a, \quad d_{BO} = 0.98 \times \frac{1}{4}a, \quad d_{AB} = \frac{\sqrt{11}}{8}a. \tag{6.1}$$

图 6.1 给出了三个系列样品的晶格常数 a 随着掺杂量 x 的变化曲线. 对于 $Cr_xNi_{0.7}Fe_{2.3-x}O_4$ 系列样品, a 随着 Cr 掺杂量 x 的增加而减小, 而对于 $Co_xNi_{0.7-x}Fe_{2.3}O_4$ 和 $Cr_xNi_{0.7-x}Fe_{2.3}O_4$ 系列样品, a 随着掺杂量 x 的增加而增大. 晶格常数的变化与样品的阳离子有效半径 [14] 和结合能有关.

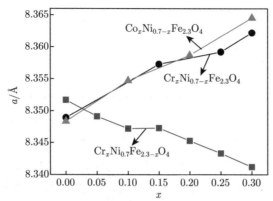

图 6.1　三个系列样品的晶格常数 a 随掺杂量 x 的变化曲线 [4]

为得到样品的本征磁性, 要求样品的晶粒粒径大于或接近 100nm. 利用谢乐 (Scherrer) 公式 [15]

$$D = \frac{K\lambda}{B\cos\theta},\tag{6.2}$$

估算了样品的晶粒粒径. 其中, K 为谢乐常数; B 为 XRD 峰的半高宽度; θ 为衍射角. 当所测物质的晶粒线度小于 100nm 时, 可以应用此公式对其晶粒粒径进行估算; 但晶粒线度大于 100nm 时, 此公式不再适用. 利用 (6.2) 式估算出三个系列样品的平均晶粒粒径均大于 100nm, 因此表面效应对样品磁性的影响很弱, 可以忽略不计.

6.1.2　样品磁性的测量

在 10K 和 300K 下测量了三个系列样品的磁滞回线. 测量过程中, 对 $Co_xNi_{0.7-x}Fe_{2.3}O_4$ 系列样品所加最大外场为 5T, 对 $Cr_xNi_{0.7-x}Fe_{2.3}O_4$ 和 $Cr_xNi_{0.7}Fe_{2.3-x}O_4$ 系列样品所加最大外场为 2T. 图 6.2~图 6.4 分别给出了三个系列样品在 10K 下的磁滞回线. 表 6.2 给出了三系列样品在 10K 和 300K 下的比饱和磁化强度 σ_s 以及应用 σ_s 计算出的在 10K 下平均分子磁矩的实验值 μ_{obs}. 图 6.5 示出三个系列样品的平均分子磁矩实验值 μ_{obs} 与拟合值 μ_{cal} 随掺杂量 x 的变化关系, 其中, 点为实验结果, 曲线为拟合结果, 拟合方法在 6.1.4 节给出. 可以看出, Co 替代 Ni 导致样品磁矩增大, Cr 替代 Ni 和 Fe 都导致样品磁矩减小. 这个实验结果用经典磁有序模型很难给出解释, 但用 IEO 模型很容易解释: ① Co^{2+} 和 Co^{3+} 的磁矩分别是 $3\mu_B$ 和 $4\mu_B$, Ni^{2+} 和 Ni^{3+} 的磁矩分别是 $2\mu_B$ 和 $3\mu_B$, 钴离子与镍离子、铁离子磁矩平行排列, 所以 Co 替代 Ni 导致样品磁矩增大. ② 尽管 Cr^{2+} 和 Cr^{3+} 的磁矩分别是 $4\mu_B$ 和 $3\mu_B$, 大于镍离子磁矩, 但是无论在 (A) 子晶格还是 [B] 子晶格, 铬离子与镍离子、铁离子磁矩都是反平行排列, Cr 替代 Ni 必然使样品磁矩减小. 在 6.1.3 节将进一步讨论这个问题.

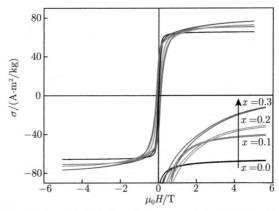

图 6.2   样品 $Co_xNi_{0.7-x}Fe_{2.3}O_4$ 在 10K 下的磁滞回线[4]

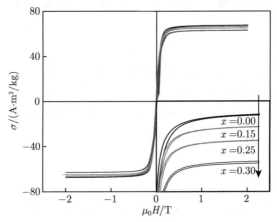

图 6.3   样品 $Cr_xNi_{0.7-x}Fe_{2.3}O_4$ 在 10K 下的磁滞回线[4]

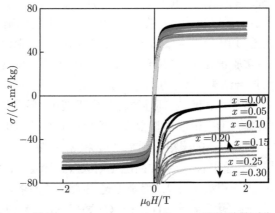

图 6.4   样品 $Cr_xNi_{0.7}Fe_{2.3-x}O_4$ 在 10K 下的磁滞回线[4]

表 6.2 三系列样品 $Co_xNi_{0.7-x}Fe_{2.3}O_4$、$Cr_xNi_{0.7-x}Fe_{2.3}O_4$ 和 $Cr_xNi_{0.7}Fe_{2.3-x}O_4$
在 10K 和 300K 下的比饱和磁化强度 σ_s 以及在 10K 下平均分子磁矩的实验值 μ_{obs}[4]

	x	$\sigma_{s\text{-}10K}/(\text{A·m}^2/\text{kg})$	$\sigma_{s\text{-}300K}/(\text{A·m}^2/\text{kg})$	μ_{obs}/μ_B
$Co_xNi_{0.7-x}Fe_{2.3}O_4$	0.00	65.59	60.74	2.743
	0.10	70.86	65.95	2.964
	0.20	72.68	68.59	3.040
	0.30	76.51	72.10	3.200
$Cr_xNi_{0.7-x}Fe_{2.3}O_4$	0.00	67.40	62.79	2.818
	0.15	66.25	60.02	2.758
	0.25	64.98	58.00	2.698
	0.30	62.99	57.11	2.611
$Cr_xNi_{0.7}Fe_{2.3-x}O_4$	0.00	66.28	61.64	2.772
	0.05	63.59	59.79	2.657
	0.10	60.33	56.96	2.519
	0.15	56.87	53.67	2.372
	0.20	55.99	51.09	2.334
	0.25	55.07	49.19	2.293
	0.30	52.66	46.82	2.191

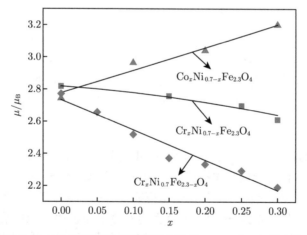

图 6.5 三个系列样品在 10K 下的平均分子磁矩实验值 μ_{obs} (点) 与拟合值 μ_{cal} (线) 随掺杂
量 x 的变化关系 [4]

6.1.3 影响阳离子分布的主要因素

为研究在这三个系列样品中的阳离子分布, 必须尽可能全面地考虑影响阳离子
分布的因素.

1. 阳离子的电离能和阴阳离子间距

由于材料中离子对电子的束缚能随自由原子电离能的增大而增大 (见图 2.2), 我们利用自由原子的电离能研究材料中离子的化合价. 考虑 5.2.1 节介绍的量子力学势垒模型. 假设在一对阴阳离子间有一个方势垒, 势垒的高度与阳离子最后一个被电离的电子的电离能成正比例, 势垒的宽度和相邻的阴阳离子间距相关, 不同阳离子的含量比 (R) 与其各自最后被电离的电子透过方形势垒的几率成正比, 因此可应用 (5.7) 式

$$R = \frac{P_C}{P_D} = \frac{V_D}{V_C} \exp\left[10.24\left(r_D V_D^{1/2} - c r_C V_C^{1/2}\right)\right] \tag{6.3}$$

进行计算. 其中, 采用纳米 (nm) 和电子伏 (eV) 分别作为长度和能量单位; P_C (P_D) 代表阳离子 C (D) 中最后一个被电离的电子透过高为 V_C (V_D), 宽为 r_C (r_D) 的势垒到达相邻阴离子的几率; V_C (V_D) 是阳离子 C (D) 丢失最后一个电子的电离能; r_C (r_D) 是阳离子 C(D) 与最近邻阴离子间的间距. 参数 c 代表势垒的形状修正参数, 它与电子透过的实际势垒与方形势垒的偏离程度相关. 很明显, 当 $V_C = V_D$, $r_C = r_D$ 时, 参数 c 等于 1.

2. 相邻阴阳离子之间电子云的泡利排斥能

可利用有效离子半径来讨论: 半径较小的离子 [14] 应该占据晶格中较小的可利用空间. 在尖晶石结构铁氧体中, A—O 键长 $\sqrt{3}a/8$ 小于 B—O 键长 $a/4$, 所以 (A) 位间隙比 [B] 位间隙小. 因此三价阳离子 (有效离子半径较小) 应占据间隙较小的 (A) 位, 而二价阳离子 (有效离子半径较大) 应占据间隙较大的 [B] 位.

3. 电荷密度平衡趋势

在尖晶石结构中, 因为 (A) 位和 [B] 位中的阳离子分别被四个和六个氧离子包围, 所以 (A)/[B] 位近邻的负电荷密度比为 2/3, 如果 (A) 位的阳离子全部为二价, [B] 位阳离子全部为三价, 可达到正负电荷密度平衡. 这与泡利排斥能的要求正好相反. 因此, 在样品的热处理过程中, 受到电荷密度平衡趋势的影响, [B] 位中半径较大的二价离子有一定的几率透过一个由泡利排斥能形成的等效势垒 V_{BA} 进入间隙较小的 (A) 位. V_{BA} 还与电离能和热处理温度有关.

4. 电离度

如前所述, 在氧化物中除存在 O^{2-} 外还有一部分 O^-, 因而氧离子的平均化合价绝对值 ($|V_{alO}|$) 小于 2.0, 电离度小于 1.0. 在本节的拟合过程中直接应用 5.2 节中表 5.3 给出的尖晶石铁氧体的电离度数据, 把 M_3O_4($M = $ Fe, Co, Ni, Cr 等) 的电离度作为在尖晶石结构中 M 离子的电离度.

5. IEO 模型的应用

在本节的 3 个系列样品中, 无论在 (A) 子晶格还是 [B] 子晶格, 铁、钴、镍离子磁矩方向平行排列, 而铬离子的磁矩方向与铁、钴、镍离子反平行排列.

6.1.4 样品磁矩的拟合

为了使拟合程序同时适用于三个系列样品, 我们将分子式改写为

$$M_{x_1}Ni_{x_2}Fe_{3-x_1-x_2}O_4, \quad M = Cr, Co. \tag{6.4}$$

考虑到在尖晶石铁氧体的 (A) 和 [B] 子晶格中, 每种阳离子都可能以二价和三价的价态出现, 将三个系列样品的离子分布表示为

$$(M_{y_1}^{3+}Ni_{y_2}^{3+}Fe_{y_3}^{3+}M_{y_4}^{2+}Ni_{y_5}^{2+}Fe_{y_6}^{2+})[M_{x_1-y_1-y_4-z_1}^{2+}Ni_{x_2-y_2-y_5-z_2}^{2+}Fe_{3-x_1-x_2-y_3-y_6-z_3}^{2+}$$

$$M_{z_1}^{3+}Ni_{z_2}^{3+}Fe_{z_3}^{3+}]O_4. \tag{6.5}$$

由 (6.5) 式可以得到

$$y_1 + y_2 + y_3 + y_4 + y_5 + y_6 = 1, \tag{6.6}$$

$$y_1 + y_2 + y_3 + z_1 + z_2 + z_3 = N_3. \tag{6.7}$$

其中, N_3 是平均每分子中含有的三价阳离子总数, 可以表示为

$$N_3 = \frac{8}{3}[f_M x_1 + f_{Ni} x_2 + f_{Fe}(3.0 - x_1 - x_2)] - 6.0. \tag{6.8}$$

其中, f_{Ni} 和 f_{Fe} 分别代表 Ni 和 Fe 的电离度, f_M 代表 Co 或 Cr 的电离度. 显然, 如果所有阳离子的电离度数值都等于 1.0, 则 $N_3 = 2.0$, 阳离子总化合价为 8.0, 全部氧离子都是负二价, 即回到传统观点. 在此, 根据表 5.3 中尖晶石铁氧体电离度估算结果, Cr、Co、Fe、Ni 的电离度分别为 $f_{Cr} = 0.8726$、$f_{Co} = 0.8314$、$f_{Fe} = 0.8790$、$f_{Ni} = 0.8129$. 由 (6.5) 式可以得到

$$R_{A1}\frac{x_1}{3-x_1-x_2} = \frac{y_1}{y_3}, \quad R_{A2}\frac{x_2}{3-x_1-x_2} = \frac{y_2}{y_3}, \quad R_{A4}\frac{x_1}{3-x_1-x_2} = \frac{y_4}{y_3},$$

$$R_{A5}\frac{x_2}{3-x_1-x_2} = \frac{y_5}{y_3}, \quad R_{A6} = \frac{y_6}{y_3}, \tag{6.9}$$

$$R_{B1}\frac{x_1-y_1-y_4}{3-x_1-x_2-y_3-y_6} = \frac{z_1}{z_3}, \quad R_{B2}\frac{x_2-y_2-y_5}{3-x_1-x_2-y_3-y_6} = \frac{z_2}{z_3}. \tag{6.10}$$

其中, R_{A1}、R_{A2}、R_{A4}、R_{A5} 和 R_{A6} 分别表示在 (A) 位出现 M^{3+}、Ni^{3+}、M^{2+}、Ni^{2+} 和 Fe^{2+} 的几率与出现 Fe^{3+} 几率的比值. R_{B1} 和 R_{B2} 分别表示在 [B] 位出现 M^{3+} 和 Ni^{3+} 的几率与出现 Fe^{3+} 几率的比值.

由 (6.6) 式和 (6.9) 式可得

$$y_3 = \frac{3 - x_1 - x_2}{(R_{A1} + R_{A4})\, x_1 + (R_{A2} + R_{A5})\, x_2 + (1 + R_{A6})\, (3 - x_1 - x_2)}. \tag{6.11}$$

由 (6.7) 式和 (6.10) 式可得

$$z_3 = \frac{N_3 - \left(1 + R_{A1}\dfrac{x_1}{3 - x_1 - x_2} + R_{A2}\dfrac{x_2}{3 - x_1 - x_2}\right) y_3}{1 + R_{B1}\dfrac{x_1 - y_1 - y_4}{3 - x_1 - x_2 - y_3 - y_6} + R_{B2}\dfrac{x_2 - y_2 - y_5}{3 - x_1 - x_2 - y_3 - y_6}}. \tag{6.12}$$

本节中三个系列样品阳离子的电离能差别不大, 设 (6.3) 式中的势垒形状修正参数 c 为 1.0. 以下利用 (6.3) 式估算不同化合价的各种离子在 (A) 位和 [B] 出现的几率比值:

$$\begin{aligned}
R_{A1} &= \frac{P\left(M^{3+}\right)}{P\left(Fe^{3+}\right)} \\
&= \frac{V\left(Fe^{3+}\right)}{V\left(M^{3+}\right)} \exp\left\{10.24 d_{AO}\left[V\left(Fe^{3+}\right)^{1/2} - V\left(M^{3+}\right)^{1/2}\right]\right\}, \tag{6.13}
\end{aligned}$$

$$\begin{aligned}
R_{A2} &= \frac{P\left(Ni^{3+}\right)}{P\left(Fe^{3+}\right)} \\
&= \frac{V\left(Fe^{3+}\right)}{V\left(Ni^{3+}\right)} \exp\left\{10.24 d_{AO}\left[V\left(Fe^{3+}\right)^{1/2} - V\left(Ni^{3+}\right)^{1/2}\right]\right\}, \tag{6.14}
\end{aligned}$$

$$\begin{aligned}
R_{A4} &= \frac{P\left(M^{2+}\right)}{P\left(Fe^{3+}\right)} = \frac{V\left(Fe^{3+}\right)}{V\left(M^{2+}\right)} \exp\left\{10.24\left[d_{AO}V\left(Fe^{3+}\right)^{1/2}\right.\right. \\
&\qquad \left.\left. - d_{AO}V\left(M^{2+}\right)^{1/2} - d_{AB}V_{BA}\left(M^{2+}\right)^{1/2}\right]\right\}, \tag{6.15}
\end{aligned}$$

$$\begin{aligned}
R_{A5} &= \frac{P\left(Ni^{2+}\right)}{P\left(Fe^{3+}\right)} = \frac{V\left(Fe^{3+}\right)}{V\left(Ni^{2+}\right)} \exp\left\{10.24\left[d_{AO}V\left(Fe^{3+}\right)^{1/2}\right.\right. \\
&\qquad \left.\left. - d_{AO}V\left(Ni^{2+}\right)^{1/2} - d_{AB}V_{BA}\left(Ni^{2+}\right)^{1/2}\right]\right\}, \tag{6.16}
\end{aligned}$$

$$\begin{aligned}
R_{A6} &= \frac{P\left(Fe^{2+}\right)}{P\left(Fe^{3+}\right)} = \frac{V\left(Fe^{3+}\right)}{V\left(Fe^{2+}\right)} \exp\left\{10.24\left[d_{AO}V\left(Fe^{3+}\right)^{1/2}\right.\right. \\
&\qquad \left.\left. - d_{AO}V\left(Fe^{2+}\right)^{1/2} - d_{AB}V_{BA}\left(Fe^{2+}\right)^{1/2}\right]\right\}, \tag{6.17}
\end{aligned}$$

$$R_{B1} = \frac{P\left(M^{3+}\right)}{P\left(Fe^{3+}\right)}$$

$$= \frac{V\left(\mathrm{Fe}^{3+}\right)}{V\left(M^{3+}\right)} \exp\left\{10.24 d_{\mathrm{BO}}\left[V\left(\mathrm{Fe}^{3+}\right)^{1/2} - V\left(M^{3+}\right)^{1/2}\right]\right\}, \tag{6.18}$$

$$R_{\mathrm{B2}} = \frac{P\left(\mathrm{Ni}^{3+}\right)}{P\left(\mathrm{Fe}^{3+}\right)}$$

$$= \frac{V\left(\mathrm{Fe}^{3+}\right)}{V\left(\mathrm{Ni}^{3+}\right)} \exp\left\{10.24 d_{\mathrm{BO}}\left[V\left(\mathrm{Fe}^{3+}\right)^{1/2} - V\left(\mathrm{Ni}^{3+}\right)^{1/2}\right]\right\}. \tag{6.19}$$

其中, $V(M^{3+})$、$V(\mathrm{Fe}^{3+})$ 和 $V(\mathrm{Ni}^{3+})$ 分别代表 Cr(或 Co)、Fe 和 Ni 的第三电离能, $V(M^{2+})$、$V(\mathrm{Fe}^{2+})$ 和 $V(\mathrm{Ni}^{2+})$ 分别表示 Cr(或 Co)、Fe 和 Ni 的第二电离能, 具体数据如附录 A 所示. 键长 d_{AO}、d_{BO} 和 d_{AB} 采用表 6.1 由 XRD 分析给出的数据. $V_{\mathrm{BA}}(M^{2+})$、$V_{\mathrm{BA}}(\mathrm{Fe}^{2+})$ 和 $V_{\mathrm{BA}}(\mathrm{Ni}^{2+})$ 分别表示样品在热处理过程中 $\mathrm{Cr}^{2+}(\mathrm{Co}^{2+})$、$\mathrm{Fe}^{2+}$ 和 Ni^{2+} 由 [B] 位进入到 (A) 位所需透过的等效势垒高度. 我们假设

$$V_{\mathrm{BA}}(\mathrm{Ni}^{2+}) = \frac{V_{\mathrm{BA}}(M^{2+})V(\mathrm{Ni}^{3+})r(\mathrm{Ni}^{2+})}{V(M^{3+})r(M^{2+})}, \tag{6.20}$$

$$V_{\mathrm{BA}}(\mathrm{Fe}^{2+}) = \frac{V_{\mathrm{BA}}(M^{2+})V(\mathrm{Fe}^{3+})r(\mathrm{Fe}^{2+})}{V(M^{3+})r(M^{2+})}, \tag{6.21}$$

式中, $r(M^{2+})$、$r(\mathrm{Fe}^{2+})$ 和 $r(\mathrm{Ni}^{2+})$ 分别为 $\mathrm{Cr}^{2+}(\mathrm{Co}^{2+})$、$\mathrm{Fe}^{2+}$ 和 Ni^{2+} 在 6 配位时的有效离子半径, 数据如附录 B 所示. 式中 $V_{\mathrm{BA}}(M^{2+})$ 正比于 $r(M^{2+})$, 是由于离子半径较大的二价离子较难进入可利用空间较小的 (A) 位. $V_{\mathrm{BA}}(M^{2+})$ 正比于阳离子的第三电离能, 是由于第三电离能较大者, 二价离子比例较大, 较高的势垒才能使其到达 (A) 位的二价离子不至于过多.

根据 5.5 节介绍的 IEO 模型, 在同一子晶格中, Cr^{2+} 和 Cr^{3+} 的磁矩与 Co^{2+}、Co^{3+}、Ni^{2+}、Ni^{3+}、Fe^{2+} 和 Fe^{3+} 的磁矩反平行排列. 因此, 将 M^{2+}、M^{3+}、Ni^{2+}、Ni^{3+}、Fe^{2+} 和 Fe^{3+} 的磁矩分别表示为 m_2、m_3、$2\mu_{\mathrm{B}}$、$3\mu_{\mathrm{B}}$、$4\mu_{\mathrm{B}}$ 和 $5\mu_{\mathrm{B}}$. 当 $M = \mathrm{Cr}$ 时, $m_2 = -4\mu_{\mathrm{B}}$, $m_3 = -3\mu_{\mathrm{B}}$, 而当 $M = \mathrm{Co}$ 时, $m_2 = 3\mu_{\mathrm{B}}$, $m_3 = 4\mu_{\mathrm{B}}$. 因此, 可以计算出三个系列样品 $M_{x1}\mathrm{Ni}_{x2}\mathrm{Fe}_{3-x1-x2}\mathrm{O}_4$ 的平均分子磁矩为

$$\left.\begin{aligned}
\mu_{\mathrm{cal}} &= \mu_{\mathrm{BT}} - \mu_{\mathrm{AT}}, \\
\mu_{\mathrm{AT}} &= m_3 y_1 + 3y_2 + 5y_3 + m_2 y_4 + 2y_5 + 4y_6, \\
\mu_{\mathrm{B1}} &= m_2\left(x_1 - y_1 - y_4 - z_1\right) + m_3 z_1, \\
\mu_{\mathrm{B2}} &= 2(x_2 - y_2 - y_5 - z_2) + 3z_2 = 2(x_2 - y_2 - y_5) + z_2, \\
\mu_{\mathrm{B3}} &= 4\left(3 - x_1 - x_2 - y_3 - y_6 - z_3\right) + 5z_3 = 4\left(3 - x_1 - x_2 - y_3 - y_6\right) + z_3, \\
\mu_{\mathrm{BT}} &= \mu_{\mathrm{B1}} + \mu_{\mathrm{B2}} + \mu_{\mathrm{B3}},
\end{aligned}\right\} \tag{6.22}$$

其中, μ_{cal} 为样品平均分子磁矩的拟合值, μ_{AT} 和 μ_{BT} 分别为 (A) 和 [B] 子晶格磁矩的拟合值, μ_{B1}、μ_{B2} 和 μ_{B3} 分别为 [B] 位 Cr (Co)、Ni 和 Fe 磁矩的拟合值.

　　在整个拟合过程中, 对于掺杂量 x 所对应的每一个样品, 包括 (6.6)~(6.10) 式和 (6.13)~(6.22) 式共有 20 个独立方程, 21 个参数: $y_1 \sim y_6$, $z_1 \sim z_3$, N_3, R_{A1}, R_{A2}, R_{A4}, R_{A5} 和 R_{A6}, R_{B1} 和 R_{B2}, $V_{BA}(M^{2+})$, $V_{BA}(Ni^{2+})$ 和 $V_{BA}(Fe^{2+})$ 和 μ_{cal}. 其中, (6.9) 式包含 5 个独立的方程, (6.10) 式包含 2 个独立的方程. 因此, 对于每一个样品, 我们需要给出至少一个独立参数, 就能通过这 20 个独立方程, 得到所有 21 个参数, 从而可以拟合磁矩的实验值 μ_{obs}.

　　对于一个系列中的所有样品, 假设 $V_{BA}(M^{2+})$ 随着掺杂量 x 线性变化, 如图 6.6 所示, 只需要给出两个独立的拟合参数, 就能得到这一个系列中所有样品的拟合参数. 在本节中, 通过将每个系列样品中的两个 $V_{BA}(M^{2+})$ 值看作拟合参数, 应用以上的方程和参数拟合了三个系列样品 $Co_xNi_{0.7-x}Fe_{2.3}O_4$、$Cr_xNi_{0.7-x}Fe_{2.3}O_4$ 和 $Cr_xNi_{0.7}Fe_{2.3-x}O_4$ 在 10K 下的磁矩实验值, 分别得到了三个系列样品的拟合参数和离子分布数据, 如表 6.3~表 6.5 所示.

　　图 6.5 给出了三个系列样品 $Co_xNi_{0.7-x}Fe_{2.3}O_4$、$Cr_xNi_{0.7-x}Fe_{2.3}O_4$ 和 $Cr_xNi_{0.7}Fe_{2.3-x}O_4$ 在 10K 下磁矩的实验值和拟合值随着掺杂量 x 的变化关系. 从图中可以看出, 三个系列样品磁矩的拟合值 (μ_{cal}) 与实验值 (μ_{obs}) 吻合得很好, 这说明根据 IEO 模型假设在同一子晶格中 Cr^{2+}、Cr^{3+} 的磁矩与二价和三价的铁离子、钴离子、镍离子的磁矩反平行排列是合理的. 三个系列样品 $Co_xNi_{0.7-x}Fe_{2.3}O_4$、$Cr_xNi_{0.7-x}Fe_{2.3}O_4$ 和 $Cr_xNi_{0.7}Fe_{2.3-x}O_4$ 中各种阳离子随着掺杂量 x 的变化情况, 分别如图 6.7~图 6.9 所示.

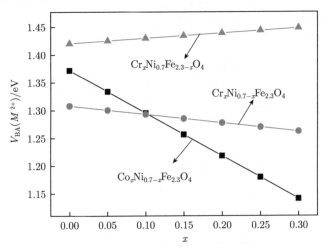

图 6.6　三个系列样品的等效势垒 $V_{BA}(M^{2+})$ 随掺杂量 x 的变化关系
其中, M 分别为 Cr、Cr 和 Co[4]

表 6.3　通过拟合 $Co_xNi_{0.7-x}Fe_{2.3}O_4$ 系列样品在 10K 下的磁矩实验值随着 Co 掺杂量 x 的变化关系, 得到此系列样品的阳离子分布, 即平均每分子中的各种阳离子含量. 其中, $V_{BA}(Co^{2+})$、$V_{BA}(Ni^{2+})$ 和 $V_{BA}(Fe^{2+})$ 分别表示热处理过程中, Co^{2+}、Ni^{2+} 和 Fe^{2+} 由 [B] 位进入 (A) 位所需透过的等效势垒的高度. N_3 表示每分子中三价阳离子的平均数目. μ_{cal} 和 μ_{obs} 分别表示在 10K 下样品磁矩的拟合值和实验值 [4]

	x	0.0	0.1	0.2	0.3
	N_3	0.9086	0.9137	0.9186	0.9233
	$V_{BA}(Co^{2+})$/eV	1.3720	1.2950	1.2180	1.1410
	$V_{BA}(Ni^{2+})$/eV	1.3341	1.2592	1.1843	1.1094
	$V_{BA}(Fe^{2+})$/eV	1.3143	1.2405	1.1667	1.0930
(A) 位	Co^{3+}	0.0000	0.0126	0.0237	0.0334
	Ni^{3+}	0.0669	0.0544	0.0428	0.0321
	Fe^{3+}	0.5428	0.5150	0.4863	0.4566
	Co^{2+}	0.0000	0.0109	0.0233	0.0372
	Ni^{2+}	0.0552	0.0504	0.0447	0.0380
	Fe^{2+}	0.3351	0.3567	0.3792	0.4026
[B] 位	Co^{2+}	0.0000	0.0682	0.1349	0.2000
	Ni^{2+}	0.5377	0.4574	0.3782	0.3000
	Fe^{2+}	1.1633	1.1427	1.1212	1.0987
	Co^{3+}	0.0000	0.0083	0.0180	0.0294
	Ni^{3+}	0.0401	0.0378	0.0344	0.0298
	Fe^{3+}	0.2588	0.2856	0.3134	0.3420
	μ_{cal}/μ_B	2.778	2.916	3.057	3.201
	μ_{obs}/μ_B	2.743	2.964	3.040	3.200

表 6.4   通过拟合 $Cr_xNi_{0.7-x}Fe_{2.3}O_4$ 系列样品在 10K 下磁矩实验值随着 Cr 掺杂量 x 的变化关系, 得到的此系列样品的阳离子分布, 即平均每分子中的各种阳离子含量. 其中, $V_{BA}(Cr^{2+})$、$V_{BA}(Ni^{2+})$ 和 $V_{BA}(Fe^{2+})$ 分别表示热处理过程中, Cr^{2+}、Ni^{2+} 和 Fe^{2+} 由 [B] 位进入 (A) 位所需透过的等效势垒的高度. N_3 表示每分子中三价阳离子的平均数目. μ_{cal} 和 μ_{obs} 分别表示在 10K 下样品磁矩的拟合值和实验值 [4]

	x	0.00	0.15	0.25	0.30
	N_3	0.9086	0.9326	0.9483	0.9563
	$V_{BA}(Cr^{2+})$/eV	1.3080	1.2850	1.2697	1.2620
	$V_{BA}(Ni^{2+})$/eV	1.2816	1.2590	1.2440	1.2365
	$V_{BA}(Fe^{2+})$/eV	1.2625	1.2403	1.2255	1.2181
(A) 位	Cr^{3+}	0.0000	0.0307	0.0496	0.0587
	Ni^{3+}	0.0648	0.0486	0.0385	0.0337
	Fe^{3+}	0.5257	0.5021	0.4871	0.4798
	Cr^{2+}	0.0000	0.0260	0.0431	0.0516
	Ni^{2+}	0.0580	0.0450	0.0366	0.0324
	Fe^{2+}	0.3516	0.3476	0.3451	0.3439
[B] 位	Cr^{2+}	0.0000	0.0754	0.1261	0.1515
	Ni^{2+}	0.5346	0.4207	0.3446	0.3064
	Fe^{2+}	1.1472	1.1528	1.1562	1.1578
	Cr^{3+}	0.0000	0.0179	0.0312	0.0382
	Ni^{3+}	0.0426	0.0357	0.0303	0.0274
	Fe^{3+}	0.2755	0.2976	0.3116	0.3185
	μ_{cal}/μ_B	2.819	2.752	2.682	2.640
	μ_{obs}/μ_B	2.818	2.758	2.698	2.611

表 6.5 通过拟合 $Cr_xNi_{0.7}Fe_{2.3-x}O_4$ 系列样品在 10K 下的磁矩实验值随着 Cr 掺杂量 x 的变化关系, 得到的此系列样品的阳离子分布, 即平均每分子中的各种阳离子含量. 其中, $V_{BA}(Cr^{2+})$、$V_{BA}(Ni^{2+})$ 和 $V_{BA}(Fe^{2+})$ 分别表示热处理过程中, Cr^{2+}、Ni^{2+} 和 Fe^{2+} 由 [B] 位进入 (A) 位所需要透过的等效势垒的高度. N_3 表示每分子中三价阳离子的数目. μ_{cal} 和 μ_{obs} 分别表示在 10K 下样品的拟合磁矩和实验磁矩

	x	0.00	0.05	0.10	0.15	0.20	0.25	0.30
	N_3	0.9087	0.9078	0.9069	0.9060	0.9052	0.9044	0.9035
	$V_{BA}(Cr^{2+})$/eV	1.4204	1.4250	1.4296	1.4342	1.4388	1.4434	1.4480
	$V_{BA}(Ni^{2+})$/eV	1.3917	1.3962	1.4007	1.4052	1.4097	1.4142	1.4187
	$V_{BA}(Fe^{2+})$/eV	1.3710	1.3755	1.3799	1.3843	1.3888	1.3932	1.3977
(A) 位	Cr^{3+}	0.0000	0.0115	0.0230	0.0345	0.0461	0.0578	0.0695
	Ni^{3+}	0.0692	0.0693	0.0695	0.0696	0.0698	0.0700	0.0701
	Fe^{3+}	0.5611	0.5501	0.5390	0.5279	0.5167	0.5055	0.4942
	Cr^{2+}	0.0000	0.0079	0.0157	0.0234	0.0310	0.0386	0.0461
	Ni^{2+}	0.0523	0.0521	0.0518	0.0516	0.0514	0.0512	0.0510
	Fe^{2+}	0.3175	0.3092	0.3011	0.2929	0.2849	0.2769	0.2690
[B] 位	Cr^{2+}	0.0000	0.0258	0.0517	0.0777	0.1037	0.1297	0.1559
	Ni^{2+}	0.5411	0.5413	0.5415	0.5417	0.5419	0.5421	0.5423
	Fe^{2+}	1.1805	1.1559	1.1313	1.1066	1.0818	1.0570	1.0322
	Cr^{3+}	0.0000	0.0048	0.0096	0.0144	0.0191	0.0238	0.0285
	Ni^{3+}	0.0374	0.0373	0.0371	0.0370	0.0369	0.0367	0.0366
	Fe^{3+}	0.2410	0.2348	0.2287	0.2226	0.2166	0.2106	0.2046
	μ_{cal}/μ_B	2.734	2.641	2.547	2.454	2.360	2.265	2.171
	μ_{obs}/μ_B	2.772	2.657	2.519	2.372	2.334	2.293	2.191

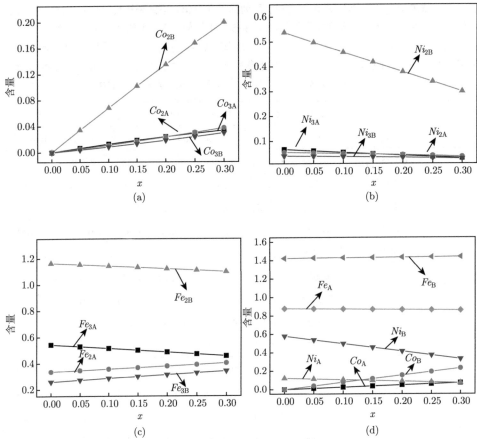

图 6.7　$Co_x Ni_{0.7-x} Fe_{2.3} O_4$ 样品每分子中钴离子 (a)、镍离子 (b) 和铁离子 (c) 含量平均值随 Co 掺杂量 x 的变化关系，其中二价和三价钴离子在 (A) 位和 [B] 位的含量分别表示为 Co_{2A}、Co_{2B}、Co_{3A}、Co_{3B}，镍离子和铁离子相应的含量类似地分别表示为 Ni_{2A}、Ni_{2B}、Ni_{3A}、Ni_{3B} 和 Fe_{2A}、Fe_{2B}、Fe_{3A}、Fe_{3B}; (d) 钴、镍和铁的二、三价离子含量之和在 (A) 位和 [B] 位的分布情况，分别表示为 Co_A、Co_B、Ni_A、Ni_B、Fe_A、Fe_B

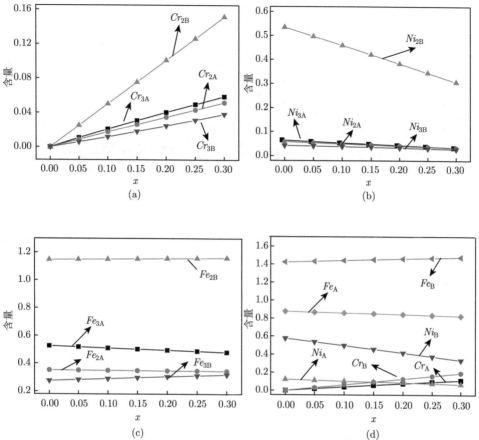

图 6.8　$Cr_xNi_{0.7-x}Fe_{2.3}O_4$ 样品每分子中铬离子 (a)、镍离子 (b) 和铁离子 (c) 含量平均值随 Cr 掺杂量 x 的变化关系，其中二价和三价铬离子在 (A) 位和 [B] 位的含量分别表示为 Cr_{2A}、Cr_{2B}、Cr_{3A}、Cr_{3B}，镍离子和铁离子相应的含量类似地分别表示为 Ni_{2A}、Ni_{2B}、Ni_{3A}、Ni_{3B} 和 Fe_{2A}、Fe_{2B}、Fe_{3A}、Fe_{3B}; (d) 铬、镍和铁的二价、三价离子含量之和在 (A) 位和 [B] 位的分布情况，分别表示为 Cr_A、Cr_B、Ni_A、Ni_B、Fe_A、Fe_B

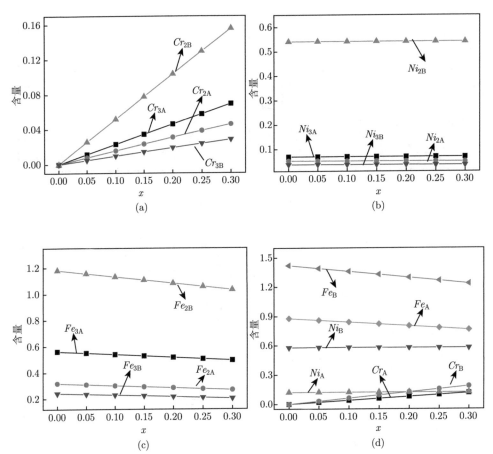

图 6.9　$Cr_xNi_{0.7}Fe_{2.3-x}O_4$ 样品每分子中铬离子 (a)、镍离子 (b) 和铁离子 (c) 含量平均值随 Cr 掺杂量 x 的变化关系, 其中二价和三价铬离子在 (A) 位和 [B] 位的含量分别表示为 Cr_{2A}、Cr_{2B}、Cr_{3A}、Cr_{3B}, 镍离子和铁离子相应的含量类似地分别表示为 Ni_{2A}、Ni_{2B}、Ni_{3A}、Ni_{3B} 和 Fe_{2A}、Fe_{2B}、Fe_{3A}、Fe_{3B}; (d) 铬、镍和铁的二、三价离子含量之和在 (A) 位和 [B] 位的分布情况, 分别表示为 Cr_A、Cr_B、Ni_A、Ni_B、Fe_A、Fe_B

6.1.5　关于阳离子分布的讨论

利用表 6.3~表 6.5 中的阳离子分布数据以及图 6.7~图 6.9, 可以对三个系列样品 $Co_xNi_{0.7-x}Fe_{2.3}O_4$、$Cr_xNi_{0.7-x}Fe_{2.3}O_4$ 和 $Cr_xNi_{0.7}Fe_{2.3-x}O_4$ 的阳离子分布讨论如下:

(1) 我们估算出的样品中铬离子分布与 Ghatage 等 [12] 利用中子衍射实验方法所得结果的比较: 根据表 6.4 和表 6.5, 得到进入 (A) 位的铬离子含量随铬离子总掺杂量 x 的变化关系, 如图 6.10 所示. 在图 6.10 中也给出 Ghatage 等 [12] 利用中子衍射方法得到的样品 $NiCr_xFe_{2-x}O_4$ 中 (A) 位的铬离子含量随铬离子总掺杂量 x 的变化关系. 容易看出我们通过拟合两个系列样品磁矩给出的结果与中子衍射分析结果十分接近. 这说明我们利用 IEO 模型和量子力学势垒模型估算出的铬离子的分布情况是合理的.

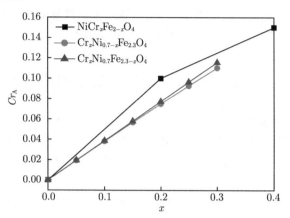

图 6.10　本节估算出的系列样品 $Cr_xNi_{0.7-x}Fe_{2.3}O_4$ 和 $Cr_xNi_{0.7}Fe_{2.3-x}O_4$ 中 (A) 位铬离子含量 Cr_A 随 Cr 总掺杂量 x 的变化与 Chatage 等 [12] 通过中子衍射得到的结果对比

(2) Cr 和 Fe 阳离子分布的比较: 对于 $Cr_xNi_{0.7-x}Fe_{2.3}O_4$ 和 $Cr_xNi_{0.7}Fe_{2.3-x}O_4$ 两个系列中的每一个样品, 根据表 6.4 和表 6.5 的数据, 可以计算出进入 (A)、[B] 位的 Cr^{3+}、Cr^{2+} 与样品中铬离子总含量的比值, 以及进入 (A)、[B] 位的 Fe^{3+}、Fe^{2+} 与样品中铁离子总含量的比值, 列于表 6.6. 从表中可以看出, 铬离子在 (A) 位和 [B] 位的分布与铁离子在 (A) 位和 [B] 位的分布情况很接近, 主要原因在于 Cr 和 Fe 的第三电离能 (30.96eV 和 30.65eV) 很接近.

表 6.6　对于 Cr 掺杂的每一个样品, (A) 位和 [B] 位中的 $Cr^{3+}(Fe^{3+})$、$Cr^{2+}(Fe^{2+})$ 含量与铬 (铁) 离子总含量的比值

	Cr^{3+}/%	Fe^{3+}/%	Cr^{2+}/%	Fe^{2+}/%
(A) 位	21.4±1.8	22.8±1.9	16.4±1.0	14.0±1.0
[B]位	11.1±1.6	12.0±1.8	51.0±1.0	50.8±0.9

(3) 关于三个系列样品的磁矩随 Cr 或 Co 掺杂量 x 变化的解释: 从图 6.7～图 6.9 中可以看出, 三个系列样品中占据 [B] 位的铁离子含量 (Fe_B) 明显多于其他离子占据 (A) 位和 [B] 位的含量. 因此, 三个系列样品中的每一个样品的磁矩方向都与 [B] 位铁离子的磁矩方向一致. 对于 $Cr_xNi_{0.7-x}Fe_{2.3}O_4$ 或 $Cr_xNi_{0.7}Fe_{2.3-x}O_4$ 两个系列样品, 阳离子分布最显著的变化是占据 [B] 位的 $Cr^{2+}(-4\mu_B)$ 的含量 (Cr_{2B}) 随着掺杂量 x 的增加而增加, 而占据 [B] 位的 $Ni^{2+}(2\mu_B)$ 含量 (Ni_{2B}) 或 $Fe^{2+}(4\mu_B)$

含量 (Fe_{2B}) 随着掺杂量 x 的增加而降低, 这两个因素都使得样品的磁矩减小. 这是因为在同一子晶格中, Cr^{2+} 的磁矩方向与镍离子和铁离子的磁矩方向反平行排列. 对于 $Co_xNi_{0.7-x}Fe_{2.3}O_4$ 系列样品, 阳离子分布最显著的变化是占据 [B] 位的 $Co^{2+}(3\mu_B)$ 的含量 (Co_{2B}) 随着掺杂量 x 的增加而增加, 而占据 [B] 位的 $Ni^{2+}(2\mu_B)$ 的含量 Ni_{2B} 随着掺杂量 x 的增加而降低, 这就使得样品的磁矩增大. 这是因为同一子晶格中, Co^{2+} 的磁矩方向与镍离子和铁离子的磁矩方向平行排列.

6.2　尖晶石结构铁氧体阳离子分布的规律

迄今为止, 我们应用 IEO 模型和 6.1 节的方法拟合样品在 10K 下的分子磁矩, 已经估算了多个系列尖晶石铁氧体样品的阳离子分布. 图 6.11 给出几个系列样品的实验磁矩 μ_{obs} (点) 和拟合磁矩 μ_{cal} (线) 随 Cr 或 Mn 含量 x (或 x_2) 的变化曲线, 包括 $Mn_xNi_{1-x}Fe_2O_4$[2]、$Cr_xFe_{3-x}O_4$[3]、$Cr_xCo_{1-x}Fe_2O_4$[5]、$Cr_xNi_{1-x}Fe_2O_4$[6]、$Cu_{x_1}Cr_{x_2}Fe_{3-x_1-x_2}O_4$[7] ($0.0 \leqslant x_1 \leqslant 0.284$, $0.656 \leqslant x_2 \leqslant 1.04$). 可以看出各系列样品磁矩的拟合值与实验值符合得很好. 非常值得注意的是, 在每个系列样品的拟合过程中只需要 2 个独立的拟合参数, 这说明 6.1 节的估算方法是合理的.

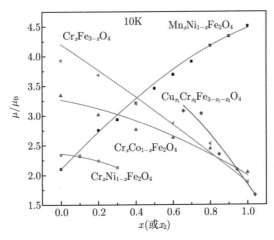

图 6.11　在 10K 下系列样品 $M_xN_{1-x}Fe_2O_4$ 平均分子磁矩的实验值 μ_{obs} (点) 和拟合值 μ_{cal}(线) 随 Cr 或 Mn 含量 x (或 x_2) 的变化曲线 [2,3,5-7]

通过比较这几个系列典型样品的参数, 我们发现, 只要所有阳离子的磁矩方向都遵守 IEO 模型的要求, 即在同一子晶格中 3d 电子数目 $n_d \leqslant 4$ 的离子 (如 Mn^{3+} 和二、三价铬离子) 磁矩的方向与 $n_d \geqslant 5$ 的离子 (如 Mn^{2+} 和二、三价铁离子、钴离子、镍离子、铜离子) 磁矩方向反平行排列, 所有阳离子的分布规律都十分相似, 属于混合尖晶石结构, 不存在所有 (A) 位都被二价离子占据的正尖晶石结构, 也不

存在所有 (A) 位都被三价离子占据的反尖晶石结构.

在拟合过程中得到的尖晶石铁氧体 $M\mathrm{Fe_2O_4}$ ($M=$Cr, Mn, Fe, Co, Ni) 的阳离子在 (A)、[B] 位的分布和各种参数如表 6.7 所示. 其中, $r_2(M^{2+})$ 是 M^{2+} 的有效半径 [14], $V(M^{2+})$ 和 $V(M^{3+})$ 表示 M 阳离子的第二和第三电离能; μ_{m2} 和 μ_{m3} 分别是 M^{2+} 和 M^{3+} 的磁矩, 其中负号表示 $\mathrm{Cr^{2+}}$、$\mathrm{Cr^{3+}}$ 和 $\mathrm{Mn^{3+}}$ 的磁矩方向与 $\mathrm{Mn^{2+}}$ 和铁 (钴、镍) 离子磁矩方向相反; d_{AO}、d_{BO} 和 d_{AB} 是 A—O、B—O 和 A—B 的键长, 其数据是由样品的 XRD 谱分析得出的; N_3 是考虑到电离度以后每个分子中三价阳离子的平均数目, 明显小于传统观点的数值 2.0; $V_{\mathrm{BA}}(M^{2+})$ 表示样品在热处理过程中 M^{2+} 由 [B] 位进入到 (A) 位所需透过的等效势垒高度. 从表 6.7 可以看出尖晶石铁氧体 $M\mathrm{Fe_2O_4}$ ($M=$Cr, Mn, Fe, Co, Ni) 具有如下特点:

表 6.7 尖晶石铁氧体 $M\mathbf{Fe_2O_4}$ ($M = $ **Cr, Mn, Fe, Co, Ni**) 在 10K 下的磁矩实验值 μ_{obs} 和拟合值 μ_{cal}、势垒参数 $V_{\mathrm{BA}}(M^{2+})$ 以及 M 离子、铁离子在 (A) 位和 [B] 位的分布数据

	M	Cr	Mn	Fe	Co	Ni
	$r_2(M^{2+})/$Å [14]	0.80	0.83	0.78	0.745	0.69
	$V(M^{2+})/$eV	15.50	15.64	16.18	17.06	18.17
	$V(M^{3+})/$eV	30.96	33.67	30.65	33.50	35.17
	$\mu_{\mathrm{m2}}/\mu_{\mathrm{B}}$	-4	5	4	3	2
	$\mu_{\mathrm{m3}}/\mu_{\mathrm{B}}$	-3	-4	5	4	3
	$d_{\mathrm{AO}}/$Å	1.938	2.014	1.883	1.936	1.892
	$d_{\mathrm{BO}}/$Å	2.031	2.037	2.062	2.029	2.036
	$d_{\mathrm{AB}}/$Å	3.480	3.505	3.481	3.476	3.457
	$\mu_{\mathrm{obs}}/\mu_{\mathrm{B}}$	2.044	4.505	3.927*	3.344	2.105
	$\mu_{\mathrm{cal}}/\mu_{\mathrm{B}}$	1.998	4.477	4.201	3.266	2.104
	M 离子的电离度 f_i	0.8726	0.8293	0.8790	0.8314	0.8129
	N_3	1.015	0.899	1.032	0.905	0.856
	$V_{\mathrm{BA}}(M^{2+})/$eV	0.8617	1.129	0.815	1.2477	1.773
	$V_{\mathrm{BA}}(\mathrm{Fe}^{2+})/$eV	0.8760	1.098	0.815	1.2390	1.784
(A) 位	Fe^{3+}	0.271	0.403	0.277	0.440	0.614
	Fe^{2+}	0.368	0.319	0.390	0.318	0.206
	M^{3+}	0.127	0.096	0.139	0.122	0.123
	M^{2+}	0.234	0.182	0.195	0.120	0.058
[B] 位	Fe^{2+}	0.932	0.961	0.923	1.017	1.087
	Fe^{3+}	0.429	0.317	0.411	0.225	0.094
	M^{2+}	0.451	0.639	0.461	0.639	0.794
	M^{3+}	0.188	0.083	0.205	0.118	0.025
	$M^{2+} + M^{3+}$	0.639	0.722	0.666	0.757	0.819
	参考文献	[5]	[2]	[3]	[5]	[6]

注: * 在 116K 的测量结果, 在此温度以下发生 Verwey 相变

(1) 位于 [B] 位的 M 离子 (包括 M^{2+} 和 M^{3+}) 的含量分布在 63%~82% 的范围中, 第三电离能大的元素形成二价离子比例较大, 导致其进入 [B] 位的二价离子比例较多.

(2) 铬离子和锰离子在 [B] 位的含量与 Fe、Co、Ni 在 [B] 位的含量比较接近, 不同的是在同一子晶格中 Cr^{2+}、Cr^{3+} 和 Mn^{3+} 的磁矩方向与 Mn^{2+} 和二、三价铁 (钴, 镍) 离子磁矩方向相反.

(3) 如 6.1 节所述, $V_{BA}(M^{2+})$ 是在热处理过程中, 样品的 M^{2+} 从间隙较大的 [B] 子晶格进入间隙较小的 (A) 子晶格所需透过的等效势垒高度, 反映了电荷密度平衡趋势与泡利排斥能竞争的结果. 在各系列样品 $M_xN_{1-x}Fe_2O_4$ (M, N = Cr, Mn, Fe, Co, Ni) 的拟合过程中, 由于假设 $V_{BA}(M^{2+})$ 随 M 离子的掺杂量 x 而线性变化, 所以对于一个系列样品只需要两个独立的拟合参数 $V_{BA}(M^{2+})$. 表 6.7 给出的 $V_{BA}(M^{2+})$ 和 $V_{BA}(Fe^{2+})$ 的数值在 0.815~1.784eV 范围内, 这样的势垒高度, 对于在高温热处理过程中离子由于晶格热振动而在邻近格点间迁移, 显然是合理的.

参 考 文 献

[1] Tang G D, Li Z Z, Ma L, Qi W H, Wu L Q, Ge X S, Wu G H, Hu F X. Physics Reports, 2018, 758: 1

[2] Xu J, Ma L, Li Z Z, Lang L L, Qi W H, Tang G D, Wu L Q, Xue L C, Wu G H. Phys. Status Solidi B, 2015, 252: 2820

[3] Tang G D, Han Q J, Xu J, Ji D H, Qi W H, Li Z Z, Shang Z F, Zhang X Y. Physica B, 2014, 438: 91

[4] Xue L C, Lang L L, Xu J, Li Z Z, Qi W H, Tang G D, Wu L Q. AIP Advances, 2015, 5: 097167

[5] Shang Z F, Qi W H, Ji D H, Xu J, Tang G D, Zhang X Y, Li Z Z, Lang L L. Chinese Physics B, 2014, 23: 107503

[6] Lang L L, Xu J, Qi W H, Li Z Z, Tang G D, Shang Z F, Zhang X Y, Wu L Q, Xue L C. J. Appl. Phys., 2014, 116: 123901

[7] Zhang X Y, Xu J, Li Z Z, Qi W H, Tang G D, Shang Z F, Ji D H, Lang L L. Physica B, 2014, 446: 92

[8] Lang L L, Xu J, Li Z Z, Qi W H, Tang G D, Shang Z F, Zhang X Y, Wu L Q, Xue L C. Phys. B, 2015, 462: 47

[9] Xu J, Ji D H, Li Z Z, Qi W H, Tang G D, Zhang X Y, Shang Z F, Lang L L. Physica Status Solidi B, 2015, 252 : 411

[10] 徐静, 齐伟华, 纪登辉, 李壮志, 唐贵德, 张晓云, 尚志丰, 郎莉莉. 物理学报, 2015, 64: 017501

[11] Du Y N, Xu J, Li Z Z, Tang G D, Qian J J, Chen M Y, Qi W H. RSC Advances, 2018,

8: 302

[12] Ghatage A K, Patil S A, Paranjpe S K. Solid. State. Commun., 1996, 98: 885

[13] Rietveld H M. J. Appl. Cryst., 1969, 2: 65

[14] Shannon R D. Acta Crystallogr. A, 1976, 32: 751

[15] 张立德, 牟季美. 纳米材料学. 沈阳: 辽宁科学技术出版社, 1994

第 7 章　O 2p 巡游电子模型的尖晶石铁氧体实验证据

在第 5 章已经介绍了 IEO 模型的理论和实验依据, 包括几十年的电离度研究, O 2p 空穴的电子能量损失谱和核磁共振等实验研究, 关于氧离子平均化合价的 X 射线光电子谱研究, 以及密度泛函计算结果. 本章介绍由尖晶石铁氧体磁有序实验研究为 IEO 模型提供的证据, 包括 Ti 掺杂引起尖晶石铁氧体中出现附加的反铁磁相, $Cu(3d^{10}4s^1)$ 替代 $Cr(3d^54s^1)$ 引起尖晶石铁氧体样品磁矩增大, 以及 $CrFe_2O_4$ 的反常红外光谱.

7.1　钛掺杂导致尖晶石铁氧体出现附加反铁磁相

自由原子 Ti 的价电子结构为 $3d^24s^2$, 关于 Ti 掺杂尖晶石铁氧体的研究, 在大部分文献中作者认为钛离子以 +4 价出现. Ti^{4+} 没有 3d 电子, 磁矩为零. 但是, 对于钛离子的分布存在很大争议. 有人认为钛离子进入 (A) 位, 也有人认为钛离子进入 [B] 位. Jin 等 [1] 应用外延生长技术制备了 $Fe_{3-x}Ti_xO_4(0 < x < 0.09)$ 薄膜, 发现室温下样品的饱和磁化强度随着 Ti 掺杂量的增加而增大, 认为所有的钛离子以 +4 价状态进入 (A) 位. Kale 等 [2] 制备了多晶样品 $Ni_{1+x}Ti_xFe_{2-2x}O_4$, 认为样品中的钛都是 +4 价离子, 并且认为当 Ti^{4+} 的掺杂量 $x = 0.7$ 时, 进入 (A) 位的 Ti^{4+} 百分比高达 71%. Dwivedi 等 [3] 制备了 $CoTi_{2x}Fe_{2-2x}O_4$ ($x = 0.00$, 0.05, 0.10), 认为钛离子都以 +4 价状态进入 [B] 位. Srinivasa Rao 等 [4] 采用固相反应方法制备了 $CoFe_{2-x}Ti_xO_4$ ($0 \leqslant x \leqslant 0.3$) 尖晶石铁氧体, XRD 谱显示样品中有少量的 $TiFe_2O_5$ 结构相, 饱和磁化强度随 Ti 掺杂量的增加而减小, 认为 Ti^{4+} 全部进入 [B] 位. Srivastava 等 [5] 研究了室温下 $Ni_{0.7+x}Zn_{0.3}Ti_xFe_{2-2x}O_4$ 和 $Ni_{0.6+x}Zn_{0.4}Ti_xFe_{2-2x}O_4$ 尖晶石铁氧体的穆斯堡尔谱, 经过数据分析, 认为 Ti^{4+} 全部进入 [B] 位, 并且阳离子磁矩之间存在倾角, 倾角随着 Ti 含量的增加先增大后减小. Chand 等 [6] 制备了铁氧体 $Ni_{1+x}Ti_xFe_{2-2x}O_4$ ($0 \leqslant x \leqslant 0.1$), 他们认为离子磁矩之间的倾角随着 Ti^{4+} 掺杂量的增加而增大. Kobayashi 等 [7] 通过光电子发射谱和 X 射线吸收谱研究了 $Ni_{0.4+x}Zn_{0.6-x}Ti_xFe_{2-x}O_4$ ($0 \leqslant x \leqslant 0.3$) 薄膜的离子价态, 认为钛离子大部分以 +4 价状态出现在薄膜中, 也存在少量 Ti^{3+}.

我们研究了几个系列 Ti 掺杂镍氧体的磁性 [8-11], 发现 Ti 掺杂导致尖晶石铁氧体出现一个附加的反铁磁相. 应用 IEO 模型和 6.1 节的方法, 通过拟合 10K 下的样品磁矩, 给出了阳离子分布. 结果表明大部分钛离子以 +2 价状态进入 [B] 位, 存在少量 Ti^{3+}, 不存在 Ti^{4+}. 钛离子在 (A)、[B] 位的分布规律与镍离子十分相似, 差别仅在于钛离子的磁矩遵从 IEO 模型, 与铁离子反铁磁耦合. 这成为 IEO 模型的有力证据, 同时也证明这些氧化物的平均化合价明显低于传统观点的化合价, 从另一个角度验证了第 5 章中介绍的关于电离度和化合价研究结果的正确性. 此外, 我们还研究了 $Ti_xM_{1-x}Fe_2O_4(M = Co, Mn)$ 的磁结构与阳离子分布 [12,13], 得到了类似的结果. 以下介绍这些研究工作.

7.1.1 样品的 X 射线衍射谱

三个系列 Ti-Ni 铁氧体样品 $Ni_{0.68-0.8x}Ti_xFe_{2.32-0.2x}O_4$($x=$ 0.000, 0.078, 0.156, 0.234, 0.312)、$Ni_{0.68+0.26x}Ti_xFe_{2.32-1.26x}O_4$($x=$ 0.00, 0.08, 0.16, 0.24) 和 $Ni_{1-x}Ti_xFe_2O_4$($x=$ 0.0, 0.1, 0.2, 0.3, 0.4) 的 XRD 谱如图 7.1 所示.

图 7.1 的插图表明, 随 Ti 掺杂量 x 的增加, 衍射峰的峰位向较低衍射角方向移动, 表明样品的晶格常数随 Ti 掺杂量 x 的增加而增大. 应用 X'Pert HighScore Plus 软件对 XRD 谱进行分析, 结果表明: 三个系列样品全部呈现单相立方尖晶石结构, 属于空间群 $Fd\bar{3}m$. 图 7.2 给出了三个系列 Ti-Ni 铁氧体样品的晶格常数 a 随 Ti 掺杂量 x 的变化关系. 表 7.1 列出了三个系列 Ti-Ni 铁氧体样品的晶格常数 a, A—O 离子间距 d_{AO} 和 B—O 离子间距和 d_{BO}, 以及 A—B 离子间距 d_{AB}. 对于尖晶石结构, d_{AO}、d_{BO} 和 d_{AB} 的理想数值分别为 $\sqrt{3}a/8$、$a/4$ 和 $\sqrt{11}a/8$. 在表 7.1 中, 得到的 d_{AO} 和 d_{BO} 实验值分别是理想值的 1.05 倍和 0.98 倍, d_{AB} 的实验值等于理想值.

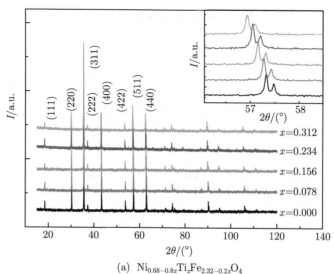

(a) $Ni_{0.68-0.8x}Ti_xFe_{2.32-0.2x}O_4$

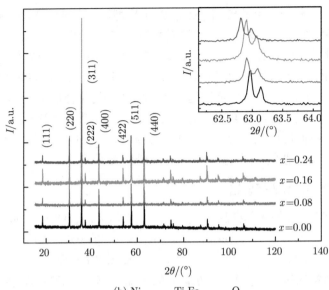

(b) $Ni_{0.68+0.26x}Ti_xFe_{2.32-1.26x}O_4$

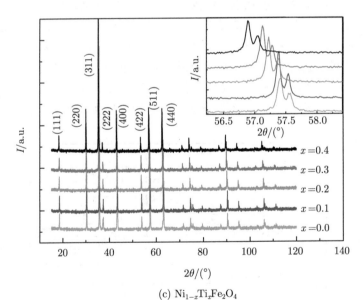

(c) $Ni_{1-x}Ti_xFe_2O_4$

图 7.1　室温下, 三个系列 Ti-Ni 铁氧体样品的 XRD 谱, 即 XRD 强度 (I) 随衍射角 2θ 的变化. 图中标出了主要衍射峰的晶面指数. (a) 和 (c) 的插图给出了 (511) 峰的放大图, (b) 的插图给出了 (440) 峰的放大图

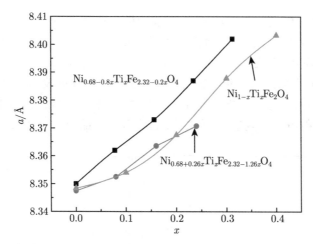

图 7.2　三个系列 Ti-Ni 铁氧体样品的晶格常数 a 随 Ti 掺杂量 x 的变化关系

表 7.1　三个系列 Ti-Ni 铁氧体样品的晶格常数 a, (A) 位和 [B] 位阳离子到最近邻氧离子的距离 d_{AO} 和 d_{BO}, 以及 (A)、[B] 位最近邻阳离子间的距离 d_{AB}

样品	x	a/Å	d_{AO}/Å	d_{BO}/Å	d_{AB}/Å
$Ni_{0.68}Fe_{2.32}O_4$	0.000	8.350	1.895	2.039	3.462
$Ni_{0.618}Ti_{0.078}Fe_{2.304}O_4$	0.078	8.362	1.897	2.042	3.467
$Ni_{0.555}Ti_{0.156}Fe_{2.289}O_4$	0.156	8.373	1.900	2.044	3.471
$Ni_{0.493}Ti_{0.234}Fe_{2.273}O_4$	0.234	8.387	1.903	2.048	3.477
$Ni_{0.430}Ti_{0.312}Fe_{2.258}O_4$	0.312	8.402	1.906	2.051	3.483
$Ni_{0.68}Fe_{2.32}O_4$	0.000	8.350	1.894	2.038	3.461
$Ni_{0.70}Ti_{0.08}Fe_{2.22}O_4$	0.080	8.353	1.895	2.039	3.463
$Ni_{0.72}Ti_{0.16}Fe_{2.12}O_4$	0.160	8.364	1.898	2.042	3.467
$Ni_{0.74}Ti_{0.24}Fe_{2.02}O_4$	0.240	8.371	1.899	2.044	3.470
$NiFe_2O_4$	0.000	8.348	1.894	2.038	3.461
$Ni_{0.9}Ti_{0.1}Fe_2O_4$	0.100	8.354	1.896	2.040	3.463
$Ni_{0.8}Ti_{0.2}Fe_2O_4$	0.200	8.368	1.899	2.043	3.469
$Ni_{0.7}Ti_{0.3}Fe_2O_4$	0.300	8.388	1.903	2.048	3.477
$Ni_{0.6}Ti_{0.4}Fe_2O_4$	0.400	8.403	1.907	2.052	3.484

　　基于谢乐公式 (6.2), 利用 XRD 谱研究了样品的晶粒粒径, 发现晶粒粒径都大于 100nm, 所以晶粒的表面效应对样品磁性的影响可以忽略.

7.1.2　样品的 X 射线能量色散谱

　　利用扫描电子显微镜及其能谱附件测量了系列样品 $Ni_{0.68-0.8x}Ti_xFe_{2.32-0.2x}O_4$

和 $Ni_{0.68+0.26x}Ti_xFe_{2.32-1.26x}O_4$ 的 X 射线能量色散谱 (EDS), 结果如图 7.3 (a) 和图 7.4(a) 所示. 当细聚焦的电子束轰击样品表面时, 如果入射电子束的能量大于某元素内层电子临界电离激发能, 将使内层电子从原子中电离, 这时将导致外层电子向内层跃迁, 同时以 X 射线形式辐射能量. 这种 X 射线的波长随元素的不同而不同. 因而不同的入射电子束能量可激发出不同波长的 X 射线. 测量接收到的 X 射线峰强 I 与入射电子束能量 E 的关系, 就可确定样品中含有什么元素. 根据不同

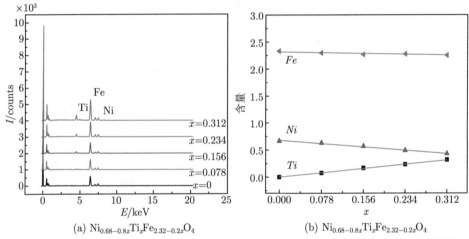

(a) $Ni_{0.68-0.8x}Ti_xFe_{2.32-0.2x}O_4$　　　　(b) $Ni_{0.68-0.8x}Ti_xFe_{2.32-0.2x}O_4$

图 7.3　(a) 系列样品 $Ni_{0.68-0.8x}Ti_xFe_{2.32-0.2x}O_4$ 的 EDS 图, 即不同元素的 X 射线峰强 I 随入射电子束能量的变化关系; (b) 根据图 (a) 由 EDS 软件给出的样品中 Ti、Ni、Fe 含量, Ti、Ni、Fe, 随 Ti 掺杂量 x 变化关系, 其中, 点代表测量出的实际含量, 线代表名义含量

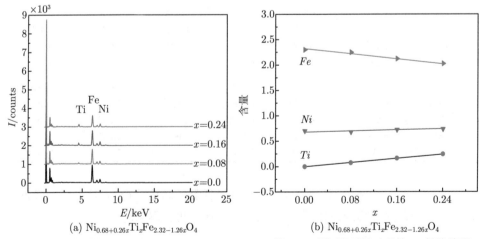

(a) $Ni_{0.68+0.26x}Ti_xFe_{2.32-1.26x}O_4$　　　　(b) $Ni_{0.68+0.26x}Ti_xFe_{2.32-1.26x}O_4$

图 7.4　(a) 系列样品 $Ni_{0.68+0.26x}Ti_xFe_{2.32-1.26x}O_4$ 的 EDS 图, 即不同元素的 X 射线峰强 I 随入射电子束能量的变化关系; (b) 根据图 (a) 由 EDS 软件给出的样品中 Ti、Ni、Fe 含量, Ti、Ni、Fe, 随 Ti 掺杂量 x 变化关系, 其中, 点代表测量出的实际含量, 线代表名义含量

元素的 X 射线峰强比可得到元素的含量比. 图 7.3 (a) 和图 7.4(a) 中横轴为入射电子束的能量 E, 单位为 keV, 纵轴为样品中不同元素的 X 射线峰强 I, 单位为光子计数 (counts).

根据 EDS 得到的样品中元素含量比随 Ti 掺杂量 x 的变化关系, 如图 7.3(b) 和图 7.4(b) 所示. 可以发现: 样品中元素 Ti、Ni、Fe 的实际含量 (点) 与名义含量 (线) 随着 Ti 掺杂量 x 的变化基本一致, 误差在可接受范围内.

7.1.3 样品的磁性研究

图 7.5 给出了三个系列 Ti-Ni 铁氧体样品在 10K 和 300K 下的磁滞回线. 图中的数据表明, 在 10K 和 300K, 三个系列 Ti-Ni 铁氧体样品的比饱和磁化强度 σ_s 随着 Ti 掺杂量 x 的增加逐渐减小. 各样品的剩磁和矫顽力都较小, 属于软磁材料. 有趣的是, 当 Ti 掺杂量 $x < 0.3$ 时, 样品室温下的比饱和磁化强度 $\sigma_{s\text{-}300K}$ 小于 10K 下的比饱和磁化强度 $\sigma_{s\text{-}10K}$, 而 Ti 掺杂量 $x \geqslant 0.3$ 时, 则 $\sigma_{s\text{-}300K} \geqslant \sigma_{s\text{-}10K}$. 各个样品的比饱和磁化强度数据分别列于表 7.2 中.

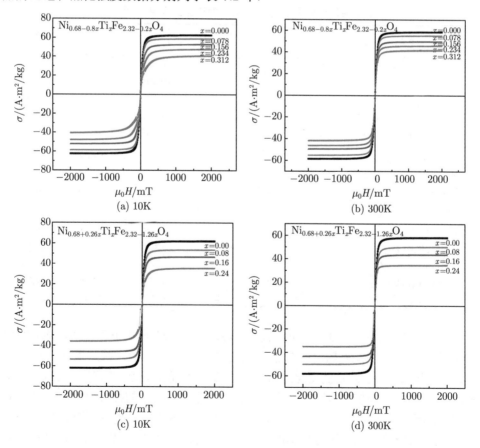

(a) 10K   (b) 300K

(c) 10K   (d) 300K

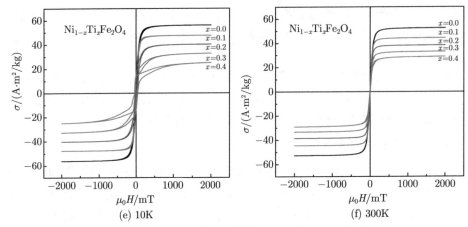

图 7.5　三个系列 Ti-Ni 铁氧体样品在 10 K 和 300K 下的磁滞回线

表 7.2　在 10K 和 300K 下, 三个系列 Ti-Ni 铁氧体样品的比饱和磁化强度 σ_s 和 10K 下平均分子磁矩 μ_{obs}, 以及两个转变温度 T_N 和 T_L

样品	x	T_N/K	T_L/K	μ_{obs}/μ_B	$\sigma_s/(A\cdot m^2/kg)$	
					$\sigma_{s\text{-}300K}$	$\sigma_{s\text{-}10K}$
$Ni_{0.68}Fe_{2.32}O_4$	0.000	—	—	2.601	58.16	62.22
$Ni_{0.618}Ti_{0.078}Fe_{2.304}O_4$	0.078	—	—	2.437	54.82	58.49
$Ni_{0.555}Ti_{0.156}Fe_{2.289}O_4$	0.156	133	104	2.160	49.29	52.03
$Ni_{0.493}Ti_{0.234}Fe_{2.273}O_4$	0.234	181	138	1.942	45.60	46.94
$Ni_{0.430}Ti_{0.312}Fe_{2.258}O_4$	0.312	263	156	1.627	41.15	39.45
$Ni_{0.68}Fe_{2.32}O_4$	0.00	—	—	2.579	57.68	61.69
$Ni_{0.70}Ti_{0.08}Fe_{2.22}O_4$	0.08	—	—	2.221	49.67	53.27
$Ni_{0.72}Ti_{0.16}Fe_{2.12}O_4$	0.16	151	101	1.915	43.27	46.03
$Ni_{0.74}Ti_{0.24}Fe_{2.02}O_4$	0.24	230	160	1.450	34.64	34.96
$NiFe_2O_4$	0.0	—	—	2.339	52.35	55.73
$Ni_{0.9}Ti_{0.1}Fe_2O_4$	0.1	—	—	1.986	44.17	47.55
$Ni_{0.8}Ti_{0.2}Fe_2O_4$	0.2	219	143	1.653	38.17	39.75
$Ni_{0.7}Ti_{0.3}Fe_2O_4$	0.3	278	186	1.298	32.76	31.36
$Ni_{0.6}Ti_{0.4}Fe_2O_4$	0.4	—	216	0.918	28.24	22.29

　　图 7.6 给出了从 300K 到 10K 降温过程中, 在 50mT 磁场下三个系列样品的比磁化强度 σ 以及 $d\sigma/dT$ 随温度 T 的变化关系. 可以发现, 当 Ti 掺杂量 $x < 0.15$ 时, 比磁化强度 σ 随温度 T 的变化趋势与 $x = 0.00$ 时基本一致. 然而当 $x > 0.15$ 时, σ-T 曲线出现两个转变温度: T_L 和 T_N, 分别对应于 $d\sigma/dT$ 的最大值和 $d\sigma/dT = 0$, 如图 7.6 所示. 当温度低于转变温度 T_N 时, 比磁化强度突然减小; 当温度达到 T_L 时, $d\sigma/dT$ 具有最大值, 比磁化强度减小最快. 而且随着 Ti 掺杂量 x 的增加, 转变

温度 T_L 和 T_N 的数值逐渐增大. 样品的 T_L 和 T_N 的数值列于表 7.2 中.

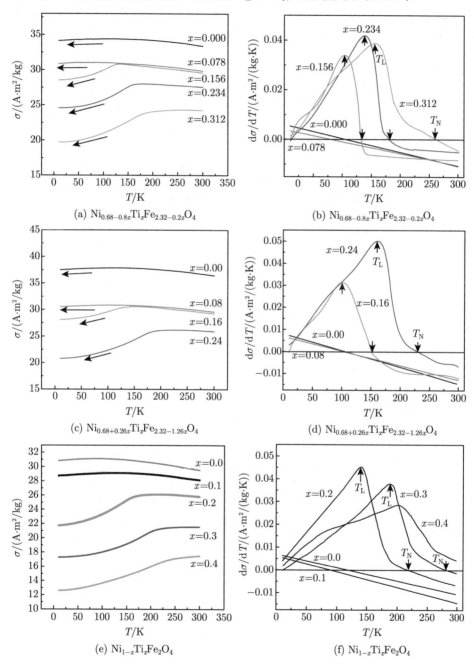

图 7.6 从 300K 到 10K 降温过程中, 在 50mT 磁场下三个系列样品的比磁化强度 σ 以及 $d\sigma/dT$ 随温度 T 的变化关系

图 7.7 给出样品 $Ni_{0.43}Ti_{0.312}Fe_{2.258}O_4$ 在 50mT 和 10mT 磁场下的比磁化强度 σ 以及相应的 $d\sigma/dT$ 随温度 T 的变化关系. 从图中可以看出, 随着磁场的降低转变温度 T_N 从 263K 下降到 169K, 相应地 T_L 的取值从 156K 下降到 120K.

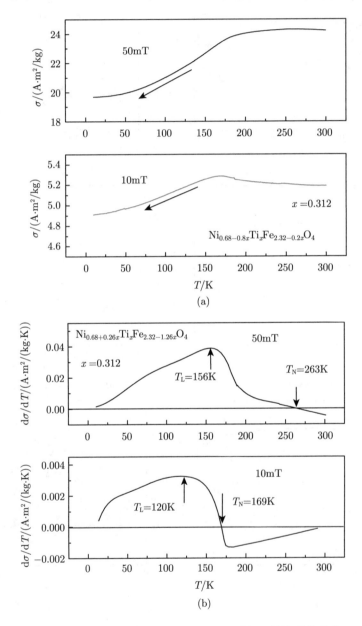

图 7.7　样品 $Ni_{0.43}Ti_{0.312}Fe_{2.258}O_4$ 在 50mT 和 10mT 磁场下的比磁化强度 σ (a) 以及相应的 $d\sigma/dT$(b) 随温度 T 的变化关系

σ-T 曲线的特征表明, 由于 Ti 掺杂, 在样品中出现了附加的反铁磁结构, 这种反铁磁结构与典型的反铁磁材料 MnO、FeO 和 NiO 的磁性行为很相似 [14-16]. 基于以上实验现象, 可以确认在 Ti 掺杂尖晶石结构铁氧体中, 钛离子具有磁矩, 化合价为 +2 价或 +3 价, 而不是 +4 价. 在 10K 下, 钛离子磁矩的方向与铁离子、镍离子的磁矩方向反平行排列, 随着测试温度 T 的不断升高, 钛离子与铁 (或镍) 离子磁矩之间出现倾角. 当温度 T 接近转变温度 T_N 时, 施加外磁场可使倾角减小, 表现为 T_N 随着外磁场的增加而升高; 当温度 T 高于转变温度 T_N 时, 钛离子呈现顺磁态.

从阳离子电离能的角度出发, 可解释为什么钛离子有磁矩. 钛离子、铁离子和镍离子的第二电离能分别为 13.58eV、16.18eV 和 18.17eV, 而它们的第三电离能分别为 27.49eV、30.65eV 和 35.17eV, 又因为钛离子的第四电离能为 43.27eV, 远大于铁离子、镍离子的第二、第三电离能. 因此在 (A)[B]$_2$O$_4$ 尖晶石结构中存在 Fe^{2+} 和 Ni^{2+} 的情况下, 不可能有 +4 价钛离子, 只能有 +2 价、+3 价钛离子, 它们的磁矩分别为 2μ_B 和 1μ_B.

7.1.4 三个 Ti 掺杂系列样品的阳离子分布研究

参照 6.1 节的研究方法, 应用 IEO 模型拟合三个 Ti 掺杂系列样品在 10 K 下的磁矩, 估算了其阳离子分布 [9,10]. 根据 IEO 模型, 在拟合过程中, 令同一子晶格中 Ti^{2+} 和 Ti^{3+} 的磁矩与铁和镍离子的磁矩反平行排列, 并且考虑到影响阳离子分布的另外四个主要因素: 阳离子电离能和阴阳离子间距、相邻阴阳离子间的泡利排斥能、电荷密度的平衡、电离度.

注意到, 一方面, Ti 的第二、第三电离能: V(Ti^{2+})=13.58eV、V(Ti^{3+})=27.49eV, 明显低于 Fe 和 Ni 的第二、第三电离能: V(Fe^{2+})=16.18eV、V(Fe^{3+})=30.65eV、V(Ni^{2+})=18.17eV 和 V(Ni^{3+})=35.17eV. 另一方面, Ti^{2+} 的有效半径 (氧 6 配位时有效半径为 0.086nm) 明显大于 Fe^{2+} (0.078nm) 和 Ni^{2+} (0.069nm) 的有效半径 [17]. 利用 (6.3) 式考虑 Ti 的势垒形状修正参数时, 应与 Fe 和 Ni 有所不同, 所以在利用 6.1 节的方法拟合 Ti 掺杂样品的磁矩时, 对于铁和镍离子, 设势垒形状修正参数 $c = 1.0$; 对于钛离子, 通过拟合得到 $c = 1.19$.

表 7.3~表 7.5 列出了系列样品 Ni$_{1-x}$Ti$_x$Fe$_2$O$_4$, Ni$_{0.68-0.8x}$Ti$_x$Fe$_{2.32-0.2x}$O$_4$ 和 Ni$_{0.68+0.26x}$Ti$_x$Fe$_{2.32-1.26x}$O$_4$ 的相关参数和拟合结果数据. 三个系列样品的平均分子磁矩拟合值 μ_{cal} (线) 和实验值 μ_{obs} (点) 随 Ti 掺杂量 x 的变化关系示于图 7.8. 可以看出拟合磁矩与实验磁矩比较一致.

通过比较表 7.3~表 7.5 可以看出, 三个系列样品中阳离子分布随 Ti 掺杂量 x 的变化趋势相似, 以系列样品 Ni$_{0.68-0.8x}$Ti$_x$Fe$_{2.32-0.2x}$O$_4$ 为例讨论如下:

表 7.3　系列样品 $Ni_{1-x}Ti_xFe_2O_4$ 中 (A)、[B] 子晶格的各种阳离子含量，等效势垒高度参数 $V_{BA}(Ti^{2+})$、$V_{BA}(Ni^{2+})$、$V_{BA}(Fe^{2+})$，以及平均每个分子中三价阳离子的总含量 N_3、平均分子磁矩拟合值 μ_{cal}

	x	0.00	0.10	0.20	0.30	0.40
	N_3	0.8558	0.8981	0.9403	0.9827	1.0251
	$V_{BA}(Ti^{2+})/eV$	1.3025	1.4560	1.6095	1.7630	1.9165
	$V_{BA}(Ni^{2+})/eV$	1.3982	1.5630	1.7278	1.8926	2.0574
	$V_{BA}(Fe^{2+})/eV$	1.4075	1.5734	1.7393	1.9051	2.0710
(A) 位	Ti^{3+}	0.0000	0.0082	0.0174	0.0277	0.0386
	Ni^{3+}	0.1072	0.1048	0.0996	0.0922	0.0828
	Fe^{3+}	0.5291	0.5754	0.6166	0.6530	0.6850
	Ti^{2+}	0.0000	0.0084	0.0144	0.0185	0.0210
	Ni^{2+}	0.0803	0.0616	0.0465	0.0345	0.0251
	Fe^{2+}	0.2835	0.2417	0.2054	0.1742	0.1476
[B] 位	Ti^{3+}	0.0000	0.0030	0.0060	0.0093	0.0131
	Ni^{3+}	0.0455	0.0395	0.0350	0.0314	0.0284
	Fe^{3+}	0.1740	0.1672	0.1657	0.1691	0.1772
	Ti^{2+}	0.0000	0.0804	0.1621	0.2446	0.3273
	Ni^{2+}	0.7671	0.6941	0.6189	0.5419	0.4638
	Fe^{2+}	1.0134	1.0157	1.0124	1.0037	0.9902
	μ_{cal}/μ_B	2.3330	1.9860	1.6400	1.2970	0.9590

表 7.4　系列样品 $Ni_{0.68-0.8x}Ti_xFe_{2.32-0.2x}O_4$ 中 (A)、[B] 子晶格的阳离子含量，等效势垒高度参数 $V_{BA}(Ti^{2+})$、$V_{BA}(Ni^{2+})$、$V_{BA}(Fe^{2+})$，以及平均每个分子中三价阳离子的总含量 N_3、平均分子磁矩的拟合值 μ_{cal}

	x	0.000	0.078	0.156	0.234	0.312
	N_3	0.9121	0.9423	0.9726	1.0030	1.0331
	$V_{BA}(Ti^{2+})/eV$	1.3523	1.4380	1.5237	1.6093	1.6950
	$V_{BA}(Ni^{2+})/eV$	1.4517	1.5437	1.6357	1.7276	1.8196
	$V_{BA}(Fe^{2+})/eV$	1.4614	1.5539	1.6465	1.7391	1.8317
(A) 位	Ti^{3+}	0.0000	0.0059	0.0123	0.0192	0.0265
	Ni^{3+}	0.0700	0.0667	0.0626	0.0578	0.0523
	Fe^{3+}	0.5898	0.6151	0.6387	0.6606	0.6807
	Ti^{2+}	0.0000	0.0063	0.0115	0.0159	0.0194
	Ni^{2+}	0.0484	0.0403	0.0332	0.0269	0.0215
	Fe^{2+}	0.2918	0.2657	0.2417	0.2196	0.1995
[B] 位	Ti^{2+}	0.0000	0.0632	0.1268	0.1905	0.2544
	Ni^{2+}	0.5288	0.4803	0.4314	0.3823	0.3331
	Fe^{2+}	1.2188	1.2019	1.1828	1.1618	1.1389
	Ti^{3+}	0.0000	0.0026	0.0054	0.0084	0.0117
	Ni^{3+}	0.0327	0.0303	0.0280	0.0258	0.0234
	Fe^{3+}	0.2196	0.2217	0.2256	0.2312	0.2385
	μ_{cal}/μ_B	2.7064	2.4377	2.1681	1.8980	1.6278

表 7.5 系列样品 $Ni_{0.68+0.26x}Ti_xFe_{2.32-1.26x}O_4$ 中 (A)、[B] 子晶格的阳离子含量、等效势垒高度参数 $V_{BA}(Ti^{2+})$、$V_{BA}(Ni^{2+})$、$V_{BA}(Fe^{2+})$，以及平均每个分子中三价阳离子的总含量 N_3、平均分子磁矩的拟合值 μ_{cal}

	x	0.00	0.08	0.16	0.24
	N_3	0.9121	0.9283	0.9444	0.9604
	$V_{BA}(Ti^{2+})/eV$	1.4493	1.5810	1.7127	1.8443
	$V_{BA}(Ni^{2+})/eV$	1.5559	1.6972	1.8386	1.9799
	$V_{BA}(Fe^{2+})/eV$	1.5662	1.7085	1.8507	1.9930
(A) 位	Ti^{3+}	0.0000	0.0066	0.0141	0.0226
	Ni^{3+}	0.0735	0.0820	0.0908	0.0997
	Fe^{3+}	0.6192	0.6418	0.6586	0.6701
	Ti^{2+}	0.0000	0.0057	0.0101	0.0136
	Ni^{2+}	0.0438	0.0401	0.0366	0.0335
	Fe^{2+}	0.2635	0.2239	0.1898	0.1606
[B] 位	Ti^{2+}	0.0000	0.0656	0.1317	0.1979
	Ni^{2+}	0.5342	0.5512	0.5675	0.5827
	Fe^{2+}	1.2464	1.1853	1.1200	1.0513
	Ti^{3+}	0.0000	0.0022	0.0041	0.0059
	Ni^{3+}	0.0285	0.0274	0.0268	0.0265
	Fe^{3+}	0.1909	0.1683	0.1500	0.1356
	μ_{cal}/μ_B	2.6359	2.2211	1.8146	1.4175

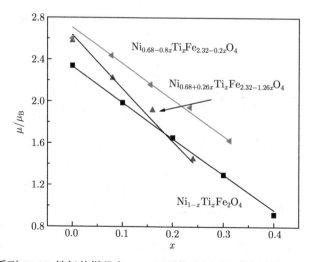

图 7.8 三个系列 Ti-Ni 铁氧体样品在 10K 下平均分子磁矩的拟合值 μ_{cal} (线) 和实验值 μ_{obs} (点) 随 Ti 掺杂量 x 的变化关系

1) 进入 [B] 位的 Ti^{2+} 约占钛离子总掺杂量的 80%

图 7.9(a)~(c) 给出了该系列样品平均每个分子中二价和三价的铁离子、钛离子、镍离子在 (A) 位和 [B] 位的含量随着 Ti 掺杂量 x 的变化曲线, 图 7.9(d) 给出平均每个分子中铁离子、钛离子、镍离子 (二、三价离子) 含量之和在 (A) 位与 [B] 位的分布. 从图 7.9 (b) 可以看出, 进入 [B] 子晶格的 Ti^{2+} 含量 (Ti_{2B}) 占钛离子总掺杂量的 80%, 而 [B] 子晶格中的 Ti^{3+} 含量 (Ti_{3B}) 以及 (A) 子晶格中的

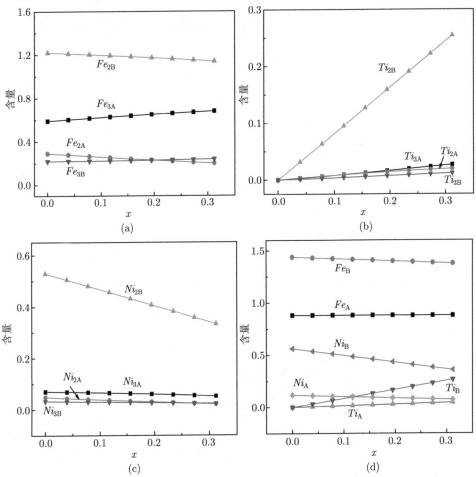

图 7.9　$Ni_{0.68-0.8x}Ti_xFe_{2.32-0.2x}O_4$ 样品每个分子中铁离子 (a)、钛离子 (b)、镍离子 (c) 含量平均值随 Ti 掺杂量 x 的变化曲线, 其中二价和三价钛离子在 (A) 位和 [B] 位的含量分别表示为 Ti_{2A}、Ti_{2B}、Ti_{3A}、Ti_{3B}, 镍离子和铁离子相应的含量类似地分别表示为 Ni_{2A}、Ni_{2B}、Ni_{3A}、Ni_{3B} 和 Fe_{2A}、Fe_{2B}、Fe_{3A}、Fe_{3B}; (d) Fe、Ti 和 Ni 的二、三价离子含量之和在 (A) 位和 [B] 位的分布情况, 分别表示为 Fe_A、Fe_B、Ti_A、Ti_B、Ni_A、Ni_B

Ti^{2+}、Ti^{3+} 含量 (Ti_{2A}、Ti_{3A}) 很少, 这个结论与其他作者 [3-5] 认为钛离子主要占据 [B] 子晶格的观点比较接近, 但我们给出在 [B] 子晶格的钛离子绝大部分是 +2 价离子, 与其他作者认为全部钛是 +4 价离子的观点有重要区别.

2) 样品总磁矩随 Ti 掺杂量增加而减小的原因

从图 7.9(d) 看出, 在 [B] 子晶格中铁离子含量 (Fe_B) 远大于钛和镍的离子含量, 所以样品总磁矩的方向与 [B] 子晶格的铁离子磁矩方向一致. 样品总磁矩随 Ti 掺杂量的增加而减小的主要原因是: 在 [B] 子晶格中, 与铁离子磁矩反平行的钛离子替代了与铁离子磁矩平行的镍离子, 即 Ti_B 随 x 的增加而增加, Ni_B 随 x 的增加而减小. 从图 7.9(a) 还可以看出, 在 (A) 子晶格 Fe^{3+} ($5\mu_B$) 含量 (Fe_{3A}) 随着 Ti 掺杂量的增加而增大, Fe^{2+} ($4\mu_B$) 含量 (Fe_{2A}) 随着 Ti 掺杂量的增加而减少, 也是导致样品总磁矩随 Ti 掺杂量增加而减小的一个因素, 因为 (A) 子晶格的总磁矩与 [B] 子晶格的总磁矩方向相反.

3) 平均每个分子中 +3 价阳离子的含量

如果按照传统的化合价观点, 在 (A)[B]$_2$O$_4$ 型尖晶石铁氧体中阳离子总化合价为 8, 应含有 1 个 +2 价阳离子, 2 个 +3 价阳离子. 从表 7.3~ 表 7.5 可以看出, 由于考虑到电离度, 使得每个分子中 +3 价阳离子的总数 N_3 不是传统观点的 2.0, 而是接近 1.0, 其余为 +2 价阳离子, 在此基础上可依据化合价平衡, 算出氧离子的平均化合价.

7.1.5 $Ti_x M_{1-x} Fe_2 O_4 (M = Co, Mn)$ 尖晶石铁氧体的磁有序

我们还研究了 $Ti_x M_{1-x} Fe_2 O_4$($M = Co, Mn$, 分别称为 Ti-Co、Ti-Mn 系列样品) 的磁结构与阳离子分布 [12,13]. 通过分析样品的 XRD 谱可知, 两个系列样品均呈单相立方尖晶石结构, 空间群为 $Fd\bar{3}m$. Ti-Co 系列样品的晶格常数 a 随着掺杂量 x 的增加而逐渐增大, 而 Ti-Mn 系列样品的晶格常数 a 随着掺杂量 x 的增加而逐渐减小. 样品的晶粒粒径都大于 100nm, 因此在研究过程中, 样品的表面效应对样品磁性的影响非常弱, 可以忽略不计. 通过测量 Ti-Co 系列中两个样品的 XPS, 分析其 O 1s 光电子谱, 发现样品中氧离子的平均化合价并不是传统的 −2.00 价, 而是 −1.69 和 −1.72 价. 根据化合价平衡原理, 这说明其中的阳离子化合价也明显低于传统观点的化合价数值. 观察到两个系列样品的磁矩都随着掺杂量 x 的增加而减小.

应用 6.1 节和 7.1.4 节的方法拟合了样品在 10K 下的磁矩随 Ti 含量的变化关系. 根据 IEO 模型, 在拟合过程中令 Ti^{2+}、Ti^{3+}、Mn^{3+} 的磁矩与铁离子反铁磁耦合, 结果如图 7.10 所示. 可见磁矩的拟合值 (线) 与实验值 (点) 符合得很好. 拟合结果给出的阳离子分布规律也与 7.1.4 节的规律十分相似. 这进一步说明在尖晶石铁氧体中多数钛离子为 +2 价离子, 进入 [B] 位, 也说明 IEO 模型中关于阳离子磁

矩方向的规则是合理的.

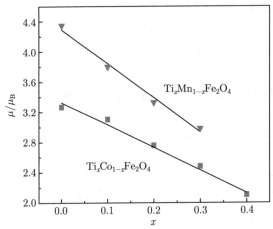

图 7.10　在 10K 下尖晶石铁氧体 $Ti_xM_{1-x}Fe_2O_4$(M = Co, Mn) 的平均分子磁矩实验值 μ_{obs} (点) 和拟合值 μ_{cal} (线) 随 Ti 含量 x 的变化关系 [12,13]

7.2　铜替代铬引起尖晶石铁氧体磁矩增大

我们采用化学共沉淀方法制备了名义成分为 $Cu_xCr_{1-x}Fe_2O_4$($0.0 \leqslant x \leqslant 0.4$) 系列样品 [18,19], 发现用二价离子磁矩为 $1\mu_B$ 的 Cu 替代一部分二价离子磁矩为 $4\mu_B$ 的 Cr, 却会导致样品的平均磁矩增大. 这个实验现象不能用传统的磁有序模型给出解释, 但用 IEO 模型很容易给出合理的解释: 在尖晶石铁氧体中, 不论对 (A) 子晶格还是 [B] 子晶格, 用与铁离子磁矩平行排列的铜离子替代与铁离子磁矩反平行排列的铬离子, 必然导致样品磁矩增大. 所以这个实验成为 IEO 模型的一个实验依据, 本节介绍这个实验及有关的分析讨论.

7.2.1　X 射线能量色散谱研究

我们利用化学共沉淀法制备了名义成分为 $Cu_xCr_{1-x}Fe_2O_4$($0.0 \leqslant x \leqslant 0.4$) 系列样品, 最终经过 1673K 氩气环境热处理 4h. 我们通过 EDS 研究, 得到样品中各元素的含量比. 图 7.11 是样品的 EDS 图, 图 7.12 给出了样品中 Cu、Cr、Fe 元素的 EDS 测量值 (点) 和拟合值 (线) 随着 Cu 的名义含量 x 的变化关系. 可以发现, 系列样品中 Cu 的实际含量普遍低于名义成分. 这是由于 Cu 的熔点较低, 而此系列样品的热处理温度为 1673K, 造成少量 Cu 在热处理过程中挥发. 我们通过拟合 EDS 测试结果, 得到 Cu、Cr、Fe 的实际含量 x_1、x_2、x_3 与 Cu 的名义含量 x 关系如下:

$$x_1 = 0.71x, \quad x_2 = 1.04 - 0.96x, \quad x_3 = 3.00 - x_1 - x_2 \quad (x \leqslant 0.4). \tag{7.1}$$

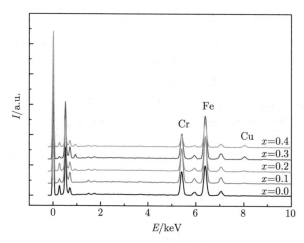

图 7.11 名义成分为 $Cu_xCr_{1-x}Fe_2O_4$ 的系列样品的 EDS 图, 即不同元素的 X 射线峰强 I 随入射电子束能量 E 的变化关系

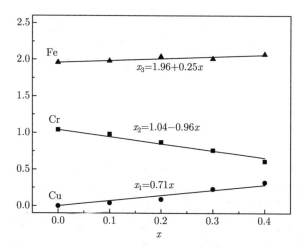

图 7.12 样品中 Cu、Cr、Fe 元素的 EDS 测量值 (点) 和拟合值 (线) x_1、x_2、x_3 随 Cu 的名义含量 x 的变化关系

根据 EDS 测试结果, 在以下的讨论中把样品的成分表示为 $Cu_{x_1}Cr_{x_2}Fe_{3-x_1-x_2}O_4 (0.000 \leqslant x_1 \leqslant 0.284, 1.040 \geqslant x_2 \geqslant 0.656)$.

7.2.2 样品的 X 射线衍射谱分析

图 7.13 给出了样品的 XRD 谱. 从图中可以看出, 样品均为单相立方尖晶石结构, 空间群为 $Fd\bar{3}m$. 使用 X'Pert HighScore Plus 软件对 XRD 谱进行拟合, 得到了样品的晶格常数 a, A—O 离子间距 d_{AO} 和 B—O 离子间距 d_{BO}, 以及 A—B 离子间

距 d_{AB}. 具体数据列于表 7.6. 如 4.1 节所述, 理想尖晶石结构中的 d_{AO}、d_{BO}、d_{AB} 值分别为 $\sqrt{3}a/8$、$a/4$ 和 $\sqrt{11}a/8$. 从表中我们可以看出, 样品的晶格常数 a 的变化并不明显, 但 d_{AO} 和 d_{BO} 与理想键长略有偏差, 其中, d_{AO} 是理想值的 1.04 倍, d_{BO} 是理想值的 0.98 倍, d_{AB} 与理想值基本相同.

通过 X'Pert HighScore Plus 软件分析 XRD 谱, 得到样品的晶粒粒径均在 100nm 以上, 因此在研究其磁性时可忽略表面效应的影响.

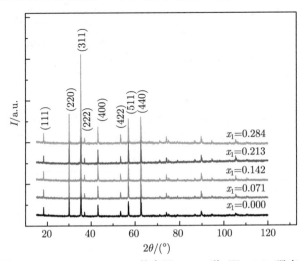

图 7.13　系列样品 $Cu_{x_1}Cr_{x_2}Fe_{3-x_1-x_2}O_4$ 的室温 XRD 谱, 即 XRD 强度 I 随衍射角 2θ 的变化

表 7.6　样品 $Cu_{x_1}Cr_{x_2}Fe_{3-x_1-x_2}O_4$ 的 XRD 谱拟合结果数据: 样品的晶格常数 a, A—O 离子间距 d_{AO} 和 B—O 离子间距 d_{BO}, 以及 A—B 离子间距 d_{AB}

名义成分	x_1	a/Å	d_{AO}/Å	d_{BO}/Å	d_{AB}/Å
$Cr_{1.040}Fe_{1.960}O_4$	0.000	8.393	1.890	2.057	3.480
$Cu_{0.071}Cr_{0.944}Fe_{1.985}O_4$	0.071	8.390	1.889	2.056	3.478
$Cu_{0.142}Cr_{0.848}Fe_{2.010}O_4$	0.142	8.388	1.889	2.056	3.477
$Cu_{0.213}Cr_{0.752}Fe_{2.035}O_4$	0.213	8.391	1.889	2.057	3.479
$Cu_{0.284}Cr_{0.656}Fe_{2.060}O_4$	0.284	8.395	1.890	2.058	3.480

7.2.3　样品的磁性测量结果

图 7.14(a) 和 (b) 给出了系列样品 $Cu_{x_1}Cr_{x_2}Fe_{3-x_1-x_2}O_4$ 在 10K 和 300K 下的磁滞回线. 从图中可以看出所有样品在所加场的范围内均已饱和磁化, 磁滞现象明显. 表 7.7 列出了系列样品在 300K 和 10K 下的比饱和磁化强度 $\sigma_{s\text{-}300K}$、$\sigma_{s\text{-}10K}$, 以及在 10K 下平均分子磁矩的实验值和拟合值. 其中, μ_{cal} 表示利用与 6.1 节完全相同的方法得到的拟合值. 在拟合过程中, 按照 IEO 模型, 无论在 (A) 位还是 [B]

位, Cr^{2+} 和 Cr^{3+} 的磁矩方向与铁离子、铜离子磁矩反平行排列, 图 7.15 给出 μ_{obs} (点) 和 μ_{cal} (曲线) 随 Cu 含量的变化关系, 可以看出样品的磁矩随着 Cu 含量的增加而逐渐增大, 拟合结果为实验结果的平均值. 在拟合过程中, 得到的各种阳离子分布和有关拟合参数, 见表 7.8. 图 7.16 给出不同化合价的铁离子、铜离子、铬离子在 (A) 位、[B] 位中的含量随铜离子总含量的变化关系. 其中, 二价和三价铜离子在 (A) 位和 [B] 位的含量分别表示为 Cu_{2A}、Cu_{2B}、Cu_{3A}、Cu_{3B}, 铬离子和铁离子相应的含量类似地分别表示为 Cr_{2A}、Cr_{2B}、Cr_{3A}、Cr_{3B} 和 Fe_{2A}、Fe_{2B}、Fe_{3A}、Fe_{3B}. 铜、铬和铁的二价离子含量之和、三价离子含量之和在 (A) 位和 [B] 位的分布情况分别表示为 A_2、B_2、A_3、B_3. 可以看出大部分铜离子以 Cu^{2+} 状态占据 [B] 位. 未掺 Cu 时, 大部分铁离子和铬离子也以二价状态占据 [B] 位; 随着铜离子掺杂量增加, Cu^{2+} 逐渐替代 [B] 位的 Cr^{2+}.

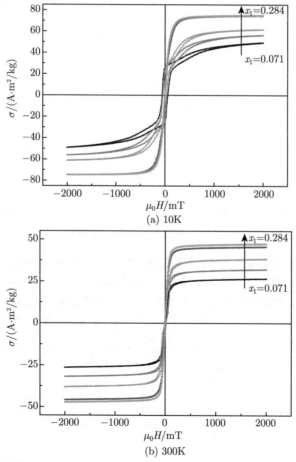

图 7.14 系列样品 $Cu_{x_1}Cr_{x_2}Fe_{3-x_1-x_2}O_4$ 在 10K(a) 和 300K(b) 下的磁滞回线

表 7.7　系列样品 $Cu_{x_1}Cr_{x_2}Fe_{3-x_1-x_2}O_4$ 的磁测量数据: $\sigma_{s\text{-}300K}$ 和 $\sigma_{s\text{-}10K}$ 分别表示在 300K 和 10K 下的比饱和磁化强度, μ_{obs} 和 μ_{cal} 分别表示在 10K 下平均分子磁矩的实验值和拟合值

名义成分	x_1	比饱和磁化强度		在 10K 下的平均每分子磁矩	
		$\sigma_{s\text{-}300K}/$ (A·m²/kg)	$\sigma_{s\text{-}10K}/$ (A·m²/kg)	$\mu_{obs}/$ (μ_B/分子)	$\mu_{cal}/$ (μ_B/分子)
$Cr_{1.040}Fe_{1.960}O_4$	0.000	25.51	40.87	1.666	1.664
$Cu_{0.071}Cr_{0.944}Fe_{1.985}O_4$	0.071	30.92	51.21	2.098	2.092
$Cu_{0.142}Cr_{0.848}Fe_{2.010}O_4$	0.142	37.03	57.31	2.360	2.499
$Cu_{0.213}Cr_{0.752}Fe_{2.035}O_4$	0.213	44.87	73.57	3.045	2.865
$Cu_{0.284}Cr_{0.656}Fe_{2.060}O_4$	0.284	46.49	74.25	3.088	3.169

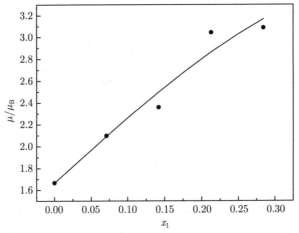

图 7.15　在 10K 下样品 $Cu_{x_1}Cr_{x_2}Fe_{3-x_1-x_2}O_4$ 的平均分子磁矩随 Cu 含量 x_1 的变化关系. 其中, 点为实验值 μ_{obs}, 线为拟合值 μ_{cal}

表 7.8　应用 IEO 模型和 6.1 节的方法估算出的样品中阳离子分布数据和有关参数. μ_{cal} 表示样品平均分子磁矩的拟合值, μ_{AT} 和 μ_{BT} 分别表示平均每个分子中 (A) 子晶格和 [B] 子晶格的磁矩, N_3 表示平均每个分子中三价金属离子的总含量, $V_{BA}(Cu^{2+})$、$V_{BA}(Fe^{2+})$ 和 $V_{BA}(Cr^{2+})$ 分别表示 Cu^{2+}、Fe^{2+} 和 Cr^{2+} 从 [B] 位到 (A) 位所需透过的等效势垒高度

x	0.0	0.1	0.2	0.3	0.4
x_1	0.000	0.071	0.142	0.213	0.284
x_2	1.040	0.944	0.848	0.752	0.656
N_3	1.014	1.001	0.9872	0.9737	0.9602
$V_{BA}(Cu^{2+})$/eV	1.175	0.9270	0.6795	0.4320	0.1845
$V_{BA}(Cr^{2+})$/eV	0.9833	0.7761	0.5689	0.3617	0.1545
$V_{BA}(Fe^{2+})$/eV	1.001	0.7899	0.5790	0.3681	0.1572
μ_{AT}/μ_B	1.515	1.572	1.639	1.727	1.846
μ_{BT}/μ_B	3.179	3.664	4.138	4.592	5.015
μ_{cal}/μ_B	1.664	2.092	2.499	2.865	3.169

续表

	x	0.0	0.1	0.2	0.3	0.4
(A) 位	Fe^{3+}	0.3141	0.2923	0.2675	0.1633	0.1037
	Fe^{2+}	0.3164	0.3490	0.4004	0.5125	0.6118
	Cr^{3+}	0.1563	0.1357	0.1070	0.0579	0.0287
	Cr^{2+}	0.2133	0.2191	0.2162	0.2438	0.2256
	Cu^{3+}	0.0000	0.0018	0.0035	0.0056	0.0048
	Cu^{2+}	0.0000	0.0022	0.0054	0.0170	0.0256
[B] 位	Fe^{2+}	0.9598	0.9389	0.9255	0.7889	0.7282
	Fe^{3+}	0.3698	0.3998	0.4466	0.5454	0.6263
	Cr^{2+}	0.4964	0.4509	0.3807	0.2834	0.2022
	Cr^{3+}	0.1741	0.1743	0.1661	0.1749	0.1536
	Cu^{2+}	0.0000	0.0331	0.0739	0.1845	0.2533
	Cu^{3+}	0.0000	0.0029	0.0072	0.0230	0.0363

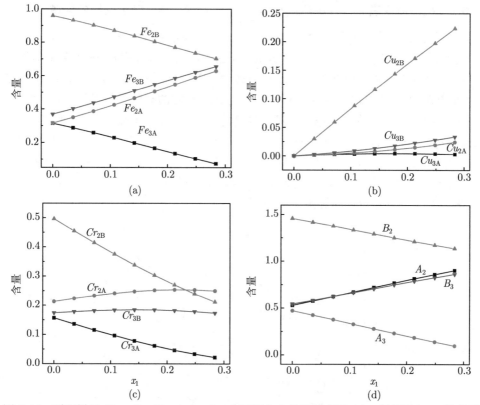

图 7.16 系列样品 $Cu_{x_1}Cr_{x_2}Fe_{3-x_1-x_2}O_4$ 中不同化合价的铁离子 (a)、铜离子 (b)、铬离子 (c) 在 (A) 位、[B] 位中的含量随铜离子总含量 x_1 的变化关系, 其中, 二价和三价铜离子在 (A) 位和 [B] 位的含量分别表示为 Cu_{2A}、Cu_{2B}、Cu_{3A}、Cu_{3B}, 铬离子和铁离子相应的含量类似地分别表示为 Cr_{2A}、Cr_{2B}、Cr_{3A}、Cr_{3B} 和 Fe_{2A}、Fe_{2B}、Fe_{3A}、Fe_{3B}; (d) 铜、铬和铁的二价离子含量之和、三价离子含量之和在 (A) 位和 [B] 的分布情况, 分别表示为 A_2、B_2、A_3、B_3

值得注意的是, 与 6.1 节所述相同, 对于本系列 5 个样品磁矩的拟合, 仅用了两个独立的拟合参数, 分别为 $x_1 = 0.071$ 和 $x_1 = 0.213$ 两个样品的 $V_{BA}(Cu^{2+})$, 两个样品的 $V_{BA}(Cu^{2+})$ 值分别为 1.175 和 0.432, 并且拟合效果很好. 这再次表明 6.1 节的拟合方法是合理的.

7.3　铁酸铬的反常红外光谱

根据 IEO 模型, 在尖晶石铁氧体 (A) 或 [B] 的任一个子晶格中铬离子与铁离子磁矩反平行排列. 我们利用红外光谱对这种排列规则给出了实验证据. 本节介绍这套实验结果.

7.3.1　尖晶石铁氧体 MFe_2O_4 (M = Fe, Co, Ni, Cu, Cr) 的红外光谱

我们测量了尖晶石铁氧体 MFe_2O_4(M = Fe, Co, Ni, Cr) 和 $Cu_{0.85}Fe_{2.15}O_4$ 的室温红外吸收光谱[20], 如图 7.17 所示. 样品的制备条件和根据 IEO 模型估算出的样品中阳离子分布以及相关参数列于表 7.9[18,21-23]. 在表 7.9 中, T_{TH} 是制备样品时最后的煅烧温度; r_2 是 M^{2+} 在配位数为 6 时的有效半径[17]; $V(M^{2+})$ 和 $V(M^{3+})$ 分别是 M 离子的第二和第三电离能; μ_{m2} 和 μ_{m3} 分别是 M^{2+} 和 M^{3+} 的磁矩; d_{AO}、d_{BO} 和 d_{AB} 分别是 A—O、B—O 和 A—B 离子间距; μ_{obs} 和 μ_{cal} 分别是在 10K 下平均分子磁矩的实验值和拟合值; N_3 是平均每分子中三价阳离子的含量; $V_{BA}(M^{2+})$ 和 $V_{BA}(Fe^{2+})$ 分别是在样品的热处理过程中 M^{2+} 和 Fe^{2+} 从 [B] 位进入 (A) 位所需透过的等效势垒高度[8-13].

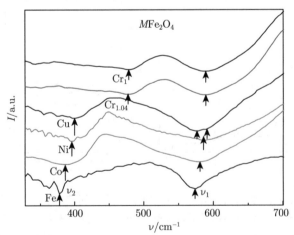

图 7.17　尖晶石铁氧体 MFe_2O_4(M=Fe, Co, Ni, Cr) 和 $Cu_{0.85}Fe_{2.15}O_4$ 的室温红外吸收光谱, 即红外吸收强度 I 随波数 ν 的变化关系. 图中有 2 个含 Cr 样品, 一个 Cr 含量为 1.00, 另一个 Cr 含量为 1.04

表 7.9　通过拟合样品在 10K 下的平均分子磁矩得到的尖晶石铁氧体 $M\mathrm{Fe_2O_4}(M = \mathrm{Fe},$ Co, Ni, Cr) 和 $\mathrm{Cu_{0.85}Fe_{2.15}O_4}$ 的阳离子分布以及相关参数 [18,21-23]. T_{TH} 是制备样品时最后的煅烧温度; r_2 是 M^{2+} 在配位数为 6 时的有效半径 [17]; $V(M^{2+})$ 和 $V(M^{3+})$ 是 M 离子的第二和第三电离能; μ_{m2} 和 μ_{m3} 是 M^{2+} 和 M^{3+} 的磁矩; d_{AO}、d_{BO} 和 d_{AB} 分别是 A—O、B—O 和 A—B 离子键的键长; μ_{obs} 和 μ_{cal} 是在 10K 下平均分子磁矩的实验值和拟合值; N_3 是平均每分子中三价阳离子的含量; $V_{\mathrm{BA}}(M^{2+})$ 和 $V_{\mathrm{BA}}(Fe^{2+})$ 分别是在样品的热处理过程中 M^{2+} 和 $\mathrm{Fe^{2+}}$ 从 [B] 位进入 (A) 位所需透过的等效势垒高度

	$M\mathrm{Fe_2O_4}$	$\mathrm{Fe_3O_4}$	$\mathrm{CoFe_2O_4}$	$\mathrm{NiFe_2O_4}$	$\mathrm{Cu_{0.85}Fe_{2.15}O_4}$	$\mathrm{CrFe_2O_4}$
	$T_{\mathrm{TH}}/^{\circ}\mathrm{C}$	1450	1400	1400	1200	1400
	$r_2/\text{Å}^{[17]}$	0.78	0.745	0.69	0.73	0.80
	$V(M^{2+})/\mathrm{eV}$	16.18	17.06	18.17	20.29	15.50
	$V(M^{3+})/\mathrm{eV}$	30.65	33.50	35.17	36.83	30.96
	$\mu_{\mathrm{m2}}/\mu_{\mathrm{B}}$	4	3	2	1	−4
	$\mu_{\mathrm{m3}}/\mu_{\mathrm{B}}$	5	4	3	2	−3
	$d_{\mathrm{AO}}/\text{Å}$	1.883	1.936	1.890	1.886	1.938
	$d_{\mathrm{BO}}/\text{Å}$	2.062	2.029	2.034	2.053	2.031
	$d_{\mathrm{AB}}/\text{Å}$	3.481	3.476	3.454	3.473	3.480
	$\mu_{\mathrm{obs}}/\mu_{\mathrm{B}}$	3.927*	3.3437	2.3426	2.109	2.0442
	$\mu_{\mathrm{cal}}/\mu_{\mathrm{B}}$	4.201	3.2661	2.3603	2.105	1.9982
	N_3	1.032	0.9051	0.8557	0.8506	1.0149
	$V_{\mathrm{BA}}(M^{2+})/\mathrm{eV}$	0.815	1.2477	1.3714	0.7323	0.8607
	$V_{\mathrm{BA}}(Fe^{2+})/\mathrm{eV}$	0.815	1.2390	1.3608	0.6240	0.8760
(A) 位	$\mathrm{Fe^{3+}}$	0.2772	0.4396	0.5160	0.3412	0.2708
	$\mathrm{Fe^{2+}}$	0.3895	0.3181	0.2975	0.5643	0.3680
	M^{3+}	0.1386	0.1221	0.1047	0.0402	0.1268
	M^{2+}	0.1948	0.1201	0.0818	0.0544	0.2343
[B] 位	$\mathrm{Fe^{2+}}$	0.9225	1.0174	1.0003	0.8417	0.9320
	$\mathrm{Fe^{3+}}$	0.4108	0.2249	0.1862	0.4028	0.4291
	M^{2+}	0.4612	0.6393	0.7647	0.6890	0.4507
	M^{3+}	0.2054	0.1184	0.0488	0.0665	0.1881
	参考文献	[21]	[22]	[23]	[18]	[22]

注: 在 116K 的测量结果, 在此温度以下发生 Verwey 相变

在图 7.17 中, 用箭头指出红外吸收带的两个中心位置. 标有 ν_1 的高波数吸收带由四面体 (O-A-O) 晶格振动产生; 标有 ν_2 的低波数吸收带由八面体 (O-B-O) 晶格振动产生. ν_1 和 ν_2 的实验数据与文献 [24-27] 报道一致. 对于样品 $M\mathrm{Fe_2O_4}$, ν_2 的值从 $M=$ Fe 的 $378\mathrm{cm^{-1}}$ 增加到 $M=$ Cu 的 $400\mathrm{cm^{-1}}$, 只向高波数移动了 $22\mathrm{cm^{-1}}$. 然而, ν_2 的值从 $M=$ Cu 的 $400\mathrm{cm^{-1}}$ 增加到 $M=$ Cr 的 $479\mathrm{cm^{-1}}$, 却向高波数大幅度移动了 $79\mathrm{cm^{-1}}$. 这是一个非常有趣的实验现象.

7.3.2　峰位 ν_2 对尖晶石铁氧体 $M\text{Fe}_2\text{O}_4$ 中 M^{2+} 磁矩 μ_{m2} 的依赖关系

从表 7.9 可以看出, 在平均每分子的 $M\text{Fe}_2\text{O}_4$ 中, [B] 位的 M^{2+} 含量在 0.45~0.76, Fe^{2+} 含量在 0.84~1.02, 这两种离子约占 [B] 位离子总数的 3/4. M^{2+} 和 Fe^{2+} 是均匀分布的, 阳离子之间的主要磁相互作用是 M^{2+} 与 Fe^{2+} 间的相互作用. 当 M^{2+} 的磁矩变化时, 必然导致其与 Fe^{2+} 的磁相互作用能发生变化, 进而导致其间的热振动能发生变化. 注意到当 $M = $ Fe, Co, Ni, Cu 时, M^{2+} 的磁矩 μ_{m2} 分别为 $4\mu_\text{B}$、$3\mu_\text{B}$、$2\mu_\text{B}$、$1\mu_\text{B}$, 所以从图 7.17 看出, ν_2 的值随 μ_{m2} 的减小而增大. 这时如果按 IEO 模型设 Cr^{2+} 的磁矩为 $-4\mu_\text{B}$, 则可以看到一个非常有趣的结果, 从 $M = $Fe 到 $M = $Cr, ν_2 的值随 μ_{m2} 的减小近似线性地增大, 如图 7.18 所示. 在图 7.18 中, 除了从图 7.17 得到的结果外, 还包括 Ati 等 [24]、Gabal 等 [25]、Wahba 等 [26] 报道的实验结果.

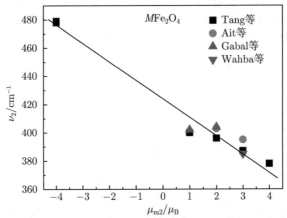

图 7.18　样品 $M\text{Fe}_2\text{O}_4(M = $ Fe, Co, Ni, Cr) 和 $\text{Cu}_{0.85}\text{Fe}_{2.15}\text{O}_4$ 中 [B] 位离子振动的红外吸收峰位 $\nu_2(■)$ 随 M^{2+} 的磁矩 μ_{m2} 变化关系. 其中还包括 Ati 等 (●)[24]、Gabal 等 (▲)[25]、Wahba 等 (▼)[26] 报道的实验结果

7.3.3　尖晶石铁氧体 $\text{Co}_{1-x}\text{Cr}_x\text{Fe}_2\text{O}_4$ 和 $\text{CoCr}_x\text{Fe}_{2-x}\text{O}_4$ 的红外光谱

我们还研究了 $\text{Co}_{1-x}\text{Cr}_x\text{Fe}_2\text{O}_4(0.0 \leqslant x \leqslant 1.0)$ 和 $\text{CoCr}_x\text{Fe}_{2-x}\text{O}_4(0.0 \leqslant x \leqslant 1.0)$ 两个系列样品在室温下的红外吸收光谱 [28], 也得到了相似的结果, 如图 7.19(a) 和 (b) 所示. 可以看出, 当 Cr 替代 Co 时, ν_2 的值从 388cm^{-1} 移动到 479cm^{-1}; 当 Cr 替代 Fe 时, ν_2 的值从 394cm^{-1} 移动到 491cm^{-1}, 分别移动了 91cm^{-1} 和 97cm^{-1}, 与图 7.17 的结果基本一致.

这些红外光谱的实验结果是 IEO 模型的又一个有力的实验证据: 在同一子晶格中, 3d 电子数目 $n_\text{d} \geqslant 5$ 的阳离子磁矩平行排列, 3d 电子数目 $n_\text{d} \leqslant 4$ 的阳离子与 $n_\text{d} \geqslant 5$ 的阳离子磁矩反平行排列.

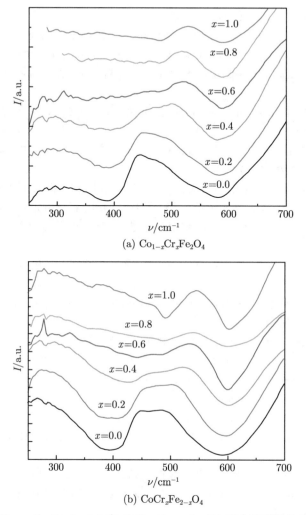

(a) $Co_{1-x}Cr_xFe_2O_4$

(b) $CoCr_xFe_{2-x}O_4$

图 7.19　$Co_{1-x}Cr_xFe_2O_4$ (a) 和 $CoCr_xFe_{2-x}O_4$ (b) 两个系列样品在室温下的
红外吸收光谱 [28]，即红外吸收强度 I 随波数 ν 的变化关系

参 考 文 献

[1]　Jin C, Mi W B, Li P, Bai H L. J. Appl. Phys., 2011, 110: 083905

[2]　Kale C M, Bardapurkar P P, Shukla S J, Jadhav K M. J. Magn. Magn. Mater., 2013, 331: 220

[3]　Dwivedi G D, Joshi A G, Kevin H, Shahi P, Kumar A, Ghosh A K, Yang D D, Chatterjee S. Solid State Communications, 2012, 152: 360

[4]　Srinivasa Rao K, Mahesh Kumara A, Chaitanya Varma M, Choudary G S V R K, Rao

K H. J. Alloy. Compd., 2009, 488: L6

[5] Srivastava R C, Khan D C, Das A R. Physical Review B, 1990, 41: 12514

[6] Chand P, Srivastava R C, Upadhyay A. J. Alloys Comp., 2008, 460: 108

[7] Kobayashi M, Ooki Y, Takizawa M, Song G S, Fujimori A. Appl. Phys. Lett., 2008, 92: 082502

[8] Xu J, Ji D H, Li Z Z, Qi W H, Tang G D, Shang Z F, Zhang X Y. J. Alloy Compd., 2015, 619: 228

[9] Xu J, Ji D H, Li Z Z, Qi W H, Tang G D, Zhang X Y, Shang Z F, Lang L L. Physica Status Solidi B, 2015, 252 : 411

[10] 徐静, 齐伟华, 纪登辉, 李壮志, 唐贵德, 张晓云, 尚志丰, 郎莉莉. 尖晶石铁氧体 $Ti_xNi_{1-x}Fe_2O_4$ 中阳离子分布和 Ti 离子磁矩的实验研究. 物理学报, 2015, 64: 017501

[11] 徐静. 尖晶石铁氧体中 Ti、Mn 离子的磁矩方向和 O2p 电子巡游机制. 石家庄: 河北师范大学, 2015

[12] Du Y N, Xu J, Li Z Z, Tang G D, Qian J J, Chen M Y, Qi W H. RSC Advances, 2018, 8: 302

[13] 杜亚楠. 尖晶石铁氧体 $Ti_xM_{1-x}Fe_2O_4(M=Co,Mn)$ 和 $Mn_{1+x}Fe_{2-x}O_4$ 的磁结构与阳离子分布研究. 石家庄: 河北师范大学, 2018

[14] 戴道生, 钱昆明. 铁磁学 (上册). 北京: 科学出版社, 1987

[15] 近角聪信. 铁磁性物理. 葛世慧, 译. 兰州: 兰州大学出版社, 2002

[16] Chen C W. Magnetism and Metallurgy of Soft Magnetic Materials. Amsterdam: North-Holland Publishing Company, 1977

[17] Shannon R D. Acta Crystallogr. A, 1976, 32: 751

[18] Zhang X Y, Xu J, Li Z Z, Qi W H, Tang G D, Shang Z F, Ji D H, Lang L L. Physica B, 2014, 446: 92

[19] 张晓云. Cu-Cr 铁氧体的磁结构及阳离子分布研究. 石家庄: 河北师范大学, 2014

[20] Tang G D, Shang Z F, Zhang X Y, Xu J, Li Z Z, Zhen C M, Qi W H, Lang L L. Physica B, 2015, 463: 26

[21] Tang G D, Han Q J, Xu J, Ji D H, Qi W H, Li Z Z, Shang Z F, Zhang X Y. Physica B, 2014, 438: 91

[22] Shang Z F, Qi W H, Ji D H, Xu J, Tang G D, Zhang X Y, Li Z Z, Lang L L. Chinese Physics B, 2014, 23: 107503

[23] Lang L L, Xu J, Qi W H, Li Z Z, Tang G D, Shang Z F, Zhang X Y, Wu L Q, Xue L C. J. Appl. Phys., 2014, 116: 123901

[24] Ati A A, Othaman Z, Samavati A. J. Mol. Struct., 2013, 1052: 177

[25] Gabal M A, Angari Y M A, Kadi M W. Polyhedron, 2011, 30: 1185

[26] Wahba A M, Mohamed M B. Ceram. Int., 2014, 40: 6127

[27] Pervaiz E, Gul I H. J. Magn. Magn. Mater., 2012, 324: 3695

[28] 尚志丰. Co-Cr 铁氧体的磁性及阳离子分布研究. 石家庄: 河北师范大学, 2014

第 8 章　倾角磁耦合的尖晶石铁氧体

在第 6 章和第 7 章所讨论的 (A)[B]$_2$O$_4$ 尖晶石铁氧体中, 阳离子磁矩在低温下都是共线结构 (平行或反平行). 本章介绍倾角磁耦合尖晶石铁氧体的磁有序研究, 主要包括铁含量小于 2.0 的体系和非磁性离子掺杂体系.

8.1　铁含量小于 2.0 的尖晶石铁氧体

在 (A)[B]$_2$O$_4$ 尖晶石铁氧体中, 如果铁含量小于 2.0, 阳离子磁矩间将出现倾角, 并且其倾角随铁含量的减少而增大 [1-5]. 这个现象可以用 IEO 模型给出解释: 从表 6.7 可以看出, 当铁含量为 2.0 时, 铁离子为 Fe^{3+}(3d^5) 或 Fe^{2+}(3d^6) 状态. 当自旋向下的巡游电子经过 Fe^{3+}(Fe^{2+}) 时, 处于最高 (次高) 的 3d 能级, 如图 5.17 所示, 这时巡游电子消耗体系的能量较少. 当自旋向下的巡游电子经过 Co^{2+}、Ni^{2+} 或 Cu^{2+} 时, 所处的 3d 能级逐渐降低, 消耗系统的能量逐渐增多, 导致磁有序能减小. 当铁含量小于 2.0 时, 磁有序能不足以克服阳离子磁矩间的磁性排斥力、维持离子磁矩的共线耦合, 所以形成倾角磁结构, 以减小离子磁矩间的磁性排斥力.

我们 [1,2] 在 CoFe$_2$O$_4$ 中进一步用 Co 替代 Fe, 制备了系列样品 Co$_{1+x}$Fe$_{2-x}$O$_4$ ($0.0 \leqslant x \leqslant 2.0$). 样品的 XRD 谱分析表明, 所有的样品都是空间群为 $Fd\bar{3}m$ 的单相立方尖晶石结构. 样品的晶格常数 a 随 Co 增加量 x 的变化趋势如图 8.1 所示, 可以发现, a 随 x 增加近似线性地减小.

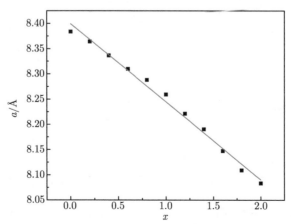

图 8.1　Co$_{1+x}$Fe$_{2-x}$O$_4$($0.0 \leqslant x \leqslant 2.0$) 系列样品的晶格常数 a 随 Co 增加量 x 的变化趋势

图 8.2 为 $Co_{1+x}Fe_{2-x}O_4(0.0 \leqslant x \leqslant 2.0)$ 系列样品在 10K 下的磁滞回线, 图 8.3
为样品在 10K 下的比饱和磁化强度 σ_s 随 Co 增加量 x 的变化曲线. 从图中可以
看出, σ_s 在 $x = 1.4$ 时出现局部最小值, 然后从 $x = 1.4$ 的 $6.84A \cdot m^2/kg$ 增加到
$x = 1.6$ 的 $8.83A \cdot m^2/kg$; 当 $x = 1.8$ 和 $x = 2.0$ 时, σ_s 又先后减小到 $5.79A \cdot m^2/kg$
和 $0A \cdot m^2/kg$. 这个结果与 Takahashi 等 [5] 在 77K 下测量相同成分材料所得结果
十分接近, 如图 8.3 的插图所示.

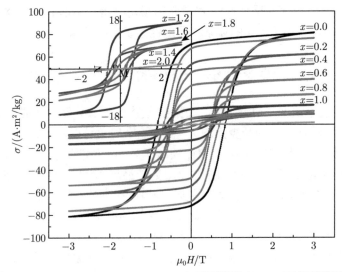

图 8.2 $Co_{1+x}Fe_{2-x}O_4(0.0 \leqslant x \leqslant 2.0)$ 系列样品在 10K 下的磁滞回线

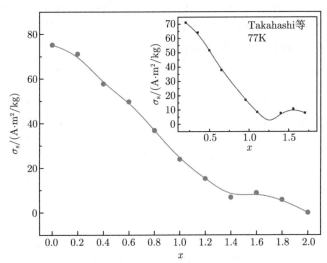

图 8.3 $Co_{1+x}Fe_{2-x}O_4$ 系列样品在 10K 下的比饱和磁化强度 σ_s 随 Co 增加量 x 的变化曲线
插图为 Takahashi 等 [5] 在 77K 下测量相同成分材料所得结果

如果认为 Co 替代 Fe 后, 在 (A) 位和 [B] 位离子磁矩仍分别保持平行排列, 则磁矩要显著大于实验结果. 对于 $Co_{1+x}Fe_{2-x}O_4(0.0 \leqslant x \leqslant 1.4)$, 样品磁矩近似线性地减小, 假设相邻阳离子磁矩间的平均夹角随着 Co^{2+} 含量的增加而增大, 我们应用 6.1 节的方法拟合了样品磁矩随 Co 增加量 x 的变化曲线, 并且在拟合过程中得到了阳离子分布数据. 在拟合过程中, 与 6.1 节不同之处只是在 (6.22) 式中计算 (A)、[B] 子晶格磁矩时引入了由倾角而导致的衰减因子:

$$[1 - c_1(C_{2A} - C_{2A0})^{1.2}], \quad 对于 (A) 子晶格; \tag{8.1}$$

$$[1 - c_1(C_{2B} - C_{2B0})^{1.2}], \quad 对于 [B] 子晶格. \tag{8.2}$$

其中, C_{2A} 和 C_{2B} 分别表示 Co 增加量为 x 时在 (A) 和 [B] 子晶格中 Co^{2+} 的含量, C_{2A0} 和 C_{2B0} 分别表示 Co 增加量为 $x = 0.0$ 时在 (A) 和 [B] 子晶格中 Co^{2+} 的含量. 容易看出, 当 $x = 0.0$ 时, 阳离子磁矩间倾角为 $0°$, 衰减因子为 1.0.

从拟合过程得到衰减因子中的参数 c_1 为 0.420, 并得到在 (A) 位和 [B] 位的阳离子分布如表 8.1 所示, 表中还给出了 Fe^{2+} 和 Co^{2+} 从 [B] 位跃迁到 (A) 位所需透过的等效势垒高度 $V_{BA}(Fe^{2+})$, $V_{BA}(Co^{2+})$ 以及磁矩的拟合值. 从表 8.1 可以看出, 考虑电离度后, 平均每个分子中三价阳离子总数在 0.9051~0.7274, 显著小于传统理论的 2.0. 钴离子和铁离子在 (A) 位和 [B] 位的含量随 Co 增加量 x 的变化曲线如图 8.4

表 8.1 系列样品 $Co_{1+x}Fe_{2-x}O_4$ 在 (A) 位和 [B] 位的阳离子分布及磁矩的拟合结果. μ_{AT}、μ_{BT} 和 μ_{cal} 分别为平均每个分子中 (A)、[B] 子晶格磁矩和总磁矩的拟合结果, $V_{BA}(Fe^{2+})$ 和 $V_{BA}(Co^{2+})$ 分别代表 Fe^{2+} 和 Co^{2+} 从 [B] 位到 (A) 位所需透过的等效势垒高度, N_3 为考虑了电离度后平均每个分子中三价阳离子的总数

x		0	0.2	0.4	0.6	0.8	1.0	1.2	1.4
$V_{BA}(Fe^{2+})$/eV		1.0950	1.1260	1.1570	1.1880	1.2190	1.2500	1.2810	1.3120
$V_{BA}(Co^{2+})$/eV		1.1020	1.1330	1.1640	1.1960	1.2270	1.2580	1.2890	1.3200
μ_{AT}/μ_B		4.3028	4.2328	4.1534	4.0676	3.9760	3.8786	3.7753	3.6657
μ_{BT}/μ_B		7.6023	7.1501	6.6355	6.1050	5.5719	5.0432	4.5238	4.0170
μ_{cal}/μ_B		3.2995	2.9173	2.4821	2.0374	1.5959	1.1647	0.7486	0.3512
N_3		0.9051	0.8796	0.8543	0.8289	0.8035	0.7781	0.7527	0.7274
(A) 位	Fe^{3+}	0.4276	0.4037	0.3763	0.3454	0.3105	0.2715	0.2280	0.1795
	Co^{3+}	0.1224	0.1543	0.1893	0.2272	0.2686	0.3136	0.3627	0.4162
	Fe^{2+}	0.3253	0.2924	0.2599	0.2276	0.1955	0.1635	0.1314	0.0991
	Co^{2+}	0.1247	0.1495	0.1746	0.1998	0.2254	0.2514	0.2779	0.3052
[B] 位	Fe^{2+}	0.9784	0.8795	0.7804	0.6813	0.5823	0.4834	0.3849	0.2869
	Co^{2+}	0.6665	0.7988	0.9309	1.0624	1.1933	1.3236	1.4531	1.5814
	Fe^{3+}	0.2687	0.2244	0.1833	0.1456	0.1116	0.0816	0.0557	0.0345
	Co^{3+}	0.0864	0.0972	0.1054	0.1107	0.1128	0.1114	0.1063	0.0972

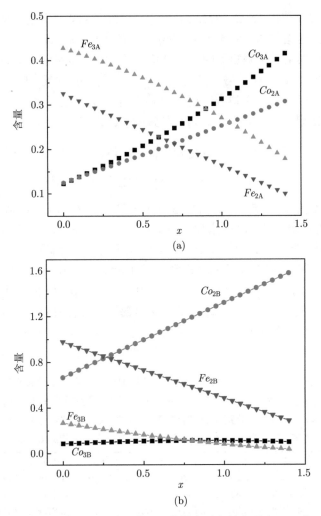

图 8.4　系列样品 $Co_{1+x}Fe_{2-x}O_4$ 中二价、三价钴离子和铁离子在 (A) 位、[B] 位的含量
Co_{2A}、Co_{2B}、Co_{3A}、Co_{3B}、Fe_{2A}、Fe_{2B}、Fe_{3A}、Fe_{3B} 随 Co 增加量 x 的变化曲线

所示. 可以看出在 (A) 位三价离子含量显著多于二价离子, 在 [B] 位绝大多数为二价离子. 这说明离子半径较小的三价离子倾向于占据 (A) 位, 离子半径较大的二价离子倾向于占据 [B] 位, 与传统的反尖晶石结构特点比较接近.

　　图 8.5 给出了 $Co_{1+x}Fe_{2-x}O_4(0.0 \leqslant x \leqslant 1.4)$ 系列样品的平均分子磁矩实验值 μ_{obs} (点) 和拟合值 μ_{cal} (曲线) 随着 Co 增加量 x 的变化曲线, 以及 (A) 和 [B] 子晶格磁矩随 x 的变化曲线. 从变化曲线来看, 拟合值与实验值吻合得很好.

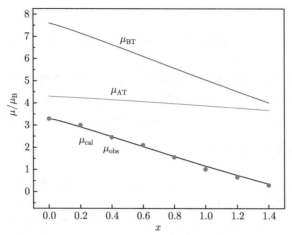

图 8.5　在 10K 下, 样品 $Co_{1+x}Fe_{2-x}O_4$ 中平均分子磁矩实验值 μ_{obs} (点) 和拟合值 μ_{cal} (曲线) 随 Co 增加量 x 的变化曲线. μ_{AT}、μ_{BT} 分别代表 (A) 和 [B] 子晶格磁矩的拟合值

我们 [1,2] 利用 IEO 模型估算的 $CoFe_2O_4$ 和 $FeCo_2O_4$ 中钴离子 (含 Co^{2+} 和 Co^{3+}) 在 (A) 位、[B] 位的占位比例与 Chandramohan 等 [6]、Ferreira 等 [7] 和 Murray 等 [8] 利用穆斯堡尔谱分析给出的结果基本一致, 数据列在表 8.2 中. 利用穆斯堡尔谱分析给出的 $CoFe_2O_4$ 中钴离子在 (A) 位和 [B] 位的占位比例分别在 0.23∼0.38 和 0.77∼ 0.66 范围内. 我们估算的占位比例分别为 0.247 和 0.753, 结果在穆斯堡尔谱分析给出的比例范围之内. 利用穆斯堡尔谱分析给出的 $FeCo_2O_4$ 中钴离子在 (A) 位和 [B] 位的占位比例分别在 0.44∼0.70 和 1.56∼1.30, 我们估算的占位比例分别为 0.56 和 1.44, 结果也在穆斯堡尔谱分析给出的比例范围内. 这说明 6.1 节介绍的估算尖晶石结构铁氧体中阳离子分布的方法, 以及本节关于倾角磁耦合的假设是合理的.

表 8.2　我们 [1,2] 估算出样品 $Co_{1+x}Fe_{2-x}O_4(x=0.0$ 和 $x=1.0)$ 中钴离子 (含 Co^{2+} 和 Co^{3+}) 在 (A) 位、[B] 位的占位比例与利用穆斯堡尔谱分析给出结果 [6-8] 的比较

样品和制备条件	(A) 位的钴离子	[B] 位的钴离子	参考文献
$CoFe_2O_4$(在 1173K 退火 3h, 随炉冷却)	0.247	0.753	Liu 等 [1,2]
$CoFe_2O_4$(在 1170K 退火 6h, 随炉冷却)	0.23	0.77	Ferreira 等 [7]
$CoFe_2O_4$(快淬)	0.31	0.69	Chandramohan 等 [6]
$Co_{1.04}Fe_{1.96}O_4$(在 1320K 退火 48h, 快淬)	0.38	0.66	Murray 等 [8]
$FeCo_2O_4$(在 1173K 退火 3h, 随炉冷却)	0.56	1.44	Liu 等 [1,2]
$FeCo_2O_4$(冷却速率: 3℃/min)	0.45	1.55	Ferreira 等 [7]
$FeCo_2O_4$(在 1170K 退火 17h, 快淬)	0.50	1.50	Ferreira 等 [7]
$FeCo_2O_4$(在 1170K 退火 6h, 快淬)	0.44	1.56	Ferreira 等 [7]
$FeCo_2O_4$(在 1193K 退火 72h, 快淬)	0.70	1.30	Murray 等 [8]

8.2 非磁性离子掺杂的尖晶石铁氧体

关于在尖晶石结构铁氧体中用非磁性离子锌、镁、铝替代磁性离子后, 材料的磁矩和阳离子分布问题, 国内外诸多学者进行了大量探索和讨论, 但是其结果却存在显著差异 [9-18], 参见表 8.3~表 8.5. 本节介绍我们在这方面的研究结果.

8.2.1 非磁性离子分布的争议

早期的传统观点认为在 $ZnFe_2O_4$ 中全部锌离子占据 (A) 位 [9]. Siddique 等 [10] 应用穆斯堡尔谱给出 $Cu_{1-x}Zn_xFe_2O_4$ 中的阳离子占位, 认为 Zn^{2+} 只占据 (A) 位; Gul 等 [11] 研究了 $Co_{1-x}Zn_xFe_2O_4$ 的结构、磁性和电性, 认为 Zn^{2+} 进入 (A) 位; Oliver 等 [12] 对 $ZnFe_2O_4$ 进行了扩展 X 射线吸收精细结构 (EXAFS) 测量, 得出锌离子在 (A)/[B] 位的分布比例为 0.55/0.45; Mathur 等 [13] 研究了尖晶石铁氧体样品 $Zn_xMn_{1-x}Fe_2O_4$, 认为当 $x=0.1$, 0.3, 0.5, 0.7 和 0.9 时, (A) 位的 Zn 含量分别为 0.1, 0.2, 0.35, 0.45 和 0.5; Sakurai 等 [14] 生长了单晶样品 $Mn_{0.80}Zn_{0.18}Fe_{2.02}O_4$, 基于 X 射线吸收近边结构谱和 X 射线磁圆二色谱分析, 他们认为阳离子在 (A) 位、[B] 位的分布可表示为 $(Mn_{0.71}^{2+}Zn_{0.10}^{2+}Fe_{0.19}^{3+})[Mn_{0.09}^{2+}Zn_{0.08}^{2+}Fe_{1.83}^{3+}]O_4$. 在这些文献中, 锌离子在 (A)/[B] 位的含量比列于表 8.3. 可见, 不同文献给出的锌离子在 (A)/[B] 位的含量比差别非常大.

表 8.3 不同文献给出的锌离子在 (A)/[B] 位的含量比

材料	锌离子在 (A)/[B] 位的含量比	参考文献
$ZnFe_2O_4$	1.0/0.0	戴道生, 钱昆明 [9]
$Cu_{1-x}Zn_xFe_2O_4$	x/0.0	Siddique 等 [10]
$Co_{1-x}Zn_xFe_2O_4$	x/0.0	Gul 等 [11]
$ZnFe_2O_4$	0.55/0.45	Oliver 等 [12]
$Zn_{0.1}Mn_{0.9}Fe_2O_4$	0.1/0.0	Mathur 等 [13]
$Zn_{0.3}Mn_{0.7}Fe_2O_4$	0.2/0.1	Mathur 等 [13]
$Zn_{0.5}Mn_{0.5}Fe_2O_4$	0.35/0.15	Mathur 等 [13]
$Zn_{0.7}Mn_{0.3}Fe_2O_4$	0.45/0.25	Mathur 等 [13]
$Zn_{0.9}Mn_{0.1}Fe_2O_4$	0.5/0.4	Mathur 等 [13]
$Mn_{0.80}Zn_{0.18}Fe_{2.02}O_4$	0.10/0.08	Sakurai 等 [14]

对于镁离子掺杂材料的阳离子分布也存在很大争议. Singh[15] 用标准陶瓷技术制备了 $Mg_xMn_{1-x}Fe_2O_4$ $(0.0 \leqslant x \leqslant 0.8)$ 系列尖晶石铁氧体, 他认为当 $x=0.2$ 时, Mg^{2+} 全部进入 (A) 位; 当 $x=0.6$, 0.8 时, 进入 (A) 位的 Mg^{2+} 为 0.4, 其余的 Mg^{2+} 进入 [B] 位. Antic 等 [16] 合成了 $MgFe_2O_4$ 纳米粉末, 他们用 Rietveld 拟合的方法研究了样品的阳离子分布, 认为样品的化学式可表示为 $(Mg_{1-\delta}Fe_\delta)_A[Mg_\delta Fe_{2-\delta}]_BO_4$, 其中 δ 的值约为 0.69. Khot 等 [17] 采取燃烧法, 用硝酸盐作氧化剂制备了 $Mg_{1-x}Mn_x$

Fe_2O_4 ($x=0, 0.2, 0.4, 0.6, 0.8, 1.0$) 系列样品, 他们认为当 Mg 的含量 $(1-x) \leqslant 0.6$ 时, Mg^{2+} 只进入 [B] 位. Hashim 等 [18] 制备了铁氧体样品 $Ni_{0.5}Mg_{0.5}Fe_{2-x}Cr_xO_4$($0.0 \leqslant x \leqslant 1.0$), 基于穆斯堡尔谱和 XRD 分析给出了样品中的离子分布, 认为当 Cr 含量 $x \leqslant 0.8$ 时, 镁离子在 (A)/[B] 位分布的比例为 0.1/0.4; 当 Cr 含量 $x = 1.0$ 时, 镁离子在 (A)/[B] 位分布的比例为 0.14/0.36. 在这些文献中, 镁离子在 (A)/[B] 位的含量比列于表 8.4.

表 8.4 不同文献给出的镁离子在 (A)/[B] 位的含量比

材料	镁离子在 (A)/[B] 位的含量比	参考文献
$Mg_{0.2}Mn_{0.8}Fe_2O_4$	0.2/0.0	Singh [15]
$Mg_{0.2}Mn_{0.8}Fe_2O_4$	0.0/0.2	Khot 等 [17]
$Mg_{0.4}Mn_{0.6}Fe_2O_4$	0.0/0.4	Khot 等 [17]
$Mg_{0.6}Mn_{0.4}Fe_2O_4$	0.0/0.6	Khot 等 [17]
$Mg_{0.4}Mn_{0.6}Fe_2O_4$	0.3/0.1	Singh [15]
$Mg_{0.6}Mn_{0.4}Fe_2O_4$	0.4/0.2	Singh [15]
$Mg_{0.8}Mn_{0.2}Fe_2O_4$	0.4/0.4	Singh [15]
$MgFe_2O_4$	0.31/0.69	Antic 等 [16]
$Mg_{0.8}Mn_{0.2}Fe_2O_4$	0.06/0.74	Khot 等 [17]
$MgFe_2O_4$	0.12/0.88	Khot 等 [17]
$Ni_{0.5}Mg_{0.5}Fe_{1.2}Cr_{0.8}O_4$	0.10/0.40	Hashim 等 [18]
$Ni_{0.5}Mg_{0.5}Fe_{1.0}Cr_{1.0}O_4$	0.14/0.36	Hashim 等 [18]

对于铝离子掺杂材料的阳离子分布同样存在争议. Patange 等 [19] 制备了 $NiAl_xFe_{2-x}O_4$ 样品, 利用 XRD 和 Rietveld 拟合的方法得到样品的离子分布, 认为当 Al 替代量从 0.2~1.0 时, 进入 (A) 位的 Al 含量在 0.02~0.06 范围内, 即绝大部分的 Al 进入了 [B] 位. Pandit 等 [20] 利用传统的固相反应法制备了 $CoAl_xFe_{2-x}O_4$($x=0.0, 0.2, 0.4, 0.6, 0.8$) 铁氧体, 他们利用 XRD 数据分析了铝离子在 (A)/[B] 位阳离子分布的比例, 给出结果在 1/4~1/2. Mane 等 [21] 制备了铁氧体样品 $CoAl_xCr_xFe_{2-2x}O_4$($0.0 \leqslant x \leqslant 0.5$). 他们应用 XRD 分析给出, 对于所有样品, 都有 20% 的铝进入 (A) 位. 在这些文献中, 铝离子在 (A)/[B] 位的含量比列于表 8.5.

表 8.5 不同文献给出的铝离子在 (A)/[B] 位的含量比

材料	铝离子在 (A)/[B] 位的含量比	参考文献
$NiAl_{0.2}Fe_{1.8}O_4$	0.02/0.18	Patange 等 [19]
$NiAl_{0.4}Fe_{1.6}O_4$	0.05/0.35	Patange 等 [19]
$NiAl_{0.6}Fe_{1.4}O_4$	0.06/0.54	Patange 等 [19]
$NiAl_{0.8}Fe_{1.2}O_4$	0.04/0.76	Patange 等 [19]
$NiAl_{1.0}FeO_4$	0.02/0.98	Patange 等 [19]
$CoAl_{0.2}Fe_{1.8}O_4$	0.04/0.16	Pandit 等 [20]
$CoAl_{0.4}Fe_{1.6}O_4$	0.10/0.30	Pandit 等 [20]
$CoAl_{0.6}Fe_{1.4}O_4$	0.19/0.41	Pandit 等 [20]
$CoAl_{0.8}Fe_{1.2}O_4$	0.26/0.54	Pandit 等 [20]
$CoAl_{0.5}Cr_{0.5}Fe_{1.0}O_4$	0.10/0.40	Mane 等 [21]

　　总之, 不同文献对于 Zn、Mg、Al 在尖晶石铁氧体 (A)/[B] 位分布比例的研究结果存在显著差异.

8.2.2　应用 O 2p 巡游电子模型拟合样品磁矩

　　我们 [22,23] 利用化学共沉淀方法制备了系列样品 $Zn_xMn_{1-x}Fe_2O_4(0.0 \leqslant x \leqslant 1.0)$、$Mg_xMn_{1-x}Fe_2O_4(0.0 \leqslant x \leqslant 1.0)$ 和 $Al_xMn_{1-x}Fe_2O_4(0.0 \leqslant x \leqslant 0.5)$, 利用室温下的 XRD 谱对样品进行晶体结构表征, 使用物理性质测量系统 (PPMS) 对样品进行磁性测量. 我们用 O 2p 巡游电子模型和 6.1 节的方法对样品中的阳离子分布进行了详细的分析, 给出其中阳离子分布的详细数据, 解释了样品磁性与阳离子分布的关系.

　　XRD 分析表明所有样品都具有单相立方尖晶石结构, 三个系列样品的晶格常数都随非磁性离子掺杂量的增加而减小, 如图 8.6 所示. 在 10K 下, 三个系列样品的磁滞回线如图 8.7 所示. 样品磁矩随 Zn、Mg、Al 掺杂量的变化关系如图 8.8

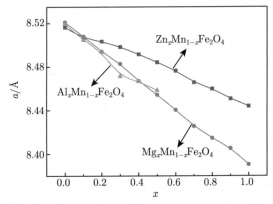

图 8.6　三个系列样品的晶格常数 a 随非磁性离子掺杂量 x 的变化关系

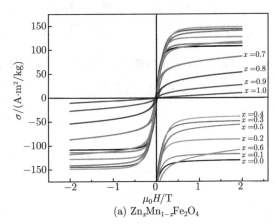

(a) $Zn_xMn_{1-x}Fe_2O_4$

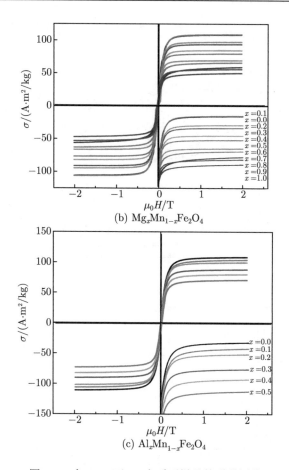

(b) $Mg_xMn_{1-x}Fe_2O_4$

(c) $Al_xMn_{1-x}Fe_2O_4$

图 8.7 在 10K 下, 三个系列样品的磁滞回线

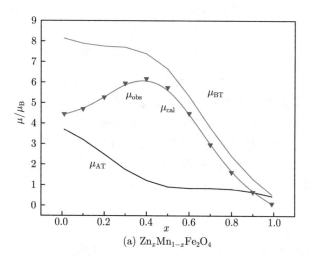

(a) $Zn_xMn_{1-x}Fe_2O_4$

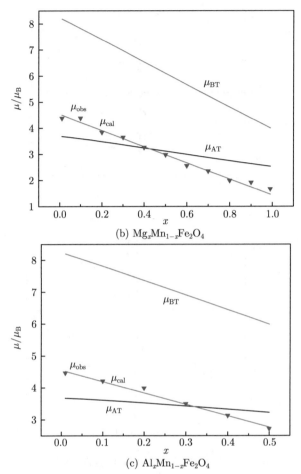

(b) $Mg_xMn_{1-x}Fe_2O_4$

(c) $Al_xMn_{1-x}Fe_2O_4$

图 8.8   在 10K 下, 三个系列样品平均分子磁矩实验值 μ_{obs} (点) 和拟合值 μ_{cal} (曲线) 随掺杂量 x 的变化关系

μ_{AT} 和 μ_{BT} 分别代表 (A) 和 [B] 子晶格磁矩的拟合值

中的数据点所示. 从图 8.8 看出, 在 Zn 掺杂系列样品中, 当 Zn 含量小于 0.4 时, 样品磁矩随 Zn 含量的增加而增大; 当 Zn 含量大于 0.4 时, 样品磁矩随 Zn 含量 x 的增加而减小. 在 Mg 和 Al 掺杂系列样品中, 样品磁矩随 x 的增加而单调减小.

在图 8.8 中, 用曲线给出了样品磁矩随 x 变化的拟合结果, 并分别给出 (A)、[B] 子晶格的磁矩随 x 的变化情况. 样品磁矩的拟合方法与 6.1 节略有不同, 第一个不同之处在于把其中的 (6.20) 式和 (6.21) 式替换为

$$V_{BA}(Fe^{2+}) = \frac{V_{BA}(Mn^{2+})V(Fe^{3+})r(Fe^{2+})}{V(Mn^{3+})r(Mn^{2+})}. \tag{8.3}$$

用以给出等效势垒高度 $V_{BA}(Fe^{2+})$ 和 $V_{BA}(Mn^{2+})$ 之间的关系. 而对于非磁性离子

的等效势垒 $V_{BA}(M^{2+})$, 则通过拟合样品磁矩给出, 结果如图 8.9 所示. 在拟合过程中, 与 6.1 节第二个不同之处是在 (6.22) 式中计算 (A)、[B] 子晶格磁矩时引入了由倾角而导致的衰减因子. 衰减因子与 (8.1) 式、(8.2) 式相似:

$$[1 - c_1(y_1 + y_4)^{1.2}], \quad \text{对于 (A) 子晶格;} \tag{8.4}$$

$$[1 - c_1(x_1 - y_1 - y_4)^{1.2}], \quad \text{对于 [B] 子晶格.} \tag{8.5}$$

其中, $y_1 + y_4$ 和 $x_1 - y_1 - y_4$ 分别为 (A)、[B] 子晶格中二、三价非磁性离子的含量之和.

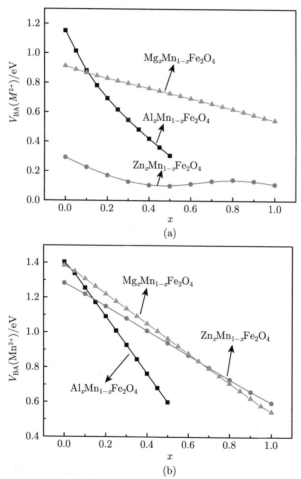

图 8.9 在拟合过程中得到的等效势垒 $V_{BA}(M^{2+})$, $M^{2+} = Zn^{2+}, Mg^{2+}, Al^{2+}$ (a) 和三个系列样品中 $V_{BA}(Mn^{2+})$ (b) 随掺杂量 x 的变化关系

倾角的拟合结果如图 8.10 所示. 在拟合过程中给出的阳离子在 (A) 位和 [B] 位的分布情况如图 8.11～ 图 8.13 所示.

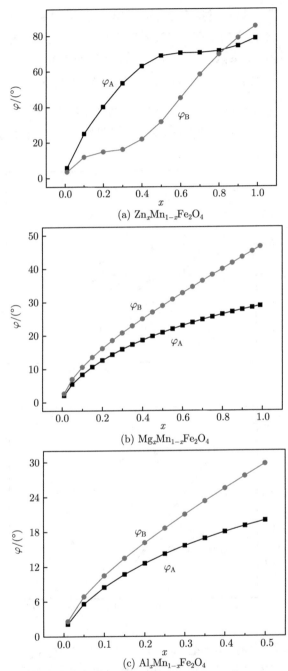

(a) $Zn_xMn_{1-x}Fe_2O_4$

(b) $Mg_xMn_{1-x}Fe_2O_4$

(c) $Al_xMn_{1-x}Fe_2O_4$

图 8.10　在拟合过程中得到的三个系列样品中阳离子磁矩间倾角 φ 随非磁性离子掺杂量 x 的变化关系

φ_A 和 φ_B 分别表示 (A) 和 [B] 子晶格中阳离子磁矩间的平均倾角

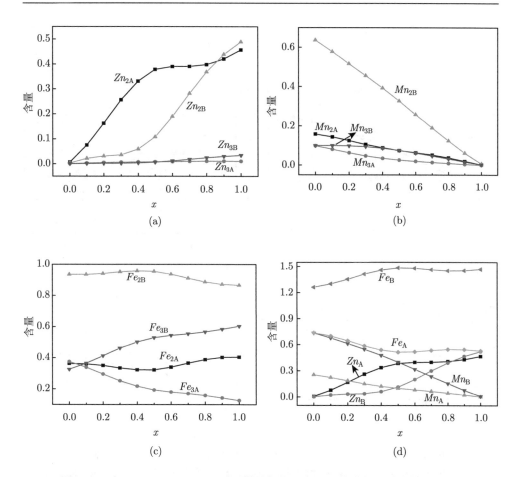

图 8.11 在 $Zn_xMn_{1-x}Fe_2O_4$ 系列样品每分子中不同化合价的锌离子 (a)、锰离子 (b)、铁离子 (c) 平均含量随 Zn 含量 x 的变化, 其中二、二价锌离子在 (A) 位和 [B] 位的含量分别表示为 Zn_{2A}、Zn_{2B}、Zn_{3A}、Zn_{3B}, 锰离子和铁离子相应的含量类似地分别表示为 Mn_{2A}、Mn_{2B}、Mn_{3A}、Mn_{3B} 和 Fe_{2A}、Fe_{2B}、Fe_{3A}、Fe_{3B}; (d) 锌、锰和铁的二价、三价离子含量之和在 (A) 位和 [B] 位的分布情况, 分别表示为 Zn_A、Zn_B、Mn_A、Mn_B、Fe_A、Fe_B

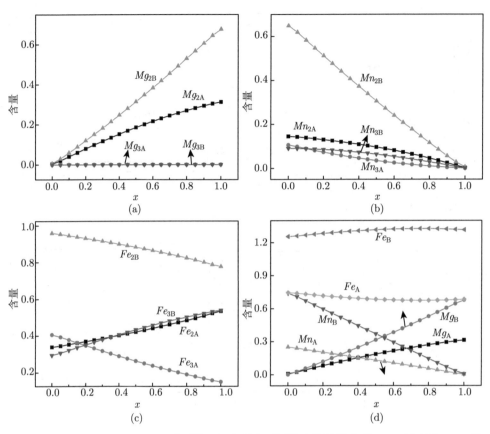

图 8.12　在 $Mg_x Mn_{1-x} Fe_2 O_4$ 系列样品每分子中不同化合价的镁离子 (a)、锰离子 (b)、铁离子 (c) 平均含量随 Mg 含量 x 的变化, 其中二价、三价镁离子在 (A) 位和 [B] 位的含量分别表示为 Mg_{2A}、Mg_{2B}、Mg_{3A}、Mg_{3B}, 锰离子和铁离子相应的含量类似地分别表示为 Mn_{2A}、Mn_{2B}、Mn_{3A}、Mn_{3B} 和 Fe_{2A}、Fe_{2B}、Fe_{3A}、Fe_{3B}; (d) 镁、锰和铁的二价、三价离子含量之和在 (A) 位和 [B] 位的分布情况, 分别表示为 Mg_A、Mg_B、Mn_A、Mn_B、Fe_A、Fe_B

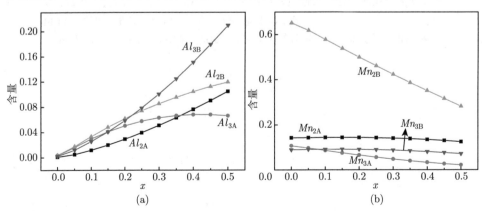

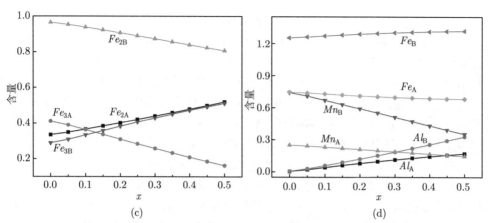

图 8.13 在 $Al_xMn_{1-x}Fe_2O_4$ 系列样品每分子中不同化合价的铝离子 (a)、锰离子 (b)、铁离子 (c) 平均含量随 Al 含量 x 的变化, 其中二价、三价铝离子在 (A) 位和 [B] 位的含量分别表示为 Al_{2A}、Al_{2B}、Al_{3A}、Al_{3B}, 锰离子和铁离子相应的含量类似地分别表示为 Mn_{2A}、Mn_{2B}、Mn_{3A}、Mn_{3B} 和 Fe_{2A}、Fe_{2B}、Fe_{3A}、Fe_{3B}; (d) 铝、锰和铁的二价、三价离子含量之和在 (A) 位和 [B] 位的分布情况, 分别表示为 Al_A、Al_B、Mn_A、Mn_B、Fe_A、Fe_B

8.2.3 关于阳离子分布的讨论

根据图 8.11~图 8.13, 对这三个系列的阳离子分布讨论如下.

1) 阳离子的第三电离能对三价阳离子含量的影响

从附录 A 中可以找到 Al、Fe、Mn、Zn 和 Mg 的第三电离能 $V(M^{3+})$, 其数值分别为 28.45eV、30.65eV、33.67eV、39.72eV 和 80.14eV. 从图 8.11~ 图 8.13 中可以看出三价阳离子的含量随着电离能 $V(M^{3+})$ 的增加而减小. 从图 8.12 中可以看到, 在 Mg 掺杂的系列样品中, 无论是在 (A) 位还是在 [B] 位都只有 Mg^{2+} 而没有 Mg^{3+}; 从图 8.11 中看到, 在 Zn 掺杂系列样品中, Zn^{3+} 在 (A) 位或者 [B] 位的含量都极少. 对于 $ZnFe_2O_4$, 在 (A) 位和 [B] 位 Zn^{3+} 的含量分别只有 1.0% 和 3.4%, 说明我们估算的结果与传统的观点认为在尖晶石结构中锌和镁只有二价离子十分接近. 这是因为 Zn 和 Mg 的第三电离能过高, 氧离子很难得到它们的第三个电子. 这也说明我们的模型和估算方法是合理的.

2) 三个系列样品的磁矩方向与 [B] 子晶格的磁矩方向保持一致

对于这三系列样品而言, 占据 [B] 位的铁离子 (Fe^{2+} 和 Fe^{3+}) 的含量是铁离子总含量的 62%~74%, 占据 [B] 位的 Mn^{2+} 的含量是锰离子总含量的 55%~65%, 这种结果导致样品磁矩的方向与 [B] 子晶格磁矩的方向保持一致. 从图 8.8 可清楚地看出这一点, 拟合过程中得到的三个系列 [B] 子晶格磁矩都显著大于 (A) 子晶格磁矩, 仅对于 $ZnFe_2O_4$, 两个子晶格的磁矩数值十分接近, 总磁矩趋近于零.

3) Mg^{2+}(Al) 分布对 Mg(Al) 掺杂系列样品磁矩的影响

对于 $Mg_xMn_{1-x}Fe_2O_4(0.0 \leqslant x \leqslant 1.0)$ 和 $Al_xMn_{1-x}Fe_2O_4(0.0 \leqslant x \leqslant 0.5)$ 系列样品的阳离子分布情况, 由图 8.12(d) 和图 8.13(d) 中看出, Mg^{2+} 和铝 (包括 Al^{2+} 和 Al^{3+}) 离子在 (A) 位或者 [B] 位的含量都随着 x 的增大而接近线性地增加, 但是在 [B] 位含量的增加幅度要大于在 (A) 位含量的增加幅度, 这可能就是图 8.8(b) 和 (c) 中 [B] 子晶格磁矩的减小快于 (A) 子晶格磁矩的原因, 并由此导致这两个系列样品平均分子磁矩随着 x 的增大而接近线性地减小.

4) 在 Zn 掺杂系列样品中 Zn^{2+} 的分布对样品磁矩的影响

对于 Zn 掺杂系列样品的阳离子分布情况, 从图 8.11 中可以看出, 当 $x < 0.4$ 时, 随着 x 的增加, 在 (A) 位 Zn^{2+} 含量增加得很快, Fe^{2+}、Fe^{3+} 和 Mn^{2+} 含量却逐渐减小, 这种结果就导致 (A) 子晶格磁矩快速减小, 致使样品的总磁矩迅速增大; 当 $x > 0.4$ 时, 在 [B] 位 Zn^{2+} 含量增加很快, 导致 [B] 子晶格的磁矩快速减小, 因此样品的总磁矩也快速减小; 当 $x = 1.0$ 时, 即在 $ZnFe_2O_4$ 中, 锌离子在 (A)/[B] 位的含量比为 0.47/0.53, 与表 8.3 中 Oliver 等 [12] 对 $ZnFe_2O_4$ 进行扩展 X 射线吸收精细结构 (EXAFS) 测量所得出的结果 0.55/0.45 比较接近.

对于为什么锌离子会有图 8.11(a) 所示的分布, 可以从晶格能量方面进行解释: ① 从前面的分析过程可知, 在 (A) 位氧离子和邻近阳离子之间的距离 d_{AO} 大于理想值 $\sqrt{3}a/8$, 而在 [B] 位氧离子和邻近阳离子之间的距离 d_{BO} 小于理想值 $a/4$. 这是由于在理想键长状态下, A—O 键间的排斥能高于 B—O 键间的排斥能. 实际键长不同于理想键长可降低晶格的总能量. 这种排斥能既包含 A—O (B—O) 间电子云的泡利排斥能, 也包含铁磁有序情况下的 A—A (B—B) 阳离子间的磁性排斥能. ② 当 $x < 0.4$ 时, 在 (A) 位的 Zn^{2+} 含量增加很快, 可能是由于掺杂的 Zn 为无磁性离子, 并且离子半径较大 $(0.074nm)^{[24]}$, 当其进入 (A) 子晶格后会降低磁性离子间的磁性排斥能. ③ 从图 8.11 中也可以明显看出, 当 $x < 0.4$ 时, 在 (A) 位 Zn^{2+} 含量的增加伴随着 Fe^{3+} 和 Mn^{3+} 含量的减少, $Zn^{2+}(0.074nm)$ 的半径要比 $Fe^{3+}(0.0645nm)$ 和 $Mn^{3+}(0.0645nm)$ 的半径大 (参见附录 B), Zn^{2+} 代替 Fe^{3+} 和 Mn^{3+} 后会导致在 (A) 子晶格泡利排斥能增加. 因此当 $x > 0.4$ 时, Zn^{2+} 将难于再进入 (A) 子晶格, 这种结果导致在 [B] 位的 Zn^{2+} 快速增加.

对于为什么 Mg^{2+} 和铝离子分布没有图 8.11(a) 所示的变化趋势, 可能主要是因为其有效离子半径小于 Zn^{2+} (参见附录 B). Mg^{2+} 和铝离子以较小的有效半径进入 (A) 位时, 一方面对 (A) 子晶格磁性离子磁性排斥能的影响没有 Zn^{2+} 强烈, 另一方面对 (A) 子晶格的泡利排斥能影响也没有 Zn^{2+} 强烈. 这导致 Mg^{2+} 和铝离子掺杂对样品磁矩和阳离子分布的影响都是单调变化过程.

5) 阳离子半径对阳离子磁矩间平均倾角的影响

对于三个系列样品, 在拟合过程中得到其阳离子磁矩之间的平均倾角 φ 随

Zn、Mg、Al 含量变化曲线, 如图 8.10(a)~(c) 所示. Zn 掺杂系列样品的 φ 值要比 Mg、Al 掺杂系列样品的 φ 值大. 这可能是由 Zn^{2+} 的半径要比 Mg^{2+} 和 Al^{2+}、Al^{3+} 的半径大, 导致 Zn^{2+} 替代使样品的磁有序能减小比 Mg、Al 掺杂快. 这也可能是 $ZnFe_2O_4$ 的平均分子磁矩值接近 $0\mu_B$, 而 $MgFe_2O_4$ 的平均分子磁矩值为 $1.68\mu_B$ 的原因.

6) 等效势垒 V_{BA}

在 6.1 节讨论过电荷密度平衡和泡利排斥能对离子分布的影响. (A) 位间隙小于 [B] 位间隙, 要降低泡利排斥能, 要求离子半径较小的三价阳离子进入 (A) 位. 电荷密度平衡的趋势使一部分的二价阳离子从 [B] 位进入 (A) 位. 从图 8.9 可以看出 V_{BA} 的值在 0.11~1.40eV. 这样的势垒高度对于在 1100℃的热处理过程中离子由于晶格热振动而跃迁是合理的.

参 考 文 献

[1] Liu S R, Ji D H, Xu J, Li Z Z, Tang G D, Bian R R, Qi W H, Shang Z F, Zhang X Y. J. Alloy. Compd., 2013, 581: 616

[2] 刘生荣. $Co_{1+x}Fe_{2-x}O_4$ 和 $Zn_xCo_{1-x}Fe_2O_4$ 的结构、阳离子分布与磁性研究. 石家庄: 河北师范大学, 2013

[3] 边荣荣. 铁氧体 $NiCr_xFe_{2-x}O_4$ 和 $Ni_{1-x}Co_xFe_2O_4$ 的离子分布与磁性研究. 石家庄: 河北师范大学, 2013

[4] 尚志丰. Co-Cr 铁氧体的磁性及阳离子分布研究. 石家庄: 河北师范大学, 2014

[5] Takahashi M, Fine M E. J. Appl. Phys., 1972, 43: 4205

[6] Chandramohan P, Srinivasan M P, Velmurugan S, Narasimhan S V. J. Solid State Chem., 2011, 184: 89

[7] Ferreira T A S, Waerenborgh J C, Mendonca M H R M, Nunes M R, Costa F M. Solid State Sci., 2003, 5: 383

[8] Murray P J, Linneit J W. J. Phys. Chem. Solids, 1976, 37: 1041

[9] 戴道生, 钱昆明. 铁磁学 (上册). 北京: 科学出版社, 1987

[10] Siddique M, Khan R T A, Shafi M. J. Radioanal. Nucl. Chem., 2008, 277: 531

[11] Gul I H, Abbasi A Z, Amin F, Anis-ur-Rehman M, Maqsood A. J. Magn. Magn. Mater., 2007, 311: 494

[12] Oliver S A, Harris V G, Hamdeh H H, Ho J C. Appl. Phys. Lett., 2000, 76: 2761

[13] Mathur P, Thakur A, Singh M. Phys. Scr., 2008, 77, 045701

[14] Sakurai S, Sasaki S, Okube M, Ohara H, Toyoda T. Phys. B, 2008, 403: 3589

[15] Singh M, J. Magn. Magn. Mater., 2006, 299: 397

[16] Antic B, Jovic N, Pavlovic M B, Kremenovic A, Manojlovic D, Vucinic-Vasic M, Nikolic A S. J. Appl. Phys., 2010, 107: 043525

[17] Khot V M, Salunkhe A B, Phadatare M R, Thorat N D, Pawar S H. J. Phys. D: Appl. Phys., 2013, 46: 055303

[18] Hashim M, Alimuddin, Kumar S, Shirsath S E, Kotnala R K, Chung H, Kumar R. Powder Technol., 2012, 229: 37

[19] Patange S M, Shirsath S E, Jangam G S, Lohar H S, Jadhav S S, Jadhav K M. J. Appl. Phys., 2011, 109: 053909

[20] Pandit R, Sharma K K, Kaur P, Kotnala R K, Shah J, Kumar R. Journal of Physics and Chemistry of Solids, 2014, 75: 558

[21] Mane D R, Devatwal U N, Jadhav K M. Meter. Lett., 2000, 44: 91

[22] Ding L L, Xue L C, Li Z Z, Li S Q, Tang G D, Qi W H, Wu L Q, Ge X S. AIP Advances, 2016, 6: 105012

[23] 丁丽莉. 尖晶石结构铁氧体 $M_x\mathrm{Mn}_{1-x}\mathrm{Fe}_2\mathrm{O}_4$ (M=Zn, Mg, Al) 的磁有序和阳离子分布研究. 石家庄: 河北师范大学, 2017

[24] Shannon R D. Acta Crystallogr. A, 1976, 32: 751

第 9 章   钙钛矿结构锰氧化物的磁有序和电输运

在 4.2 节介绍了 ABO_3 型钙钛矿结构锰氧化物的晶体结构, 以及在利用传统模型解释这类材料磁结构方面遇到的困难, 特别是对于 $Re_{1-x}Ae_xMnO_3$(Re = La, Pr, Nd 等, Ae = Ca, Sr, Ba, Pb 等) 型材料的磁矩随 A 位二价离子 Ae 掺杂量的变化, 不能给出合理的解释. 我们应用 IEO 模型解释了这个问题, 并且明确提出这类材料在居里温度以下的电输运是自旋相关输运, 通过对几个系列 B 位掺杂样品磁性和电输运性质的研究, 详细讨论了 A 位二价离子 Ae 掺杂量在 0.15~0.40 时 B 位阳离子磁矩之间的倾角磁耦合等问题.

9.1   典型钙钛矿结构锰氧化物中的铁磁和反铁磁耦合

$La_{1-x}Sr_xMnO_3$ 是典型的钙钛矿结构锰氧化物, 具有典型的磁性和电输运性质. 我们研究了 $La_{1-x}Sr_xMnO_3$ ($0.05 \leqslant x \leqslant 0.40$) 系列多晶粉末样品的晶体结构参数和磁性参数 [1,2], 得到的样品磁矩和居里温度随 Sr 掺杂量的变化关系与 Urushibara 等 [3] 和 Jonker 等 [4] 报道的结果十分接近, 首次应用 IEO 模型拟合了样品磁矩随掺杂量的变化关系.

9.1.1 $La_{1-x}Sr_xMnO_3$ 系列多晶粉末样品的晶体结构参数和磁性测量结果

对样品的 XRD 谱分析表明, 我们制备的 $La_{1-x}Sr_xMnO_3$ 样品粉末均为单相多晶 ABO_3 型菱面体钙钛矿结构, 应用谢乐公式估算样品的晶粒粒径, 发现所有样品的晶粒粒径均大于或接近 100 nm, 因此可以忽略表面效应对磁性的影响. 通过对样品 XRD 谱的 Rietveld 拟合, 得到晶格常数 a 和 c、晶胞体积 v、B—O (Mn—O) 键长 d_{BO} 以及 B—O—B (Mn—O—Mn) 键角 Θ. 这些参数随 Sr 含量的变化关系如图 9.1 所示. 根据附录 B, 在 12 配位情况下, La^{3+} 和 Sr^{2+} 的有效半径分别为 1.36Å和 1.44Å, 用 Sr^{2+} 替代 La^{3+} 应使晶胞体积增大. 然而, 从图 9.1 可以看出: ① 当 $x<0.20$ 时, a、v 缓慢减小; 当 $x>0.20$ 时, a、v 迅速减小. ② 当 $x<0.15$ 时, d_{BO} 缓慢减小; 当 $x>0.15$ 时, d_{BO} 迅速减小. ③ Θ 随着 x 增加逐渐增大. 晶胞体积减小的原因之一是用锶原子 ($5s^2$) 替代镧原子 ($5d^16s^2$) 导致材料中的价电子总数减少. 此外, 在以下将会看到晶格参数的变化特征与样品磁性的特征是相互呼应的.

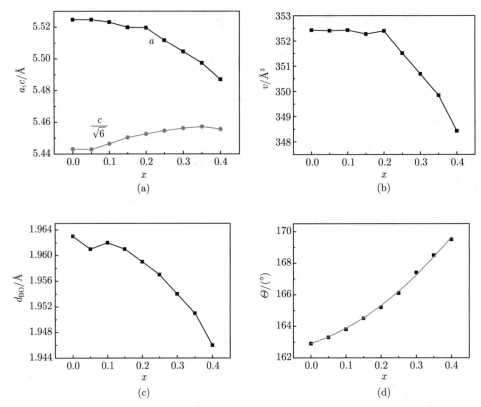

图 9.1 $La_{1-x}Sr_xMnO_3$ 系列多晶粉末样品的晶格常数 a 和 c(a)、晶胞体积 v(b)、Mn—O 键长 d_{BO}(c) 以及 Mn—O—Mn 键角 Θ (d) 随 Sr 含量 x 的变化关系 [1,2]

在 10K 下测得样品的磁滞回线示于图 9.2. 在 50mT 磁场作用下从 360K 到 10K 的磁热曲线, 即比磁化强度随温度变化曲线, 示于图 9.3. 在 10K 下平均分子磁矩 μ_{obs} 和居里温度 T_C 随 Sr 掺杂量的变化曲线示于图 9.4 和图 9.5. 图 9.4 中还给出了 Urushibara 等 [3] 和 Jonker 等 [4] 报道的结果. 可以看出, 当掺杂量从 0.0 到 0.15, μ_{obs} 迅速增大; 当掺杂量 $x>0.15$ 时, μ_{obs} 缓慢减小, 磁矩最大值 4.19 μ_B 出现在 $x=0.15$. 图 9.4 中的数据点代表实验结果, 曲线代表拟合结果, 拟合方法在下面介绍.

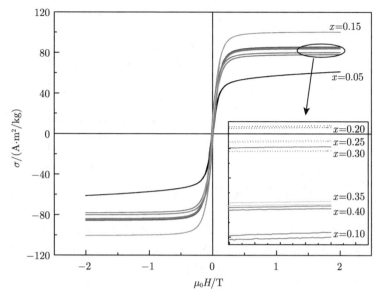

图 9.2 在 10K 下 $La_{1-x}Sr_xMnO_3$ (0.05 ≤ x ≤ 0.40) 系列多晶粉末样品的磁滞回线 [1,2]

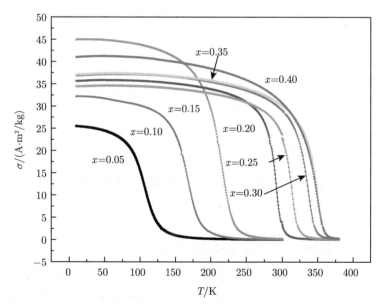

图 9.3 在 50mT 磁场作用下, 降温过程中 $La_{1-x}Sr_xMnO_3$ 系列多晶粉末样品的比磁化强度 σ 随温度 T 变化曲线 [1,2]

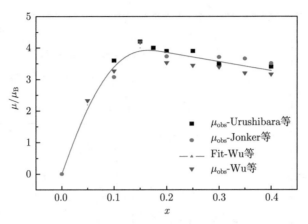

图 9.4　$La_{1-x}Sr_xMnO_3$ 样品的平均分子磁矩 μ 随着 Sr 掺杂量 x 的变化关系. ▼ 是我们的实验值 [1,2], ■ 和 ● 分别是 Urushibara 等 [3] 和 Jonker 等 [4] 报道的实验值, 曲线为我们的拟合结果 [1,2]

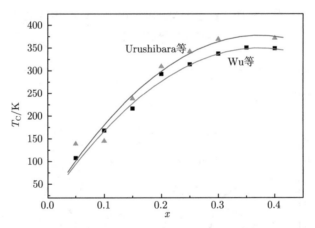

图 9.5　$La_{1-x}Sr_xMnO_3$ 居里温度 T_C 随着 Sr 掺杂量 x 的变化关系. ▲是 Urushibara 等 [3] 报道的结果, ■ 是我们的实验结果 [1,2]

9.1.2　$La_{1-x}Sr_xMnO_3$ 的价态与电离度研究

参照 5.4 节的方法, 利用 XPS 研究了 $La_{1-x}Sr_xMnO_3$ 粉末样品的化合价. 对于样品的 XPS, 利用碳玷污的 C 1s 束缚能 (284.8eV) 对峰位进行校准. 通过 XPS-PEAK Version 4.1 程序对窄谱进行分析 [5], 通过 Gaussian-Lorentzian 函数对去除背景的光电子谱进行拟合.

图 9.6 (a)～(e) 是 $La_{1-x}Sr_xMnO_3(x=0.05, 0.10, 0.15, 0.20$ 和 0.25) 粉末样品的 O 1s 光电子谱及其拟合结果. 根据 5.4 节的方法分析 O 1s 谱, 束缚能从低到

高的 3 个峰, 分别对应 O^{2-}、O^- 和表面吸附氧 [6]. 拟合数据列于表 9.1, 其中, E、FWHM、S、V_{alO} 和 f_O 分别代表峰位、半高宽、峰面积相对百分比、氧离子平

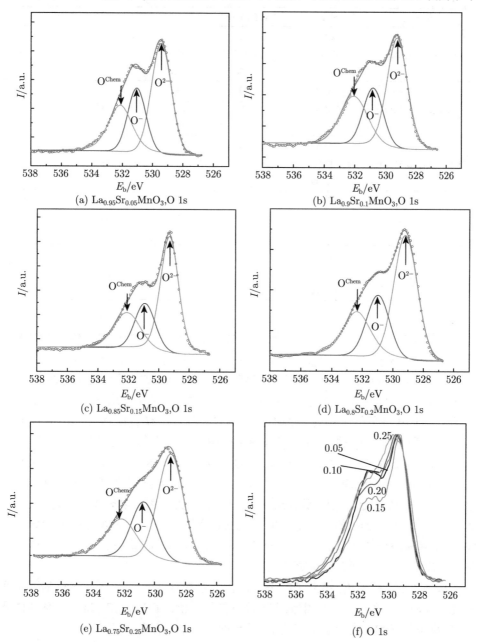

(a) $La_{0.95}Sr_{0.05}MnO_3$,O 1s

(b) $La_{0.9}Sr_{0.1}MnO_3$,O 1s

(c) $La_{0.85}Sr_{0.15}MnO_3$,O 1s

(d) $La_{0.8}Sr_{0.2}MnO_3$,O 1s

(e) $La_{0.75}Sr_{0.25}MnO_3$,O 1s

(f) O 1s

图 9.6　$La_{1-x}Sr_xMnO_3$ 粉末样品的 O 1s 光电子谱 (点) 及其拟合结果 (曲线), 即接收到的光电子强度 I 随束缚能 E_b 的变化关系

表 9.1 $La_{1-x}Sr_xMnO_3$ 粉末样品的 O 1s 光电子谱拟合结果. E、FWHM、S、V_{alO} 和 f_O 分别表示峰位、半高宽、峰面积相对百分比、氧离子平均化合价和氧离子电离度

化学式	E/eV	FWHM/eV	S/%	V_{alO}	f_O
$La_{0.95}Sr_{0.05}MnO_3$	529.43	1.54	47.37		
	531.04	1.41	25.15	-1.65	0.825
	532.14	1.85	27.48		
$La_{0.9}Sr_{0.1}MnO_3$	529.23	1.59	49.33		
	530.81	1.50	23.36	-1.68	0.840
	532.06	2.11	27.31		
$La_{0.85}Sr_{0.15}MnO_3$	529.31	1.40	55.05		
	530.92	1.56	22.20	-1.71	0.855
	532.09	2.07	22.75		
$La_{0.8}Sr_{0.2}MnO_3$	529.19	1.40	51.28		
	530.99	1.56	24.39	-1.68	0.840
	532.36	2.07	24.33		
$La_{0.75}Sr_{0.25}MnO_3$	528.98	1.96	51.13		
	530.72	1.88	25.75	-1.67	0.835
	532.16	2.30	23.12		

均化合价和氧离子电离度. 其中, 利用 (5.17) 式和 (5.18) 式, 获得氧离子平均化合价 V_{alO}；然后根据式 $f_i = |V_{alO}|/2.00$ 得到氧离子的电离度 f_O. 图 9.6(f) 示出系列样品的 O 1s 主峰归一化的光电子谱. 容易看出 O^- 与 O^{2-} 峰强度比例在 $x=0.15$ 时达到最小值, 此时样品电离度达到最大值 (0.855), 氧离子平均化合价为 -1.71.

为证明锰离子的平均化合价不大于三价, 分析了锰氧化物MnO、Mn_3O_4、$CaMnO_3$ 和 $SrMnO_3$ 的 X 射线光电子谱. 图 9.7 示出其 O 1s 光电子谱和拟合结果, 从中得到氧离子的平均化合价分别为 -1.73、-1.78、-1.54 和 -1.66, 进而计算出其中锰离子的平均化合价分别为 1.73、2.37、2.62 和 2.98, 列于表 9.2 中. 在分析过程中, 默认 Ca 和 Sr 的化合价为 2.0, 是因为其第二电离能分别为 11.87eV 和 11.03eV, 低于 Mn 的第二电离能 15.64eV; 同时, Ca 和 Sr 第三电离能分别为 50.91eV 和 42.89eV, 显著高于 Mn 的第三电离能 33.67eV. 说明 Ca 和 Sr 只能形成正二价离子, 不能形成正三价离子.

从表 9.2 可以看出, 锰离子的平均化合价随着阳离子/氧离子含量比的减小而升高. $CaMnO_3$ 和 $SrMnO_3$ 中锰离子价态低于三价, 在 $La_{1-x}Sr_xMnO_3$ 系列样品中, 锰离子的平均化合价也不应高于三价, 即样品中不存在 Mn^{4+}.

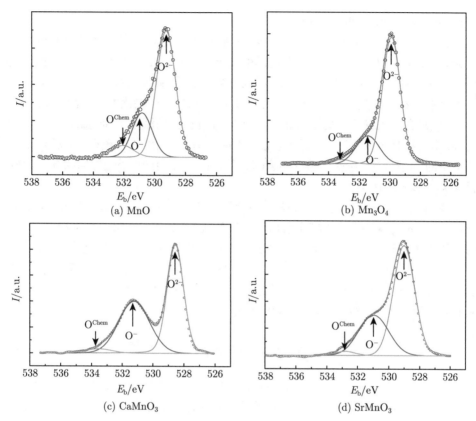

图 9.7 MnO、Mn$_3$O$_4$、CaMnO$_3$ 和 SrMnO$_3$ 的 O 1s 光电子谱 (点) 和拟合结果 (曲线), 即接收到的光电子强度 I 随束缚能 E_b 的变化关系

表 9.2 MnO、Mn$_3$O$_4$、CaMnO$_3$ 和 SrMnO$_3$ 的 O 1s 光电子谱和拟合结果, 包括氧离子、锶 (钙) 离子和锰离子的平均化合价 V_{alO}、$V_{alS(alC)}$ 和 V_{alM}

样品	平均化合价		
	V_{alO}	$V_{alS(alC)}$	V_{alM}
MnO	−1.73	—	1.73
Mn$_3$O$_4$	−1.78	—	2.37
CaMnO$_3$	−1.54	2.00	2.62
SrMnO$_3$	−1.66	2.00	2.98

9.1.3 La$_{1-x}$Sr$_x$MnO$_3$ 的磁矩随 Sr 掺杂量变化关系的拟合

上述关于 La$_{1-x}$Sr$_x$MnO$_3$ 的价态与电离度研究表明: 样品中存在 30%∼35% 的 O$^-$, 不存在 Mn^{4+}, 在 O$^-$ 外层轨道存在 O 2p 空穴. 因此 La$_{1-x}$Sr$_x$MnO$_3$ 的磁结构不能再用基于 Mn^{3+} 和 Mn^{4+} 之间的双交换作用解释. 本节中用 IEO 模型重新

解释 $La_{1-x}Sr_xMnO_3$ 的磁结构.

首先, 在 $La_{1-x}Sr_xMnO_3$ 中巡游电子的跃迁机制是 O^{2-} 的一个 2p 电子以阳离子为媒介向邻近 O^- 的 2p 空穴跃迁; 其次, 一个 O^{2-} 的外层轨道存在自旋方向相反的两个 2p 电子, 分别成为 ABO_3 钙钛矿结构 A 子晶格 (含镧离子与锶离子) 和 B 子晶格 (含锰离子) 的巡游电子; 第三, $La_{1-x}Sr_xMnO_3$ 的磁性仅来源于 [B] 子晶格, 因此磁有序依赖于锰离子的 3d 电子数目 n_d(包括局域电子和巡游电子). Mn^{3+} 的 3d 电子数目 $n_d=4$, Mn^{2+} 的 3d 电子数目 $n_d=5$, 按照 IEO 模型, 同处于 [B] 子晶格中的 Mn^{3+} 与 Mn^{2+} 磁矩方向相反, 而 Mn^{3+} 与 Mn^{3+} 磁矩方向相同, 详细解释参见本书 5.5 节.

我们 (见 9.1.1 节) 和 Urushibara 等 [3] 都观察到当 Sr 掺杂量 $x=0.15$ 时, $La_{1-x}Sr_xMnO_3$ 系列样品磁矩达到最大值, 约 $4.2\mu_B$, 略大于 Mn^{3+} 的磁矩 ($4\mu_B$). 因此假定掺杂量 $x=0.15$ 时, 锰离子全部是 Mn^{3+}, 设这时锰离子电离度 $f_{M0.15}=1.00$.

$LaMnO_3$ 由于具有反铁磁结构 [3,4,7,8], 磁矩为零 [4], 加之离子磁矩方向相反的 $Mn^{2+}(3d^5)$ 与 $Mn^{3+}(3d^4)$ 磁矩数值比为 5/4, 推得 Mn^{2+} 与 Mn^{3+} 的含量比是 4/5. 从而可计算出 $LaMnO_3$ 中锰离子的电离度

$$f_{M0.00} = \left(2 \times \frac{4}{9} + 3 \times \frac{5}{9} \right) \Big/ 3 = 0.8519. \tag{9.1}$$

为了拟合掺杂量 $x \leqslant 0.15$ 时的样品磁矩, 以图 9.4 中磁矩随着掺杂量 x 的变化趋势的实验结果作为参照, 假定锰离子电离度的变化为

$$f_{Mx} = \sin(\theta_1 + cx), \quad 0.00 \leqslant x \leqslant 0.15.$$

应用电离度 $f_{M0.00}=0.8519$ 和 $f_{M0.15}=1.00$, 得到锰离子电离度

$$f_{Mx} = \sin(1.0196 + 3.6747x), \quad 0.00 \leqslant x \leqslant 0.15. \tag{9.2}$$

(9.2) 式中以弧度作为角度的单位. 由 (9.2) 式得到 $x=0.05$, 0.10 和 0.15 时, 样品的电离度分别为 0.933、0.981 和 1.000, 略高于表 9.1 中由 XPS 估算所得的相应数值 0.825、0.840 和 0.855. 这是由样品粉末中颗粒表面的 O 1s 谱给出的 O^- 峰强偏高 [9], 导致氧离子的平均化合价偏小. Lee 等 [9] 发现对于 $La_{0.7}Sr_{0.3}MnO_3$ 薄膜, 当入射光束的能量分别为 100eV、200eV 和 300eV 时, O^-/O^{2-} 的光电子峰高度比分别约为 0.89、0.63 和 0.52.

设样品中 Mn^{2+} 和 Mn^{3+} 的含量分别为 M_2 和 M_3, 已设样品中锰离子全部为三价时电离度 $f_{M0.15}=1.00$, 容易导出 M_2 和 M_3 与电离度 f_{Mx} 的关系

$$\frac{2M_2 + 3M_3}{3} = f_{Mx}, \tag{9.3}$$

其中, $M_2 + M_3 = 1$. 所以得到

$$M_2 = 3 - 3f_{\mathrm{M}x}, \quad M_3 = 1 - M_2, \quad 0.00 \leqslant x \leqslant 0.15. \tag{9.4}$$

因此样品的磁矩值为

$$\mu_{\mathrm{cal}} = 4M_3 - 5M_2, \quad 0.00 \leqslant x \leqslant 0.15. \tag{9.5}$$

当 Sr 掺杂量 $x>0.15$ 时锰离子电离度为 1.00, 不随着掺杂量 x 变化. 然而样品的磁矩却随着掺杂量 x 的增加逐渐减小. 我们将其归结为样品出现倾角铁磁耦合, 并且 Mn^{3+} 磁矩间的夹角在 $x>0.15$ 时从零开始逐渐增大, 其依据将在后面利用磁电阻实验进行讨论. 根据磁矩实验值的变化, 假定磁矩随着掺杂量 x 的增加而线性减小

$$\mu_{\mathrm{cal}} = 4\left[1 - 0.72(x - 0.15)\right], \quad 0.15 \leqslant x \leqslant 0.40. \tag{9.6}$$

参数 0.72 是通过拟合磁矩实验值随掺杂量 x 的变化关系得到的.

综上, 由 (9.5) 式和 (9.6) 式得到样品 $La_{1-x}Sr_xMnO_3$ 磁矩随着掺杂量 x 的变化关系拟合结果, 如图 9.4 中的曲线所示. 在图 9.4 中, (▼) 是我们的实验值[1,2], (■) 是 Urushibara 等[3] 报道的实验值, (●) 是 Jonker 和 Van Santen[4] 报道的实验值, 可以看到拟合值与实验值基本吻合.

由 (9.6) 式可以估算 $x>0.15$ 时 Mn^{3+} 磁矩间夹角随着掺杂量 x 的变化, 即

$$\phi = \frac{180}{\pi}\arccos\left[1 - 0.72(x - 0.15)\right], \quad 0.15 \leqslant x \leqslant 0.40. \tag{9.7}$$

夹角 ϕ 的单位是度 (°). 容易算出掺杂量 $x= 0.40$ 时的夹角 $\phi = 34.9°$.

9.2 钙钛矿结构锰氧化物的自旋相关和自旋无关电输运

为了更好地理解钙钛矿锰氧化物的电输运性质与其磁结构的关系, 基于 IEO 模型, 我们提出一个双通道电输运模型[10,11], 本节详细介绍这个模型.

由于在信息存储器件中的潜在应用, 人们对钙钛矿锰氧化物的电输运性质进行了许多研究[12-23], 提出了几种模型. 其中一种普遍的观点是: 在居里温度 (T_{C}) 以下, 基于双交换作用模型的极化子跃迁[13,14]. 从这个角度来看, 钙钛矿锰氧化物载流子来源于锰离子的 3d 电子. 然而, Alexandrov 等[24,25] 提出了另一种观点, 基于电子能量损失谱[26,27] 和 X 射线吸收光谱[28] 的实验结果, 他们认为钙钛矿锰氧化物中的电流载流子并非来源于锰离子的 3d 电子, 而是来源于氧离子的 2p 空穴 (详见 5.3 节). 基于这种 O 2p 空穴电流载流子电输运机制, Alexandrov 等用电流载流子密度塌陷 (CCDC) 模型解释钙钛矿锰氧化物的电输运现象. 许多研究人员

利用这种 CCDC 模型解释了钙钛矿锰氧化物的电输运性质 [29-32]. 依据这种模型在居里温度 T_C 附近载流子密度大幅度减小, 其物理机制比较难于理解.

　　为了解释钙钛矿锰氧化物的电输运特性, 我们 [10,11] 在 IEO 模型基础上提出一个电输运机制的双通道 (two channels of electrical transport, TCET) 模型. TCET 模型的物理机制比 CCDC 模型更加清晰.

9.2.1　ABO$_3$ 型钙钛矿锰氧化物电输运的双通道模型

　　图 9.8(a) 和 (b) 分别给出单晶和多晶钙钛矿锰氧化物 TCET 模型的等效电路图. 如 4.2 节所述, ABO$_3$ 型钙钛矿锰氧化物中有 A 和 B 两个子晶格, 根据 IEO 模型, 氧离子外层轨道自旋方向相反的两个 2p 电子分别沿两个离子链跃迁, 即 O-A-O-A-O 和 O-B-O-B-O 离子链. 在 La$_{1-x}$Sr$_x$MnO$_3$ 中, 因为 A 位镧离子和锶离子的磁矩均为零, O 2p 巡游电子沿 O-A-O-A-O 离子链的跃迁是一个自旋无关的跃迁过程. 该通道的电阻记为 R_3(等效电阻率为 ρ_3). O 2p 电子巡游的第二条通道是沿 O-B-O-B-O 离子链, 因为在居里温度以下锰离子处于磁有序状态, 此时巡游电子的跃迁是自旋相关跃迁. 这一通道中有两个串联电阻 R_1 和 R_2(等效电阻率为 ρ_1 和 ρ_2), 其中, ρ_1 包括剩余电阻率和由晶格散射产生的电阻率, ρ_2 是由于受热扰动影响, 使得巡游电子的自旋方向偏离基态方向而产生倾角, 导致巡游电子的跃迁几率下降, 电阻率增大. 因此, 根据欧姆定律, 图 9.8(a) 中钙钛矿锰氧化物的电阻 R 和电阻率 ρ 可用下式计算:

$$R = \frac{(R_1 + R_2)R_3}{R_1 + R_2 + R_3}, \quad \rho = \frac{(\rho_1 + \rho_2)\rho_3}{\rho_1 + \rho_2 + \rho_3}. \tag{9.8}$$

在图 9.8(b) 中的 R_4 表示多晶样品中的晶粒界面散射电阻, 将在下文中讨论.

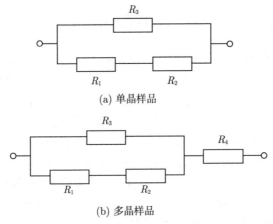

(a) 单晶样品

(b) 多晶样品

图 9.8　钙钛矿锰氧化物 TCET 模型的等效电路图

9.2.2 La$_{1-x}$Sr$_x$MnO$_3$ 单晶样品电阻率随温度变化关系的拟合

我们 [10,11] 利用 TCET 模型成功地拟合了 Urushibara 等 [3] 制备的单晶钙钛矿锰氧化物 La$_{1-x}$Sr$_x$MnO$_3$ ($0 \leqslant x \leqslant 0.4$) 电阻率随温度的变化曲线, 拟合结果如图 9.9 所示. 可以看到拟合值 (曲线) 与观测值 (从文献 [3] 的图中读出的数据点) 符合得很好.

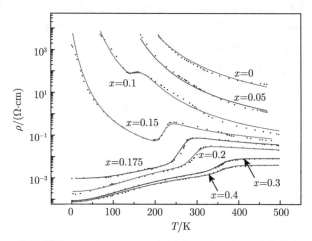

图 9.9 单晶样品 La$_{1-x}$Sr$_x$MnO$_3$ 电阻率 ρ 随温度 T 变化的拟合结果

其中点是 Urushibara 等 [3] 报道的实验值 (从文献 [3] 的图中读出的数据点), 曲线是我们的拟合值 [10,11]

当 $0.175 \leqslant x \leqslant 0.4$ 时, (9.8) 式中的电阻率 ρ_1、ρ_2 和 ρ_3 可以表示如下:

$$\rho_1 = \rho_0 + a_1 (T_1 + T)^3, \quad \rho_2 = a_2 \exp\left(-\frac{E_2}{k_B T}\right), \quad \rho_3 = a_3 \exp\left(\frac{E_3}{k_B T}\right), \quad (9.9)$$

其中, k_B 表示玻尔兹曼常量. (9.9) 式中的参数是通过拟合电阻率的实验值 ρ 随温度 T 的变化关系确定的. 拟合参数列于表 9.3.

表 9.3 Urushibara 等 [3] 制备的单晶样品 La$_{1-x}$Sr$_x$MnO$_3$ 的电阻率 ρ 随温度 T 变化曲线的拟合参数

x	$\rho_0/(\Omega\cdot\text{cm})$	$a_1/(\Omega\cdot\text{cm/K}^3)$	T_1/K	$a_{11}/(\Omega\cdot\text{cm})$	E_1/eV	$a_2/(\Omega\cdot\text{cm})$	E_2/eV	$a_3/(\Omega\cdot\text{cm})$	E_3/eV
0	—	—	—	—	—	—	—	0.2440	0.1750
0.05	—	—	—	—	—	—	—	0.0220	0.1700
0.1	—	—	—	0.009	0.15	4×10^5	0.115	0.0050	0.1500
0.15	—	—	—	0.0014	0.08	1×10^{11}	0.515	0.0115	0.0750
0.175	9.5×10^{-4}	2.4×10^{-10}	10	—	—	8×10^{10}	0.650	0.0112	0.0515
0.2	2.3×10^{-4}	1.5×10^{-10}	20	—	—	4.5×10^{10}	0.730	0.0095	0.0354
0.3	8.5×10^{-5}	5.5×10^{-11}	30	—	—	9×10^9	0.860	0.0084	1×10^{-4}
0.4	7.5×10^{-5}	4.2×10^{-11}	35	—	—	7×10^9	0.880	0.0041	5×10^{-5}

以 $x = 0.2$ 为例, 拟合参数的确定方法如下:

首先, 从图 9.10(a) 可以看出, 在低温时通过调整 T_1 可以使电阻率 ρ 与 $(T_1 + T)^3$ 呈近似线性关系. 此时, 通过读取直线的截距和斜率可以确定剩余电阻率 ρ_0 和晶格散射电阻参数 a_1. 其次, 从图 9.10(b) 可以看出, 在较高温度时, $\ln\rho$ 与 $1/(k_B T)$ 呈近似线性相关, 通过读取直线的截距和斜率可以得到 $\ln a_3$ 和 E_3. 最后, 通过拟合整条 $\rho\text{-}T$ 曲线来确定参数 a_2 和 E_2, 在这个拟合过程中 ρ_0、a_1 和 T_1 保持不变, 但是 a_3 和 E_3 的值需要适当调整. 图 9.10(c) 给出电阻率的观测值 $\rho^{[3]}$, 以及 ρ_1、ρ_2 和 ρ_3 的拟合值随温度 T 的变化曲线. 图 9.10(d) 是最后的拟合结果, 可以看到观测值 (点) 与拟合值 (线) 符合得很好.

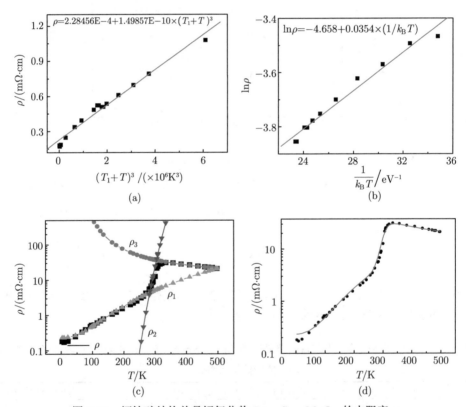

图 9.10　钙钛矿结构单晶锰氧化物 $La_{0.8}Sr_{0.2}MnO_3$ 的电阻率 ρ 随温度 T 变化曲线的拟合结果

图 (d) 中点代表 Urushibara 等 [3] 报道的实验值, 线代表我们的拟合值. (a) 低温时 ρ 随 $(T_1 + T)^3$ 变化的拟合结果；(b) 高温时 $\ln\rho$ 随 $1/(k_B T)$ 变化的拟合结果；(c) 电阻率的观测值 ρ (■)[3] 以及拟合值 ρ_1(▲)、ρ_2(▼)、ρ_3(●) 随温度 T 的变化曲线

对于 $x=0.10$ 和 0.15 的样品, 同样可以用 (9.8) 式和 (9.9) 式拟合, 但是此时 $\rho_1 = a_{11}\exp\left(\dfrac{E_1}{k_\mathrm{B}T}\right)$, 与 (9.9) 式中的 ρ_1 有所区别. $a_{11}, E_1, a_2, E_2, a_3$ 和 E_3 的值都在表 9.3 中给出. 对于 $x=0.00$ 和 0.05 的样品, 直接用 (9.9) 式中 ρ_3 的表达式拟合.

9.2.3 $\mathrm{La_{0.6}Sr_{0.4}Fe_{x}Mn_{1-x}O_3}$ 多晶样品电阻率随温度变化曲线的拟合

我们制备了多晶系列样品 $\mathrm{La_{0.6}Sr_{0.4}Fe_{x}Mn_{1-x}O_3}(0.00 \leqslant x \leqslant 0.30)$[10,11], XRD 分析结果表明, 样品为单相菱面体钙钛矿结构, 空间群为 $R\bar{3}c$. 样品由粉末压制成片体后, 经 1300℃ 烧结 24h. 样品的晶粒粒径接近或大于 100 nm. 应用 TCET 模型拟合该系列样品电阻率随温度的变化曲线, 结果如图 9.11 所示. 可以看到拟合值 (曲线) 与实验值 (点) 符合得很好, 这表明 TCET 模型是合理的. 表 9.4 给出该系列样品的拟合参数值. 对于晶粒界面散射电阻, 在这个拟合过程中没有考虑, 将在下文中进行讨论.

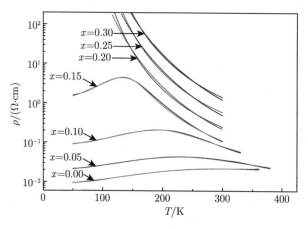

图 9.11 对于 $\mathrm{La_{0.6}Sr_{0.4}Fe_{x}Mn_{1-x}O_3}$ 系列多晶样品, 电阻率 ρ 的观测值 (点) 和拟合值 (曲线) 随测试温度 T 变化关系 [10,11]

表 9.4 $\mathrm{La_{0.6}Sr_{0.4}Fe_{x}Mn_{1-x}MnO_3}$ 的电阻率 ρ 随温度 T 变化曲线的拟合参数值

x	$\rho_0/(\Omega\cdot\mathrm{cm})$	$a_1/(\Omega\cdot\mathrm{cm/K^3})$	T_1/K	$a_2/(\Omega\cdot\mathrm{cm})$	E_2/eV	$a_3/(\Omega\cdot\mathrm{cm})$	E_3/eV
0.00	0.0072	2.794×10^{-10}	150	0.05	0.060	0.0044	0.0650
0.05	0.0172	1.050×10^{-9}	107	0.40	0.090	0.0020	0.0865
0.10	0.0737	1.116×10^{-8}	63	25	0.110	0.0019	0.0995
0.15	1.1000	1.159×10^{-6}	20	20000	0.120	0.0018	0.1070
0.20	—	—	—	—	—	0.0030	0.1140
0.25	—	—	—	—	—	0.0056	0.1200
0.30	—	—	—	—	—	0.0114	0.1245

9.2.4　关于电输运性质影响因素的讨论

1. 钙钛矿锰氧化物中的自旋相关和自旋无关电输运

从图 9.10(c) 看出, 在低温下, 自旋无关电阻率 ρ_3 非常大, 因此电输运主要沿自旋相关通道进行, 并且电阻率 ρ 接近 ρ_1. 由于离子的热振动, 电阻率 ρ_1 随测试温度 T 的升高而增大. 当 T 接近居里温度 T_C 时, 由巡游电子的自旋方向偏离基态方向而产生倾角, 导致巡游电子的跃迁几率迅速下降, ρ_2 迅速增大. 当 T 高于 T_C 时, 巡游电子的自旋方向变为无序, 沿 O-A-O-A-O 和 O-B-O-B-O 离子链的电输运都是自旋无关输运.

值得注意的是, $La_{0.6}Sr_{0.4}MnO_3$ 单晶样品在 2 K 时的电阻率为 $84\mu\Omega\cdot cm$[3], 远高于 0°C 时磁性金属 Fe($8.6\mu\Omega\cdot cm$)、Ni($6.14\mu\Omega\cdot cm$) 和 Co($5.57\mu\Omega\cdot cm$) 的电阻率. 因此, 可以得出结论: 当温度低于 T_C 时, 钙钛矿锰氧化物中巡游电子的自旋相关输运与磁性金属中自由电子 (共有化电子) 的自旋无关输运性质明显不同, 所以称钙钛矿锰氧化物在居里温度以下的电输运为金属性导电的传统观点应该改进.

2. 反铁磁相含量对样品电阻率的影响

根据 9.1 节应用 IEO 模型对钙钛矿结构锰氧化物的研究, $La_{0.6}Sr_{0.4}Fe_xMn_{1-x}O_3$ 样品中的所有锰和铁都是三价离子. 当 Fe 的掺杂量为 0 时, 样品中的巡游电子沿 O^{2-}-Mn^{3+}-O^--Mn^{3+}-O^{2-} 离子链跃迁, 当巡游电子到达 Mn^{3+} 或 O^- 时总是占据最高的 3d 或最低的 2p 能级 (O^- 磁矩与 Mn^{3+} 反铁磁耦合, 最低 2p 能级在上), 如图 9.12(a) 所示. 在这个过程中巡游电子消耗系统的能量很少.

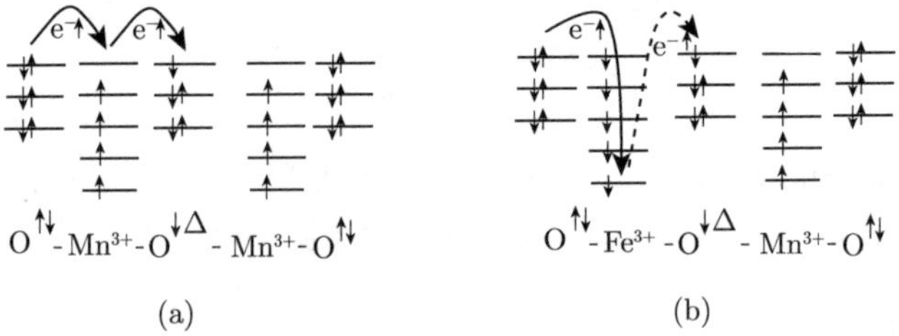

(a)　　　　　　　　　　　(b)

图 9.12　巡游电子在钙钛矿结构 B 子晶格中的不同离子链间跃迁的能级关系示意图

"Δ" 表示缺少一个自旋向上 2p 电子的 O 2p 空穴, "↑" 和 "↓" 分别代表自旋向上和自旋向下的电子.

(a) IEO 模型要求相邻的 Mn^{3+} 磁矩间铁磁耦合; (b) Fe^{3+} 与 Mn^{3+} 磁矩间反铁磁耦合

当有 Fe^{3+} 掺杂时, 自旋方向向上的巡游电子沿 O^{2-}-Fe^{3+}-O^--Mn^{3+}-O^{2-} 离子链跃迁, 巡游电子到达 Fe^{3+} 时也会占据 $Fe^{3+}(3d^5)$ 的最高 3d 能级, 但是 Fe^{3+} 磁矩与 $Mn^{3+}(3d^4)$ 反铁磁耦合, 最高 3d 能级在下, 如图 9.12(b) 所示. 此时巡游电子要消耗更多的系统能量, 导致巡游电子跃迁几率下降, 电阻率增大. 因此电阻率随着反铁磁相含量的增加而增大. 应用多晶 $La_{0.6}Sr_{0.4}MnO_3$ 和 $La_{0.6}Sr_{0.4}Fe_{0.1}Mn_{0.9}O_3$ 的居里温度 (364.5K 和 268.0K) 差值, 估算出它们之间巡游电子消耗的能量差约为 8.3meV.

3. 与晶粒界面散射相应的电阻率 ρ_4

通过比较我们制备的 $La_{0.6}Sr_{0.4}MnO_3$ 多晶样品电阻率 ρ_P 与 Urushibara 等 [3] 报道的 $La_{0.6}Sr_{0.4}MnO_3$ 单晶样品的电阻率 ρ_S, 发现一些有趣的现象.

如图 9.13(a) 所示, 在低温时 (50K), ρ_P 约是 ρ_S 的 97 倍, 在高温时 (360K), ρ_P 约是 ρ_S 的 9 倍. 这表明由多晶样品的晶粒界面散射产生的电阻率 ρ_4 远大于由晶格热振动 (ρ_1) 和自旋相关散射 (ρ_2) 产生的电阻率. 因此对于多晶样品, TCET 模型可以用图 9.8(b) 所示的等效电路来表示. 图 9.13(b) 表示 ρ_P 与 ρ_4 随温度的变化关系, 其中估算值 $\rho_4 = \rho_P - \rho_S$. 从图 9.13(b) 可以看到 ρ_4 最大值对应的温度为 287K, 明显低于该样品的居里温度 T_C (364.5K). 由此可清楚地解释多年来的一个疑问: 为什么有的钙钛矿锰氧化物最大电阻率对应的温度 T_ρ 非常接近 T_C, 而有的样品 T_ρ 的值明显低于 T_C. 例如, 根据 Urushibara 等 [3] 的报道, 对于单晶 $La_{1-x}Sr_xMnO_3 (0.175 \leqslant x \leqslant 0.40)$, 最大电阻率对应的温度 T_ρ 非常接近 T_C. 然而, 对于多晶样品, T_ρ 的值都明显低于 T_C (将在后面章节进一步讨论), 这是因为多晶样品中存在晶粒界面散射.

4. 等效立方晶格常数对样品电阻率的影响

从图 9.13(c) 可以看出, 多晶反铁磁半导体样品 $La_{0.6}Sr_{0.4}Fe_{0.3}Mn_{0.7}O_3$ 的电阻率 ρ_p 远低于单晶反铁磁半导体样品 $LaMnO_3$ 的电阻率 ρ_s, 当温度为 270K 时 ρ_P/ρ_S 为 0.51%; 当温度为 300K 时 ρ_P/ρ_S 为 0.58%. 比较图 9.13(a) 和 (c) 发现: 从多晶铁磁导体 $La_{0.6}Sr_{0.4}MnO_3$ 到多晶反铁磁半导体 $La_{0.6}Sr_{0.4}Fe_{0.3}Mn_{0.7}O_3$ 的电阻率的变化量小于从单晶铁磁导体 $La_{0.6}Sr_{0.4}MnO_3$ 到单晶反铁磁半导体 $LaMnO_3$ 的电阻率的变化量. 出现这种现象的根本原因可能是两个体系的晶格常数变化量不同, 并且反铁磁相的含量比例也不同. 图 9.13(d) 给出了单晶 $La_{1-x}Sr_xMnO_3$[3] 和多晶 $La_{0.6}Sr_{0.4}Fe_xMn_{1-x}O_3$[10] 的等效立方晶格常数 a_e 随掺杂量的变化关系. 由于样品的晶体结构不同, a_e 的值是用平均分子体积计算出的. 可以看到单晶 $La_{0.6}Sr_{0.4}MnO_3$ 的 a_e 与多晶 $La_{0.6}Sr_{0.4}MnO_3$ 的 a_e 近似相等. 多晶 $La_{0.6}Sr_{0.4}Fe_xMn_{1-x}O_3$ 的晶格常数 a_e 随 Fe 掺杂量的增加从 3.872Å $(x = 0.00)$ 增大到 3.878Å $(x = 0.30)$, 仅增大了 0.006Å; 单晶 $La_{1-x}Sr_xMnO_3$ 的 a_e 随掺杂量的增加从 3.874Å $(x = 0.40)$ 增大到 3.942Å $(x = 0.00)$, 增大了 0.068Å. 根据 9.1 节, $La_{1-x}Sr_xMnO_3 (0.15 \leqslant x \leqslant 0.40)$ 中只含有 Mn^{3+}, 因此从 $x = 0.40$ 到 $x = 0.15$, 仅由晶格常数增大, 导致电阻率增大. 从 $x = 0.15$ 到 $x = 0.00$, 与 Mn^{3+} 磁矩反铁磁耦合的 Mn^{2+} 含量逐渐增多, 晶

格常数和反铁磁相的比例同时增大, 二者都是导致电阻率增大的因素.

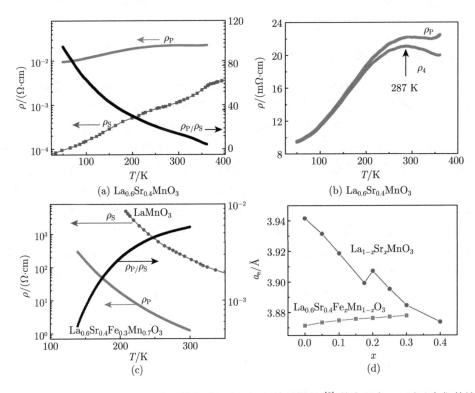

图 9.13   (a) $La_{0.6}Sr_{0.4}MnO_3$ 多晶样品电阻率 ρ_P 和单晶样品 [3] 的电阻率 ρ_S 以及它们的比值 ρ_P/ρ_S 随温度 T 的变化关系; (b) 多晶 $La_{0.6}Sr_{0.4}MnO_3$ 样品电阻率 ρ_P 和估计出的晶粒界面散射产生的电阻率 ρ_4 随温度 T 的变化关系; (c) 多晶样品 $La_{0.6}Sr_{0.4}Fe_{0.3}Mn_{0.7}O_3$ 的电阻率 ρ_P 和单晶样品 $LaMnO_3$ 的电阻率 ρ_S, 以及它们的比值 ρ_P/ρ_S 随温度 T 的变化关系;
(d) 单晶样品 $La_{1-x}Sr_xMnO_3$ 和多晶 $La_{0.6}Sr_{0.4}Fe_xMn_{1-x}O_3$ 样品的等效立方晶格常数 a_e
随掺杂量 x 的变化关系, a_e 的值是用平均分子体积计算出的

显然, 无论对于自旋相关还是自旋无关输运, a_e 的增大 (例如增大 0.001Å, 参见后续 9.3.3 节) 都会迅速降低巡游电子的跃迁几率, 从而导致电阻率的增大. 这可能是单晶样品 $La_{0.9}Sr_{0.1}MnO_3$ 和 $La_{0.85}Sr_{0.15}MnO_3$ 在低温下具有高电阻率的原因, 如图 9.9 所示. 对于样品 $La_{0.85}Sr_{0.15}MnO_3$, 当温度低于 10K 时, 电阻率 $\rho>500\Omega\cdot cm$, 这是因为较大的晶格常数 a_e 导致巡游电子自旋相关跃迁几率降低, 电阻率增大. 在 202K 以下的温度范围内, 随着温度的升高电阻率降低, 这是由巡游电子的热能增加导致跃迁几率增大, 电阻率降低. 在 202~234K 温度范围内, 电阻率随温度的升高而增大, 这是因为随着温度升高, 巡游电子的自旋方向偏离基态方向的程度迅速

增大, 导致自旋相关跃迁几率降低, 电阻率增大.

5. 自旋无关输运的电子跃迁激活能 (E_3)

在多晶 $La_{0.6}Sr_{0.4}Fe_xMn_{1-x}O_3(0.00 \leqslant x \leqslant 0.30)$ 样品中, 激活能 E_3 的值为 $65.0 \sim 124.5meV$(见表 9.4), 这与 Liu 等 [29] 应用 CCDC 模型得到的 $La_{0.7}Ca_{0.3}Ti_xMn_{1-x}O_3(0.00 \leqslant x \leqslant 0.07)$ 的极化子活化能 $E_p(90.5 \sim 148.3meV)$ 比较接近. 这表明应用 TCET 模型与应用 CCDC 模型可以得到相近的结果. 然而, 考虑到自旋相关和自旋无关电子跃迁的 TCET 模型的物理机制比 CCDC 模型更清晰, CCDC 模型假定电流载流子密度在磁转变温度处急剧塌陷.

从表 9.3 和表 9.4 看到, 在铁磁性样品中, 由多晶样品存在晶粒界面散射, 造成多晶 $La_{0.6}Sr_{0.4}MnO_3$ 的 $E_3(65.0meV)$ 远高于单晶 $La_{0.6}Sr_{0.4}MnO_3$ 的 $E_3(0.05meV)$. 然而, 在反铁磁样品中, 多晶 $La_{0.6}Sr_{0.4}Fe_{0.3}Mn_{0.7}O_3$ 的 $E_3(124.5meV)$ 明显低于单晶 $LaMnO_3$ 的 $E_3(175.0meV)$, 这可能是因为多晶样品的晶格常数较小.

多晶 $La_{0.6}Sr_{0.4}MnO_3$ 样品的参数 $a_3(0.0044\Omega \cdot cm)$ 值与单晶 $La_{0.6}Sr_{0.4}MnO_3$ 样品 $a_3(0.0041\Omega \cdot cm)$ 非常接近. 然而, 多晶 $La_{0.6}Sr_{0.4}Fe_{0.3}Mn_{0.7}O_3$ 样品的 a_3 值 $(0.0114 \Omega \cdot cm)$ 远低于单晶 $LaMnO_3$ 样品的 $a_3(0.2440\Omega \cdot cm)$ 这可能是由于等效立方晶格常数的影响, 如上面第 4 点所述.

6. 电阻率 ρ_1 和 ρ_2 的相关参数

(9.9) 式中的 ρ_1 包括三个参数: 剩余电阻率 ρ_0、与晶格散射相关的参数 a_1 和 T_1. 对于多晶样品 $La_{0.6}Sr_{0.4}Fe_xMn_{1-x}O_3(x$ 从 0.00 到 0.15), 三个参数 $\rho_0(7.2 \sim 1100m\Omega \cdot cm)$、$a_1(2.794 \times 10^{-10} \sim 1.159 \times 10^{-6}\Omega \cdot cm/K^3)$ 和 $T_1(150 \sim 20K)$, 都高于单晶 $La_{1-x}Sr_xMnO_3(x$ 从 0.40 到 0.175) 的相应参数 $\rho_0(0.075 \sim 0.95m\Omega \cdot cm)$、$a_1(4.2 \times 10^{-11} \sim 2.4 \times 10^{-10}\Omega \cdot cm/K^3)$ 和 $T_1(35 \sim 10K)$, 这是因为在多晶样品中存在晶粒界面散射.

(9.9) 式中的 ρ_2 包括两个参数: 源于自旋相关散射的幅度参数 a_2 和激活能 E_2. 单晶 $La_{1-x}Sr_xMnO_3(x$ 从 0.40 到 0.15) 样品的 E_2 从 $0.88eV(x = 0.40)$ 减小到 $0.515eV(x = 0.15)$, 这是两种因素之间竞争的结果. 一个因素是 Mn^{3+} 磁矩之间的倾角从 $34.9°(x = 0.40)$ 减小到 $0°(x = 0.15$, 见 9.1 节); 另一个因素是晶胞体积随着 x 的减小而增大. 多晶 $La_{0.6}Sr_{0.4}Fe_xMn_{1-x}O_3(x$ 从 0.00 到 0.15) 样品的 E_2 从 $0.06eV(x = 0.00)$ 增加到 $0.12eV(x = 0.15)$. 这可归因于 Fe 掺杂量的增加, 因为 Fe^{3+} 的磁矩与 Mn^{3+} 的反铁磁耦合. 显然, 在两个系列样品的电阻率从小到大的变化过程中, E_2 的变化趋势相反, 是由于其电阻率变化的机制不同. 多晶 $La_{0.6}Sr_{0.4}Fe_xMn_{1-x}O_3$ 样品的 a_2 值明显小于单晶 $La_{1-x}Sr_xMnO_3$ 样品的 a_2 值, 可能是由于多晶样品强烈的界面散射削弱了自旋相关散射的影响.

　　总之, 为解释 ABO_3 钙钛矿锰氧化物电阻率对温度的依赖性, 我们提出了 TCET 模型, 氧离子外层轨道自旋方向相反的两个 2p 电子沿两个离子链 (O-A-O-A-O 离子链和 O-B-O-B-O 离子链) 跃迁. 在居里温度以下, 沿 O-B-O-B-O 离子链的跃迁是自旋相关跃迁 (等效电阻率为 $\rho_1+\rho_2$), 沿 O-A-O-A-O 离子链的跃迁是自旋无关跃迁 (等效电阻率为 ρ_3). 因为在温度较低时, 沿 O-A-O-A-O 离子链的自旋无关电阻率 ρ_3 非常大, 因此电输运主要沿自旋相关的 O-B-O-B-O 离子链进行, 并且电阻率 ρ 值接近 ρ_1. 由于离子的热振动, 电阻率 ρ_1 随测试温度 T 的升高而增大. 当温度 T 接近居里温度 T_C 时, 巡游电子的自旋方向迅速偏离基态方向, 导致巡游电子的跃迁几率迅速下降, ρ_2 迅速增大. 当温度 T 高于居里温度 T_C 时, 沿 O-B-O-B-O 离子链的巡游电子的自旋方向变为无序, 沿 O-A-O-A-O 离子链和 O-B-O-B-O 离子链的电输运都是自旋无关电输运.

　　影响样品电阻率的几个重要因素为: ①反铁磁相比例的增加导致电阻率增大; ②来自多晶样品中晶粒界面散射的电阻率 ρ_4 在温度低于 T_C 时远高于 ρ_1 和 ρ_2; ③晶格常数每增加 0.001Å(参见后续 9.3.3 节的相关数据), 可导致自旋相关跃迁几率迅速降低, 电阻率迅速增大, 这可能是单晶铁磁样品 $La_{0.85}Sr_{0.15}MnO_3$ 在低温下具有高电阻率的主要原因.

9.3　钙钛矿锰氧化物倾角磁结构的实验证据

　　我们 [11,33] 研究了 $La_{0.85}Ba_{0.15}Fe_xMn_{1-x}O_3$ $(0.00 \leqslant x \leqslant 0.20)$、$La_{0.60}Ba_{0.40}Fe_x$ $Mn_{1-x}O_3$ $(0.00 \leqslant x \leqslant 0.20)$ 和 $La_{0.60}Sr_{0.40}Fe_xMn_{1-x}O_3$ $(0.00 \leqslant x \leqslant 0.30)$ 这三个系列钙钛矿锰氧化物多晶粉末样品的磁性和电输运性质, 所有样品都具有菱面体结构, 空间群为 $R\bar{3}c$. 样品的晶粒粒径接近或大于 100 nm, 此时晶粒表面效应对样品磁性的影响可以忽略不计. 以下分别用 Ba0.15、Ba0.40 和 Sr0.40 代表三个系列样品.

　　三个系列样品在 10K 下的平均分子磁矩均随掺杂量的增加而减小, 根据 IEO 模型和 9.1 节, 假设在 [B] 子晶格中 Fe^{3+} 与 Mn^{3+} 磁矩之间为倾角反铁磁耦合, 从而成功拟合了样品磁矩随掺杂量的变化关系.

9.3.1　样品的晶体结构表征及分析

　　利用 Fullprof-Suit 软件拟合三个系列样品的 XRD 谱, 拟合结果参数列于表 9.5. 三个系列样品的峰形因子 R_p、权重峰形因子 R_{wp}、拟合度 s 都在合理的范围之内. 晶格常数 a 和 $c/\sqrt{6}$, 晶胞体积 v, B—O 键长 d_{BO}, 以及 B—O—B 键角 Θ 随 Fe 掺杂量的变化关系如图 9.14 所示. 可以看到三个系列样品的晶体结构参数变化有如下特点:

表 9.5　Ba0.15、Ba0.40 和 Sr0.40 三个系列样品 XRD 谱的 Rietveld 拟合结果. v 是晶胞体积, a 和 c 是晶格常数, a_e 为等效立方晶格常数, d_{BO} 是 B—O 键长, Θ 是 B—O—B 键角, s、R_P、R_{WP} 是误差参数, u 为氧位的 x 坐标, 以晶格常数 a 为单位

	Fe 含量 x	$a/\text{Å}$	$c/\text{Å}$	$v/\text{Å}^3$	$a_e/\text{Å}$	$d_{BO}/\text{Å}$	$\Theta/(°)$	s	$R_{WP}/\%$	$R_P/\%$	u/a
Ba0.15	0.00	5.5556	13.456	359.68	3.9137	1.9569	165.26	1.27	5.92	4.64	0.4542
	0.02	5.5557	13.458	359.75	3.9140	1.9570	165.27	1.36	6.08	4.77	0.4542
	0.04	5.5558	13.460	359.80	3.9141	1.9571	165.31	1.32	6.03	4.69	0.4543
	0.06	5.5559	13.462	359.86	3.9144	1.9572	165.39	1.35	5.92	4.64	0.4545
	0.08	5.5559	13.464	359.92	3.9146	1.9573	165.56	1.35	6.06	4.66	0.4551
	0.10	5.5560	13.465	359.96	3.9147	1.9574	165.71	1.29	5.80	4.57	0.4556
	0.15	5.5561	13.469	360.07	3.9151	1.9576	166.24	1.36	5.94	4.68	0.4572
	0.20	5.5562	13.474	360.22	3.9157	1.9579	166.64	1.30	5.67	4.46	0.4585
Ba0.40	0.00	5.5320	13.530	358.57	3.9097	1.9548	175.00	1.69	8.34	4.92	0.4843
	0.02	5.5320	13.536	358.75	3.9103	1.9552	175.91	1.36	6.51	4.77	0.4871
	0.04	5.5321	13.543	358.94	3.9110	1.9555	176.40	1.45	6.95	4.77	0.4886
	0.06	5.5322	13.548	359.09	3.9116	1.9558	176.84	1.39	6.65	4.77	0.4900
	0.08	5.5324	13.552	359.22	3.9120	1.9560	177.41	1.47	6.65	4.51	0.4917
	0.10	5.5325	13.555	359.33	3.9124	1.9562	178.28	1.38	6.27	4.53	0.4944
	0.15	5.5327	13.565	359.62	3.9135	1.9568	179.47	1.46	6.53	4.45	0.4981
	0.20	5.5331	13.575	359.93	3.9146	1.9573	179.31	1.43	6.42	4.48	0.5024
Sr0.40	0.00	5.4861	13.356	348.14	3.8714	1.9357	172.05	1.34	5.40	4.25	0.4752
	0.05	5.4898	13.359	348.69	3.8734	1.9367	171.66	1.32	5.44	4.24	0.4740
	0.10	5.4920	13.362	349.04	3.8747	1.9374	171.22	1.30	5.39	4.24	0.4726
	0.15	5.4936	13.365	349.30	3.8757	1.9379	170.86	1.30	5.36	4.22	0.4715
	0.20	5.4945	13.366	349.44	3.8762	1.9381	170.67	1.37	5.41	4.20	0.4710
	0.25	5.4961	13.368	349.69	3.8772	1.9386	170.35	1.27	4.89	3.88	0.4700
	0.30	5.4971	13.370	349.88	3.8778	1.9390	170.16	1.26	4.78	3.78	0.4694

(1) Ba0.15 的晶胞体积 v 和 B—O 键长 d_{BO} 都大于 Ba0.40, 但是 Ba0.15 的 B—O—B 键角 Θ 小于 Ba0.40; Sr0.40 的晶胞体积 v 和 B—O 键长 d_{BO} 都小于 Ba0.40, 但是 Sr0.40 的 B—O—B 键角 Θ 大于 Ba0.15 且小于 Ba0.40.

(2) 三个系列样品的 a 和 $c/\sqrt{6}$、晶胞体积 v 和 B—O 键长 d_{BO} 都随 Fe 掺杂量 x 的增加而逐渐增大, Ba0.15 和 Ba0.40 两个系列样品的 Θ 随 x 的增加而增大, 而 Sr0.40 系列样品 Θ 随 x 的增加而减小, 并且 Ba0.15 的 v 和 Θ 随 x 变化的斜率都小于 Ba0.40.

(3) Ba0.40 的晶格常数 a 和 $c/\sqrt{6}$ 都比 Ba0.15 的 a 小, 比 Ba0.15 的 $c/\sqrt{6}$ 大.

对于 Ba0.15 的样品, a 和 $c/\sqrt{6}$ 随 x 的增加变化很小, 但是 a 与 $c/\sqrt{6}$ 的差比较大. 对于 Ba0.40, a 的值变化量很小, 但是 $c/\sqrt{6}$ 随 x 的增加呈近似线性增加, 从 $c/\sqrt{6} < a$ ($x < 0.06$) 到 $c/\sqrt{6} > a$ ($x > 0.10$), 这个变化过程是样品从菱面体结构到立方结构再到菱面体结构的转变过程. 因为对于 ABO_3 型菱面体钙钛矿锰氧化物, 当 $c/\sqrt{6}=a$ 时样品变为立方结构.

这些特征一定会影响样品的磁性和电输运特性.

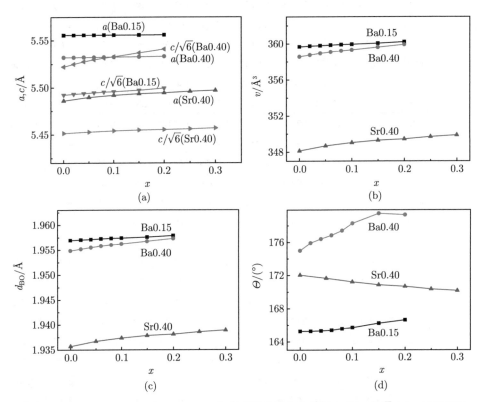

图 9.14　Ba0.15、Ba0.40 和 Sr0.40 三个系列样品的晶格常数 a 和 $c/\sqrt{6}$ (a)、晶胞体积 v(b)、B—O 键长 d_{BO}(c) 和 B—O—B 键角 Θ(d) 随 Fe 掺杂量 x 的变化关系

9.3.2　样品磁性测量结果

应用物理性质测量系统测量样品的磁性. 图 9.15(a)~(c) 为三个系列样品的比磁化强度 σ 随温度 T 的变化曲线, 测量过程从高温到低温进行, 所加外磁场为 0.05 T. 图 9.16(a)~(c) 给出样品的 $d\sigma/dT$ 随温度的变化曲线. 定义 $d\sigma/dT$ 随 T 变化曲线的最小值对应的温度为样品的居里温度 T_C, 具体数值列于表 9.6. 可以看出三个系列样品的居里温度 T_C 均随 x 的增加而降低.

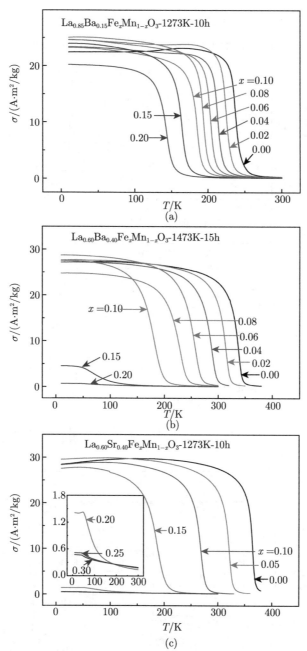

图 9.15 在 0.05T 磁场下系列样品 Ba0.15 (a)、Ba0.40 (b) 和 Sr0.40 (c) 的比磁化强度 σ 随着温度 T 的变化曲线

图中还标出了样品最后一步热处理的温度和时间

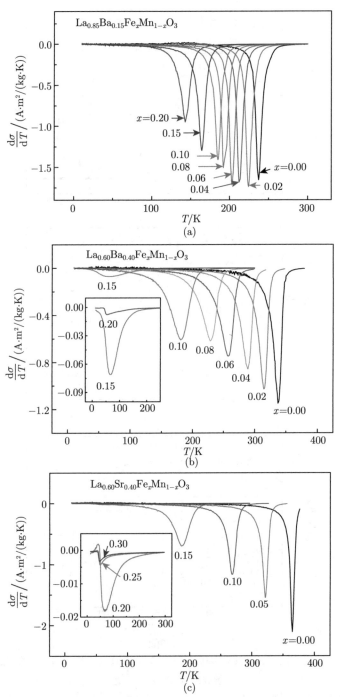

图 9.16　在 0.05T 磁场下系列样品 Ba0.15 (a)、Ba0.40 (b) 和 Sr0.40 (c) 的比磁化强度的微
分 dσ/dT 随温度的变化曲线

表 9.6 Ba0.15、Ba0.40 和 Sr0.40 系列样品的磁性和电输运参数. σ_s 为 10K 下样品的比饱和磁化强度, μ_{obs} 为平均分子磁矩, T_C 为居里温度, T_ρ (0T) 和 T_ρ (2T) 分别为无外磁场和外磁场为 2T 时的电阻率峰值对应的温度, T_{MR} 为磁电阻曲线峰值对应的温度

	Fe 掺杂量 x	μ_{obs}/μ_B	$\sigma_s/(\mathrm{A\cdot m^2/kg})$	T_C/K	$T_\rho(0\mathrm{T})/\mathrm{K}$	$T_\rho(2\mathrm{T})/\mathrm{K}$	T_{MR}/K
Ba0.15	0.00	3.58	82.87	237	—	—	236
	0.02	3.55	82.16	224	—	—	223
	0.04	3.40	78.49	212	—	—	213
	0.06	3.28	75.73	203	—	—	202
	0.08	3.02	69.84	192	—	—	193
	0.10	2.96	68.47	185	—	—	186
	0.15	2.63	60.77	165	—	—	166
	0.20	2.11	48.84	143	—	—	149
Ba0.40	0.00	3.29	76.26	338	246	255	340
	0.02	3.26	75.52	316	230	235	317
	0.04	3.19	73.96	289	210	215	290
	0.06	3.16	73.23	257	192	196	257
	0.08	2.97	68.77	229	174	178	230
	0.10	2.96	68.41	181	145	150	131
	0.15	0.63	14.68	65	—	—	—
	0.20	0.13	2.96	53	—	—	—
Sr0.40	0.00	3.192	80.55	364	292	320	—
	0.05	3.112	78.53	321	231	238	—
	0.10	3.110	78.46	267	192	196	—
	0.15	2.886	72.77	187	133	138	117
	0.20	0.068	1.72	69	—	—	—
	0.25	0.065	1.64	51	—	—	—
	0.30	0.036	0.91	45	—	—	—

图 9.17 是三个系列样品在 10K 下的磁滞回线, 测量时加的最大磁场为 2T. 样品在 10 K 时的比饱和磁化强度 σ_s, 以及应用 σ_s 计算出的平均分子磁矩 μ_{obs} 列于表 9.6.

图 9.18 (a) 和 (b) 分别是三个系列样品的居里温度 T_C 和平均分子磁矩 μ_{obs} 随 Fe 掺杂量 x 的变化关系. 从其中可以发现以下特点: ① 当 $x=0$ 时, 居里温度 T_C(Sr0.40)$> T_C$(Ba0.40) $> T_C$(Ba0.15), 但是磁矩的变化恰好相反, μ_{obs}(Ba0.15) $> \mu_{obs}$ (Ba0.40) $> \mu_{obs}$(Sr0.40). ② Ba0.15 的 μ_{obs} 随 Fe 掺杂量 x 的增加接近线性地减小, 而 Ba0.40 和 Sr0.40 两个系列样品的 μ_{obs} 都有一个特征掺杂浓度, 分别为 x_C = 0.10 和 x_C = 0.15. 当 $x \leqslant x_C$ 时, 两个系列样品的 μ_{obs} 减小的速度比 Ba0.15 慢, 其 T_C 高于 Ba0.15 的 T_C; 当 $x > x_C$ 时, μ_{obs} 迅速减小, 其 T_C 先后降到 Ba0.15 的 T_C 以下.

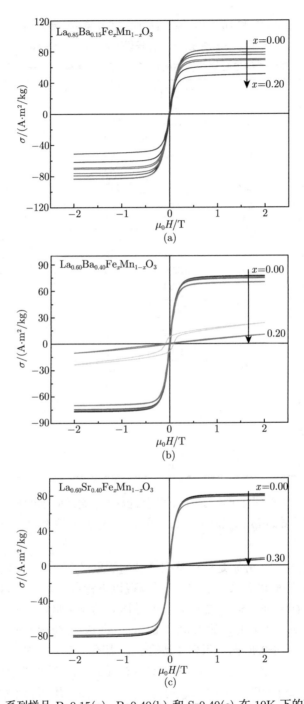

图 9.17 系列样品 Ba0.15(a)、Ba0.40(b) 和 Sr0.40(c) 在 10K 下的磁滞回线

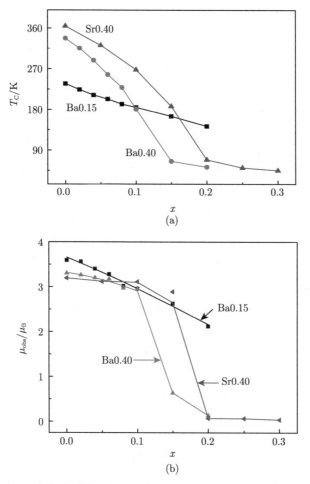

图 9.18 三个系列样品的居里温度 T_C(a) 和平均分子磁矩 μ_{obs}(b)
随 Fe 掺杂量 x 的变化关系

在后面, 将根据 IEO 模型分析这些实验结果, 并且拟合样品磁矩随 Fe 掺杂量 x 的变化关系, 讨论相应的物理机制.

9.3.3 样品的电输运性质测量结果

采用标准的四引线法分别在外磁场为 0T 和 2T 的条件下测量三个系列样品电阻率随温度的变化曲线, 结果如图 9.19 ~ 图 9.21 所示.

从图 9.19 可以看出, Ba0.15 系列样品的电阻率 ρ 随着温度 T 的降低逐渐增大, 在居里温度 T_C 附近不加磁场的 ρ 有一个台阶. 加 2T 磁场后, T_C 附近 ρ 的台阶明显减小.

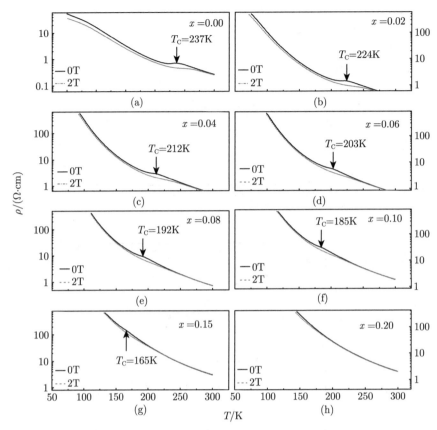

图 9.19　La$_{0.85}$Ba$_{0.15}$Fe$_x$Mn$_{1-x}$O$_3$ 系列样品在 0T 和 2T 外场下的电阻率 ρ 随温度 T 的变化曲线

　　从图 9.20 可以看到, 对于 Ba0.40 系列样品, 不加磁场的 ρ 随着温度 T 的降低先增大后减小. 当 $x = 0.00$ 时, 在 T_C 附近 ρ 存在一个较低的峰值, 随着 x 的增大, 这个峰值变为台阶, 然后消失. 随着温度的降低, ρ 出现一个较高的峰值. 当 $x \geqslant 0.15$ 时, 样品在整个温度范围内都表现出半导体行为, 电阻率随温度的升高逐渐减小. Sr0.40 系列样品也有类似的现象, 但是当 $x \geqslant 0.20$ 时, Sr0.40(图 9.21) 系列样品才在整个温度范围内都表现出半导体行为.

　　为方便比较 Fe 掺杂量 x 对电阻率数值的影响, 图 9.22 示出在不加外场时三个系列样品电阻率随温度的变化曲线. 容易看出在同一系列样品中, 随着 Fe 掺杂量 x 的增加, 电阻率逐渐增大. 对于 Fe 掺杂量 x 相同的三个系列样品, 电阻率 ρ (Ba0.15) $> \rho$ (Ba0.40) $> \rho$ (Sr0.40), 这与 B—O 键长在三个系列样品中的数值关系一致 (参见图 9.14(c)). 显然, 自旋相关电子跃迁几率随 B—O 键长的减小而增大, 导致电阻率随 B—O 键长的减小而减小. 从表 9.5 的数据看出, 未掺杂 Fe 时, 母体样品的 B—O

键长分别为 1.9569Å (Ba0.15)、1.9548Å (Ba0.40) 和 1.9357Å (Sr0.40), 其差值依次为 0.0021Å 和 0.0191Å. 可见 Ba0.15 和 Ba0.40 系列样品之间 0.0021Å 的 Mn—O 键长变化导致电阻率出现几百倍的变化. 说明 9.2.4 节中关于晶格常数对电阻率影响的讨论是合理的.

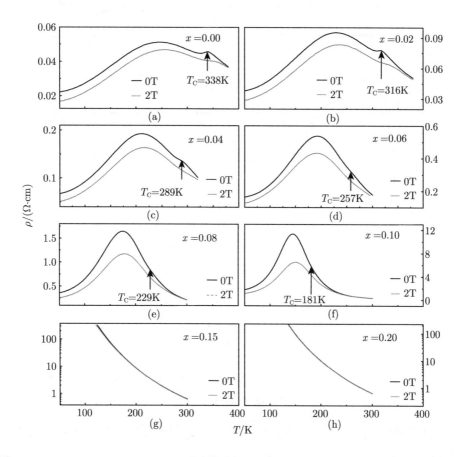

图 9.20 $La_{0.60}Ba_{0.40}Fe_xMn_{1-x}O_3$ 系列样品在 0T 和 2T 外加磁场下的电阻率 ρ 随温度 T 的变化曲线

样品在外加场为 0T 和 2T 时, 与电阻率高峰值对应的温度 $T_\rho(0T)$ 和 $T_\rho(2T)$, 列于表 9.6. 从表 9.6 可以看出, Ba0.40 和 Sr0.40 两个系列样品的 T_ρ 都明显低于相应样品的居里温度 T_C, 并且可以看出, Ba0.40 ($x \leqslant 0.10$) 和 Sr0.40 ($x \leqslant 0.15$) 系列样品的 $T_\rho(2T) > T_\rho(0T)$, 这是因为, 外加磁场使得巡游电子自旋方向偏离基态方向的程度变小, 在较高的温度下, 自旋磁矩的偏离程度才能与外磁场为零时相当.

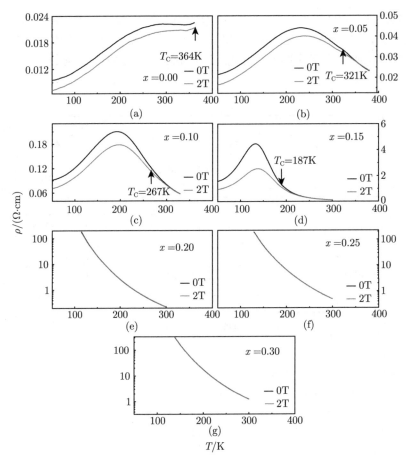

图 9.21 $La_{0.60}Sr_{0.40}Fe_xMn_{1-x}O_3$ 系列样品在 0 T 和 2 T 外场下的电阻率 ρ 随温度 T 的变化曲线

三个系列样品在 2T 磁场下的磁电阻随温度的变化关系如图 9.23 所示. 磁电阻的计算方法如下:

$$MR(\%) = \frac{\rho_0 - \rho_H}{\rho_0} \times 100\%. \tag{9.10}$$

其中, ρ_0 和 ρ_H 分别为不加外磁场和 2T 外磁场时电阻率的测量值. 磁电阻峰值对应的温度 T_{MR} 列于表 9.6.

对于 Ba0.15 系列样品, 从图 9.19 可以看出, 不加外磁场时, 在居里温度附近电阻率曲线出现一个台阶, 而加 2T 磁场后这个台阶几乎消失, 由此造成在居里温度附近出现磁电阻峰值, 即 Ba0.15 系列样品的磁电阻的峰值温度 T_{MR} 与居里温度 T_C 十分接近, 见表 9.6 和图 9.23(a). 随着掺杂量的增加, T_C 和 T_{MR} 逐渐降低, 磁电阻的峰值逐渐减小.

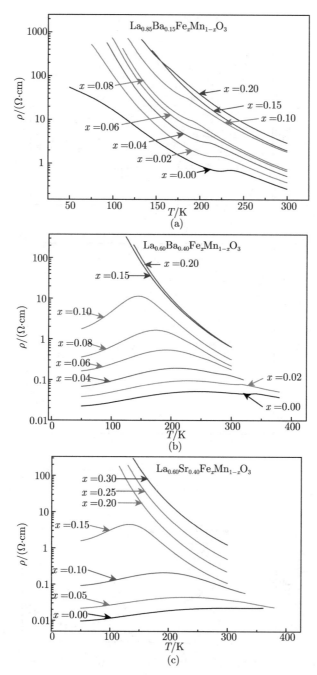

图 9.22　Ba0.15(a)、Ba0.40(b) 和 Sr0.40(c) 三个系列样品在无外加磁场时电阻率 ρ 随温度 T 的变化曲线

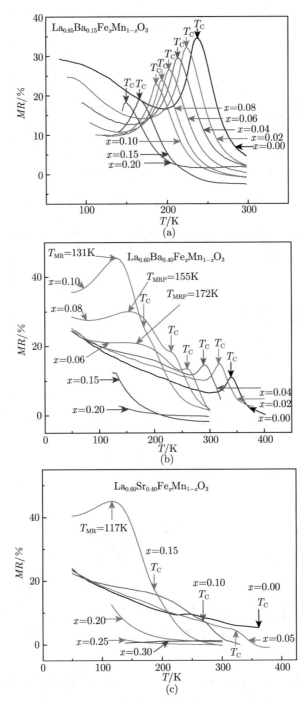

图 9.23 Ba0.15、Ba0.40 和 Sr0.40 三个系列样品的磁电阻 *MR* 随温度 *T* 的变化曲线

对于 Ba0.40 系列样品, 从图 9.20 可以看出, 当掺杂量 $x \leqslant 0.04$ 时, 不加磁场时的电阻率曲线在居里温度附近有一个峰或台阶, 随着 x 的增加, 这个台阶迅速减小至消失. 在 2T 磁场的作用下, 这个台阶几乎消失. 因此造成在磁电阻曲线上居里温度附近存在一个峰值或台阶, 如图 9.23(b) 所示. 这个实验现象与 Ba0.15 系列样品相同. 对于 Sr0.40 系列样品, 也存在这个现象, 但很不明显.

此外存在一个与 Ba0.15 系列样品不同的特点, Ba0.40 和 Sr0.40 两个系列样品中部分样品存在另一个电阻率峰值, 如图 9.20 和图 9.21 所示, 峰值温度 $T_\rho(0\text{T})$ 和 $T_\rho(2\text{T})$ 都明显低于居里温度 T_C. 当 Fe 掺杂量很少时, 在 T_ρ 附近不存在磁电阻峰值, 只是随着温度降低, 磁电阻逐渐增大, 如图 9.23(b)、(c) 所示. 随着 Fe 掺杂量逐渐增大, 在居里温度以下逐渐出现一个磁电阻台阶, 直至在一个特定的掺杂量时变成一个很大的磁电阻峰值. 对于 Ba0.40 和 Sr0.40 两个系列样品, 这个磁电阻峰值在 2 T 磁场下分别达到 45.5% 和 45.2%, 峰值温度分别为 131K 和 117K, 显著低于其居里温度 181K 和 187K. 更有趣的是, 在 Ba0.40 和 Sr0.40 两个系列样品中, 出现这个磁电阻峰值的 Fe 掺杂量分别为 0.10 和 0.15, 与图 9.18 中样品磁矩从缓慢减小到迅速减小的特征掺杂量相同.

9.3.4　关于样品磁结构和电输运性质的讨论

1. 样品的磁结构

从图 9.18(b) 看出, 当 Fe 掺杂量为 0 时, Ba0.15、Ba0.40 和 Sr0.40 三个系列样品的磁矩都小于 Mn^{3+} 的磁矩 $(4\mu_\text{B})$. 根据 9.1 节的讨论, 在 Fe 掺杂样品中的锰离子和铁离子都是三价离子, 假设 Mn^{3+} 和 Fe^{3+} 之间为倾角反铁磁耦合, 平均分子磁矩可以用下式来表示:

$$\mu_\text{cal} = (4 - 4x - 5x)\cos\phi. \tag{9.11}$$

在图 9.18(b) 中, 点为磁矩的实验结果, 曲线为利用 (9.11) 式拟合得到的结果. 拟合过程中得到的阳离子磁矩间的倾角 ϕ 随 x 的变化关系如图 9.24 所示. 对于倾角 ϕ 的变化讨论如下:

对于 Ba0.15 系列样品, 倾角 ϕ 随掺杂量 x 的增加近似线性减小, 从 $x=0.00$ 到 $x=0.20$, 都可以用下式描述:

$$\phi = \frac{180}{\pi}(0.133\pi - 1.138x), \quad 0.00 \leqslant x \leqslant 0.20, \quad \text{Ba0.15.} \tag{9.12}$$

对于 Ba0.40 系列样品, 当 $x \leqslant 0.10$ 时, ϕ 随掺杂量 x 的变化可以用下式描述:

$$\phi = \frac{180}{\pi}(0.189\pi - 2.4x), \quad 0.00 \leqslant x \leqslant 0.10, \quad \text{Ba0.40.} \tag{9.13}$$

$x=0.15$ 和 $x=0.20$ 的两个样品的 ϕ 值直接用磁矩的实验值计算而得到. 对于 Sr0.40 系列样品, $x=0.00$ 和 $x=0.05$ 的两个样品的 ϕ 值可以用下式描述:

$$\phi = \frac{180}{\pi}\left(0.206\pi - 3.0x\right), \quad x=0.00, 0.05, \quad Sr0.40. \tag{9.14}$$

$x=0.10$ 和 $x=0.15$ 的两个样品的 ϕ 值为 0, 变为共线结构; 其他 3 个样品的 ϕ 值直接用磁矩的实验值计算而得到. 其中, 角度的单位用度, 每个表达式中的两个参数 $(0.133, 1.138)$、$(0.189, 2.4)$ 和 $(0.206, 3.0)$ 是通过拟合磁矩实验值 μ_{obs} 得到的.

对于 $x \geqslant 0.10$ 时 Ba0.40 的样品, 以及 $x \geqslant 0.15$ 时 Sr0.40 的样品, 随着掺杂量 x 的增加, ϕ 迅速增大, 在 $x=0.20$ 时分别达到最大值 86.6° 和 88.2°. 在下文我们将讨论 ϕ 的这种变化趋势.

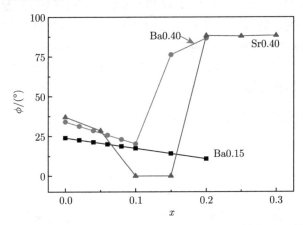

图 9.24　三个系列样品中阳离子磁矩间的倾角 ϕ 随 Fe 掺杂量 x 的变化关系

2. 等效立方晶格常数 a_e 对电阻率 ρ 的影响

作为比较, 图 9.25 示出 4 个样品的电阻率, 包括单晶 $La_{0.85}Sr_{0.15}MnO_3$(SSr0.15) 和 $La_{0.60}Sr_{0.40}MnO_3$(SSr0.40)[3], 多晶 $La_{0.85}Ba_{0.15}MnO_3$(PBa0.15) 和 $La_{0.60}Ba_{0.40}$ MnO_3(PBa0.40)[11,33]. 为了方便比较, 用平均分子体积计算出等效立方晶格常数 a_e 进行讨论: SSr0.40 的 a_e (3.8737Å) 比 SSr0.15 的 a_e(3.9060Å) 小 0.0323Å, 导致 SSr0.40 的电阻率小于 SSr0.15 的电阻率; PBa0.40 的 a_e (3.9097Å) 比 PBa0.15 的 a_e(3.9137Å) 小 0.004Å, 导致 PBa0.40 的电阻率小于 PBa0.15 的电阻率.

3. 热激发、晶格散射和自旋相关散射对巡游电子跃迁几率的影响

从图 9.25 可以看出, 多晶 PBa0.15 和单晶 SSr0.15 样品电阻率随温度的变化趋势相似. 与二价离子掺杂量 0.4 的样品相比较, 掺杂 0.15 的样品 B—O 键较长、巡游电子跃迁几率低、电阻率大. 在 200 K 附近存在一个特征温度 T_L, 低于此温度时, 电阻率 ρ 随温度的升高迅速减小; 当 $T_L < T < T_C$ 时, ρ 随着 T 的增加而迅速增大, 这种变化趋势归因于两个主要因素: 热激发导致 ρ 减小; 自旋相关散射导致 ρ 增大. 在 T_L 以下, 巡游电子的自旋方向与基态方向偏离较小, 热激发效应比自旋相关散射的影响要大, 导致 ρ 随 T 的升高而减小; 高于 T_L 时, 由于热涨落, 巡游电子自旋方向偏离基态方向的程度迅速增大, 自旋相关散射的影响强于热激发的影响, 导致 ρ 随 T 的升高而增大.

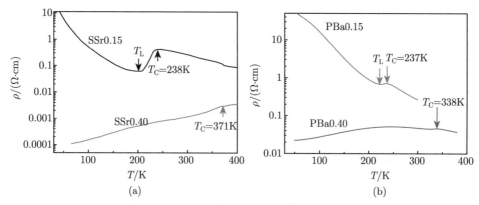

图 9.25   (a) 单晶样品 [3]$La_{0.85}Sr_{0.15}MnO_3$ (SSr0.15) 和 $La_{0.60}Sr_{0.40}MnO_3$ (SSr0.40); (b) 多晶样品 [11,33]$La_{0.85}Ba_{0.15}MnO_3$(PBa0.15) 和 $La_{0.60}Ba_{0.40}MnO_3$ (PBa0.40) 的电阻率随温度的变化关系. 用箭头标出了样品的居里温度 T_C 和二价离子掺杂量为 0.15 的两个样品电阻率极小值对应的温度 T_L

对于 B—O 键长较小的 SSr0.40 和 PBa0.40, 低温时的自旋相关输运可以在电场的作用下发生, 不需要热激发效应. 晶格散射和自旋相关散射都随着测试温度的升高而增大, 导致巡游电子跃迁几率降低, 电阻率增大.

Zhang 等 [34] 在尖晶石结构 $NiCo_2O_4$ 薄膜上也发现了与图 9.25 中 PBa0.15 和 SSr0.15 相似的电输运性质, 如图 9.26 所示: 在居里温度附近出现电阻率峰值, 在居里温度以下出现了电阻率谷值, 并且其电阻率的数值对晶格常数也十分敏感. 他们在晶格常数为 8.0806Å 的尖晶石结构 $MgAl_2O_4$ 基片上生长了 $NiCo_2O_4$ 薄膜, 发现当薄膜的生长温度为 350℃, 生长氧压为 50mTorr(1mTorr=0.133322Pa) 时薄膜的晶格常数最小, 为 8.17Å, 因而样品的电阻率最小. 当薄膜的生长温度为 500℃, 生长氧压仍为 50mTorr 时, 薄膜的晶格常数为 8.18Å, 样品的电阻率增大了约 70%.

4. 倾角铁磁耦合对磁电阻的影响

根据 Urushibara 等 [3] 报道的数据, SSr0.15 在 10K 的平均分子磁矩为 $4.2\mu_B$. 因为 Mn^{3+} 的磁矩为 $4.0\mu_B$, 所以 Mn^{3+} 都是铁磁耦合, 离子磁矩之间不存在倾角. 如表 9.6 所示, 在多晶样品 PBa0.15 和 PBa0.40 观测到的磁矩分别为 $3.58\mu_B$ 和

$3.29\mu_{\mathrm{B}}$, 因此假设 Mn^{3+} 之间为倾角铁磁耦合, 这可以通过比较 PBa0.15 和 PBa0.40 与 SSr0.15 的磁电阻 MR 随温度的变化关系得到证明, 如图 9.27 所示.

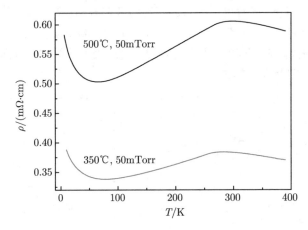

图 9.26　在不同温度和相同氧气压下生长在 $MgAl_2O_4$ 基片上的 $NiCo_2O_4$ 薄膜的电阻率 ρ 随测量温度 T 的变化关系 [34]

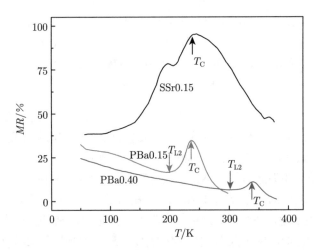

图 9.27　多晶样品 $La_{0.60}Ba_{0.40}MnO_3$ (PBa0.40), $La_{0.85}Ba_{0.15}MnO_3$ (PBa0.15)[33] 和单晶样品 $La_{0.85}Sr_{0.15}MnO_3$ (SSr0.15)[3] 的磁电阻随温度的变化关系
向上的箭头表示居里温度 T_C, 向下的箭头表示在温度 T_{L2} 存在磁电阻极小值

对于 Urushibara 等 [3] 报道的 SSr0.15 样品, 当外加磁场为 15T 时, 磁电阻 MR 在居里温度 T_C 附近有最大值, 为 95%. 当温度低于 T_C 时, MR 随温度的降低而减小; 高于 T_C 时, MR 随温度的升高而减小. 对于 PBa0.15 和 PBa0.40 两个样品, MR 在 T_C 附近同样有最大值, 外加磁场为 2T 时, MR 最大值分别为 34% 和 11%.

这是由于在 T_C 附近巡游电子的自旋方向偏离基态方向, 降低了巡游电子的跃迁几率, 使电阻率增大, 施加外磁场可以减小自旋方向的偏离程度, 从而降低电阻率, 使 MR 增大.

此外, 对于 PBa0.15 和 PBa0.40 样品, 还有一个特征温度 T_{L2}. 当 $T = T_{L2}$ 时, MR 处于一个极小值; 当 $T < T_{L2}$ 时, MR 随着 T 的降低而增大. 这是因为 Mn^{3+} 磁矩之间存在倾角, 因此降低了巡游电子跃迁的几率, 导致电阻率增大. 施加外磁场可以使离子磁矩间的倾角减小, 从而使电阻率减小, 导致 MR 增大. 随着温度的降低, 热扰动效应减弱, 磁场对巡游电子自旋方向的影响增强, 因此 MR 增大. 而对于 SSr0.15 样品, Mn^{3+} 磁矩之间没有倾角, 所以没有观察到低温下 MR 随着 T 的降低而增大的现象, 也不存特征温度 T_{L2}.

如图 9.23(b)、(c) 所示, 对于 Ba0.40 和 Sr0.40 两个系列样品, 随着 Fe 掺杂量逐渐增大, 在居里温度以下逐渐出现一个磁电阻台阶, 直至变成一个很大的磁电阻峰值, 在 2T 磁场下分别达到 45.5% 和 45.2%, 峰值温度分别为 131K 和 117K, 也明显低于电阻率的峰值温度 T_ρ(参见表 9.6). 更有趣的是, 出现这个磁电阻峰值的 Fe 掺杂量分别为 0.10 和 0.15, 相应地样品中阳离子磁矩间的倾角最小, 如图 9.24 所示. 这也说明我们关于倾角铁磁结构的讨论是合理的, 因为随着温度的升高, 巡游电子的自旋方向逐渐偏离基态方向, 自旋相关跃迁几率降低, 导致电阻率增大. 外磁场可使巡游电子自旋方向的偏离程度和离子磁矩的倾角同时减小, 并且无外磁场时离子磁矩的倾角越小, 外磁场的作用越明显. 这就是 Ba0.40 和 Sr0.40 两个系列样品在低温出现磁电阻最大值的原因.

总之, 对于 La$_{0.85}$Ba$_{0.15}$Fe$_x$Mn$_{1-x}$O$_3$ (0.00 $\leqslant x \leqslant$ 0.20, Ba0.15)、La$_{0.60}$Ba$_{0.40}$Fe$_x$Mn$_{1-x}$O$_3$ (0.00 $\leqslant x \leqslant$ 0.20, Ba0.40) 和 La$_{0.60}$Sr$_{0.40}$Fe$_x$Mn$_{1-x}$O$_3$ (0.00 $\leqslant x \leqslant$ 0.20, Sr0.40) 三个系列样品. 分析了样品的 XRD 谱, 发现所有的样品都具有单相菱面体钙钛矿结构, 空间群为 $R\bar{3}c$. 应用 IEO 模型和关于电输运的双通道模型 (TCET 模型) 合理地解释了样品的磁性和电输运性质, 以及两者之间的关联性. ① 当 Fe 掺杂量 $x=$ 0.00 时, 三个系列样品晶胞体积依次减小, v (Ba0.15) $> v$ (Ba0.40) $> v$ (Sr0.40), 造成样品磁参数依次变化: 居里温度依次升高, T_C(Ba0.15) $< T_C$(Ba0.40) $< T_C$(Sr0.40); 离子磁矩间的倾角依次增大, ϕ(Ba0.15) $< \phi$(Ba0.40) $< \phi$(Sr0.40); 倾角不同导致平均分子磁矩依次减小, μ_{obs}(Ba0.15) $> \mu_{\text{obs}}$ (Ba0.40) $> \mu_{\text{obs}}$(Sr0.40). ② Ba0.15 和 Ba0.40 两个系列样品的 Mn(Fe)—O—Mn(Fe) 键角 Θ 随 x 的增加而增大, 而 Sr0.40 系列样品的 Θ 随 x 的增加而减小, 并且 Ba0.15 的 v 和 Θ 随 x 变化的斜率都小于 Ba0.40, 这可能也是导致三个系列样品电输运性质不同的原因. ③ 在所有样品中, 锰和铁都是三价离子, Ba0.15 的磁矩 μ_{obs} 随 Fe 掺杂量的增加接近线性地减小, 而 Ba0.40 和 Sr0.40 两个系列样品都有一个特征掺杂浓度, 分别为 $x_C =$ 0.10 和 $x_C =$ 0.15. 当 $x \leqslant x_C$ 时, 这两个系列样品的 μ_{obs} 减小的速度比

Ba0.15 慢; 当 $x > x_C$ 时, $\mu_{\rm obs}$ 迅速减小. 居里温度也有相似的变化趋势. ④ 在未掺杂 Fe 的样品 $La_{1-y}M_yMnO_3(M_y=Ba_{0.15}, Ba_{0.40}$ 和 $Sr_{0.40})$ 中, Mn^{3+} 的磁矩是倾角铁磁耦合. 在 Fe 掺杂样品中, Fe^{3+} 的离子磁矩与 Mn^{3+} 的离子磁矩倾角反铁磁耦合. 对于 Ba0.15 系列样品, 直到 Fe 掺杂量为 0.20, 磁矩的倾角 ϕ 随 Fe 掺杂浓度 x 增加而线性减小. 对于 Ba0.40 和 Sr0.40 系列样品, 当 Fe 掺杂量较少时, ϕ 随 Fe 掺杂浓度 x 增加而减小；当 Fe 掺杂量 x 分别大于 0.10 和 0.15 时, ϕ 迅速增大. ⑤ 样品中的巡游电子是 O 2p 电子. 在居里温度 T_C 以下, 样品的电输运取决于 O 2p 电子沿着 O-Mn(Fe)-O-Mn(Fe)-O 离子链的自旋相关跃迁; 在 T_C 以上, 样品的电输运取决于 O 2p 电子沿 O-A-O-A-O 和 O-B-O-B-O 两个离子链的自旋无关跃迁. ⑥ Ba0.15 系列样品的磁电阻 MR 在居里温度 T_C 附近存在一个峰值. 对于 Ba0.40 系列样品, 当掺杂量小于 0.04 时, 在 T_C 附近也存在一个 MR 峰值, 这是由于在居里温度附近, 巡游电子的自旋偏离基态方向, 外磁场可减小这个偏离程度. ⑦ Ba0.15、Ba0.40 和 Sr0.40 三个系列样品, 都存在低温下磁电阻随温度的降低而增大的现象, 这是由于样品 B 子晶格中的离子磁矩间存在倾角, 当给样品施加一个外磁场时, 可以使倾角减小, 因此巡游电子跃迁几率增大, 电阻率减小. 随着温度的降低, 热扰动效应减弱, 外磁场的作用更加显著, 磁电阻更大. 当 Fe 掺杂量分别为 0.10 和 0.15 时, Ba0.40 和 Sr0.40 两个系列样品中阳离子磁矩间的倾角最小, 外磁场对巡游电子自旋方向的偏离程度减小的作用最大, 导致在 2T 磁场下的磁电阻分别达到最大值 45.5% 和 45.2%.

9.4   镨系钙钛矿锰氧化物两个子晶格磁矩的关系

在镧系 ABO_3 钙钛矿锰氧化物中, 由于 La^{2+} 和 La^{3+} 的价电子态分别为 $5d^1$ 和 $5d^0$, 实验中没有观察到 A 子晶格的磁矩. 镨原子的价电子态为 $4f^36s^2$, 在镨系钙钛矿锰氧化物中, Pr^{2+} 和 Pr^{3+} 的价电子态分别为 $4f^3$ 和 $4f^2$, 实验中观察到镨离子磁矩对样品磁性有影响 [35-41]. 应用 IEO 模型, 可以解释这种材料的磁结构.

我们 [42] 研究了单相正交结构 $Pr_{0.6}Sr_{0.4}MnO_3$ 粉末样品的比磁化强度 σ 随温度 T 变化关系, 测量过程为从 350K 降温到 10K, 结果如图 9.28 所示. 可以看出, 在低温下存在一个磁化强度台阶, 并且这个台阶的高度随外加磁场的不同而变化. 当外加磁场 $\mu_0H = 0.05T$ 时, 磁化强度的台阶幅度大于外加磁场 $\mu_0H = 0.01T$ 时的幅度；然而当外加磁场 $\mu_0H = 2T$ 时, 台阶消失. 这一实验结果与 Maheswar Repaka 等 [40] 报道的实验结果类似, 如图 9.28 插图所示. 他们发现在外加磁场 $\mu_0H \leqslant 0.5T$ 时, 台阶幅度随外加磁场的增加而增大；当外加磁场 $\mu_0H \geqslant 0.5T$ 时, 台阶幅度随外加磁场的增加而减小；在外加磁场 $\mu_0H = 3T$ 时, 台阶消失.

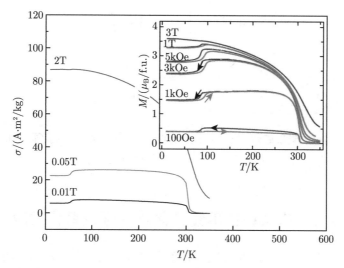

图 9.28　在不同外加磁场下样品 $Pr_{0.6}Sr_{0.4}MnO_3$ 的比磁化强度 σ 随测试温度 T 下降时的
变化曲线

插图为 Maheswar Repaka 等 [40] 报道的实验结果

　　根据 9.1 节的分析, 在样品 $Pr_{0.6}Sr_{0.4}MnO_3$ 中所有锰离子均为 Mn^{3+}, 无 Mn^{4+}.
我们报道的几个 $Pr_{0.6}Sr_{0.4}MnO_3$ 样品, 在 10K 下的磁矩介于 $3.50\mu_B \sim 3.75\mu_B$ [42-44].
Boujelben 等 [41] 通过中子衍射给出 $Pr_{0.6}Sr_{0.4}MnO_3$ 样品中锰离子和镨离子的平均
离子磁矩分别为 $+3.47\mu_B$ 和 $-0.11\mu_B$. 这就表明在 B 子晶格中的锰离子磁矩间存
在倾角, A 子晶格中的镨离子磁矩间也存在倾角. 如果锰离子间、镨离子间都不存
在倾角, 那么 Mn^{3+} 磁矩为 $4\mu_B$, Pr^{2+} 和 Pr^{3+} 磁矩分别为 $3\mu_B$ 和 $2\mu_B$. Mn^{3+} 的
3d 电子数目 $n_d = 4$, Pr^{3+} 和 Pr^{2+} 的 4f 电子数 $n_f < 6$ (4f 次壳层电子半满数目
为 7), 根据 IEO 模型的要求, 在 A、B 两个子晶格中, 巡游电子的自旋方向都与磁
性离子的局域电子自旋方向相同, 但两个子晶格中巡游电子的自旋方向相反, 因此
A 子晶格中总的磁矩与 B 子晶格中总的磁矩方向相反.

　　根据上述讨论, 图 9.28 中低温下磁化强度台阶处的转变温度 (T_{CP}) 为镨离子
的磁有序温度, 当温度高于该温度时, 镨离子的磁矩就变为无序. 对于在转变温度
T_{CP} 处样品比磁化强度的变化幅度 ($\Delta\sigma$) 随外磁场的变化关系解释如下: ① 当外
加磁场 $\mu_0 H \leqslant 0.5T$ 时, $\Delta\sigma$ 随外场的增加而增大, 这是由于在外磁场的作用下, B
子晶格的磁矩向外磁场方向转动, 随着外磁场的增加, 锰离子磁矩间倾角减小, 导
致 B 子晶格磁矩逐渐增大, 如图 9.29 所示. ② 当外加磁场 $\mu_0 H \geqslant 0.5T$ 时, $\Delta\sigma$ 的
幅度随外磁场的增加而减小, 主要是由于 A 子晶格磁矩方向与外磁场方向相反; 随
外磁场的增加, 镨离子磁矩间倾角逐渐增大, 导致 A 子晶格总磁矩减小. 当倾角增
大到一定程度, 镨离子磁矩就变为无序, 磁矩的台阶消失.

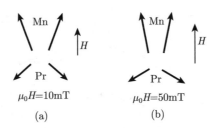

图 9.29　在 ABO_3 型钙钛矿结构 $Pr_{0.6}Sr_{0.4}MnO_3$ 的 B 子晶格中锰离子磁矩和 A 子晶格中镨离子磁矩在不同外场下倾角示意图

9.5　镨系钙钛矿锰氧化物的锰位替代效应

我们 [42-44] 利用溶胶–凝胶法制备了名义成分为 $Pr_{0.6}Sr_{0.4}M_xMn_{1-x}O_3(0.00 \leqslant x \leqslant 0.30, M=$ Cr, Fe, Co, Ni) 的系列样品. 所有样品均为单相正交钙钛矿结构, 所属空间群为 $Pbnm$. 各系列样品的晶粒粒径都大于或接近 100nm, 因此可以忽略表面效应对样品磁性的影响. $Pr_{0.6}Sr_{0.4}M_xMn_{1-x}O_3(M=$ Cr, Co, Ni) 系列样品的晶胞体积 v 随掺杂量 x 的增加而减小; $Pr_{0.6}Sr_{0.4}Fe_xMn_{1-x}O_3$ 样品的 v 随 x 的增加而增大, 如图 9.30 所示. 注意到三价的铬离子、锰离子、铁离子、钴离子、镍离子在 6 配位时的有效半径分别为 0.615Å、0.645Å、0.645Å、0.610Å、0.600Å [45], 以有效半径分别为 0.615Å、0.610Å 和 0.600Å 的 Cr^{3+}、Co^{3+}、Ni^{3+} 替代有效半径为 0.645Å 的 Mn^{3+}, 导致晶胞体积减小的幅度依次增大, 这很容易理解. 但是以有效半径相同的 Fe^{3+} 替代 Mn^{3+}, 使晶胞体积略有增大, 说明 Fe 掺杂使磁有序能的绝对值明显减小. 这是由于磁有序能具有克服离子磁矩间的磁性排斥能的作用, 使晶胞体积收缩.

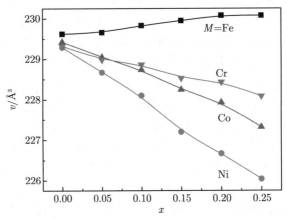

图 9.30　四个系列样品 $Pr_{0.6}Sr_{0.4}M_xMn_{1-x}O_3(M=$ Cr, Fe, Co, Ni) 的晶胞体积 v 随掺杂量 x 的变化关系 [42-44]

实际上, Cr^{3+}、Co^{3+}、Ni^{3+} 替代 Mn^{3+}, 也使磁有序能不同程度减小, 只不过其对晶胞体积的影响比离子半径的影响小, 被掩盖了.

9.5.1 样品磁矩随掺杂量变化关系的拟合

样品磁矩随掺杂量的变化关系如图 9.31 所示, 其中, 点为实验结果, 曲线为拟合结果. 根据 9.1 节~9.4 节的讨论, 样品中锰离子、铬离子、铁离子、钴离子、镍离子均为 +3 价. 未掺杂的母相 $Pr_{0.6}Sr_{0.4}MnO_3$ 中, B 子晶格中锰离子磁矩间为倾角铁磁耦合. 根据 IEO 模型要求, 在掺杂系列样品 B 子晶格中 $Cr^{3+}(3d^3)$ 与 $Mn^{3+}(3d^4)$ 间为倾角铁磁耦合; 而 $Fe^{3+}(3d^5)$、$Co^{3+}(3d^6)$、$Ni^{3+}(3d^7)$ 与 $Mn^{3+}(3d^4)$ 间为倾角反铁磁耦合. 注意到样品的比饱和磁化强度是在外加 2.0T 磁场时测量得到的, 根据 9.4 节的研究, 镨离子的磁矩处于无序状态, 因此可以忽略镨离子磁矩对样品磁矩的影响. 类似于 (9.11) 式, 样品磁矩可用下式拟合:

$$\mu_{cal} = (4 - 4x + \mu_{ion}x) \times \cos\phi. \tag{9.15}$$

其中, ϕ 为样品中离子磁矩间的平均倾角, μ_{ion} 是 Cr^{3+}、Fe^{3+}、Co^{3+}、Ni^{3+} 的磁矩, 分别为 $3\mu_B$、$-5\mu_B$、$-4\mu_B$、$-3\mu_B$, 负号代表其离子磁矩与 Mn^{3+} 磁矩倾角反铁磁耦合. 磁矩 μ_{cal} 和倾角 ϕ 随掺杂量 x 变化曲线的拟合结果分别如图 9.31 和图 9.32 所示. 从图 9.32 可以发现对于 Cr 掺杂的系列样品, 倾角 ϕ 随掺杂量的增加单调缓慢增大. 然而, 对于 Fe (Co、Ni) 掺杂的系列样品, 存在与图 9.24 相似的有趣现象: 倾角 ϕ 随掺杂量的增加先减小, 后迅速增大. 对于这一现象的原因解释如下:

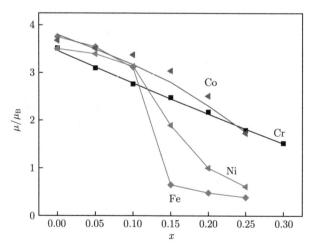

图 9.31 $Pr_{0.6}Sr_{0.4}M_xMn_{1-x}O_3$($M$ = Cr, Fe, Co, Ni) 的平均分子磁矩 μ 随掺杂量 x 的变化曲线, 其中, 点为实验值, 线为拟合值 [42-44]

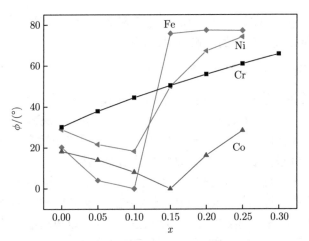

图 9.32　$Pr_{0.6}Sr_{0.4}Mn_{1-x}M_xO_3$($M=$ Cr, Fe, Co, Ni) 中阳离子磁矩间平均倾角 ϕ 随掺杂量 x 的变化曲线 [42-44]

(1) 在母相样品 $Pr_{0.6}Sr_{0.4}MnO_3$ 中 Mn^{3+} 间存在较大的磁性排斥能, 这一能量导致 Mn^{3+} 磁矩不能平行排列, 也就是说, Mn^{3+} 磁矩间为倾角铁磁耦合;

(2) 当 Cr^{3+} 掺入样品时, 一方面, B 子晶格中磁性离子间的排斥能随着 Mn^{3+} ($4\mu_B$) 被 Cr^{3+}($3\mu_B$) 替代而略有减小; 另一方面, 巡游电子在跃迁的过程中消耗系统的能量, 当巡游电子沿 O^{2-}-Cr^{3+}-O^--Mn^{3+}-O^{2-} 链跃迁时 (图 9.33(a)), 消耗系统的能量要多于巡游电子沿 O^{2-}-Mn^{3+}-O^--Mn^{3+}-O^{2-} 链跃迁 (图 9.33(b)) 时消耗的能量.

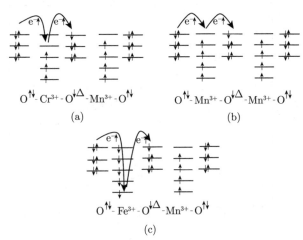

图 9.33　钙钛矿结构锰氧化物 B 子晶格中, 巡游电子在不同离子链间的跃迁示意图

其中, "↑" 和 "↓" 分别代表自旋向上和向下的电子; 符号 "Δ" 表示在该处缺少一个自旋向上的 O 2p 电子, 即 O 2p 空穴

(3) 当有少量 Fe^{3+}、Co^{3+}、Ni^{3+} 掺入时, 掺杂离子与 Mn^{3+} 间为倾角反铁磁耦合, 这就导致离子间的总磁性排斥能显著减小, 因此磁性离子间的倾角略有减小.

(4) 当较多的 Fe^{3+}、Co^{3+}、Ni^{3+} 替代 Mn^{3+} 时, 就会导致样品的磁有序能迅速减弱, 并导致磁性离子间的倾角迅速增大. 这可以理解为巡游电子沿 O^{2-}-Fe^{3+}-O^--Mn^{3+}-O^{2-} 链巡游时 (图 9.33(c)), 消耗系统的能量要远多于巡游电子沿 O^{2-}-Mn^{3+}-O^--Mn^{3+}-O^{2-} 链巡游时 (图 9.33(b)) 消耗系统的能量.

9.5.2 倾角磁结构对样品磁电阻的影响

图 9.34 示出 $Pr_{0.6}Sr_{0.4}MnO_3$ 和 $Pr_{0.6}Sr_{0.4}Fe_{0.1}Mn_{0.9}O_3$ 样品的磁电阻随测试温度的变化曲线, 其变化趋势与图 9.23 相似. 可以看出, 未掺铁的样品在居里温度附近有一个台阶. 在较低温度时样品的磁电阻要高于居里温度附近的磁电阻值, 这就表明样品中阳离子磁矩在低温时存在倾角. 对于 $Pr_{0.6}Sr_{0.4}Fe_{0.1}Mn_{0.9}O_3$ 样品, 在温度 T=117K 时, 样品的磁电阻有一个非常大的峰值, 在 2.0T 外磁场作用下, 最大磁电阻值达到约 70%, 该温度低于样品的居里温度 T_C=129K. 这充分说明由于少量 Fe 掺杂导致样品 B 子晶格中磁性离子间的平均倾角减小至接近于零, 与锰离子磁矩间无倾角的 $La_{0.85}Sr_{0.15}MnO_3$[3] 单晶样品的实验结果类似. 对于 $Pr_{0.6}Sr_{0.4}Co_{0.15}Mn_{0.85}O_3$ 和 $Pr_{0.6}Sr_{0.4}Ni_{0.15}Mn_{0.85}O_3$ 两个样品, 也能观察到类似的现象 [42,43], 并且当 Co、Ni 掺杂量为 0.2 时, 在 50K 下磁电阻值超过了 60%. 这进一步从实验上证明上述关于样品中磁矩倾角的讨论是合理的.

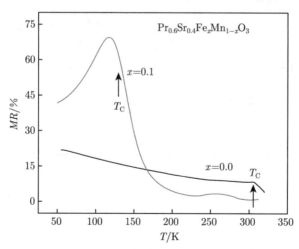

图 9.34 $Pr_{0.6}Sr_{0.4}MnO_3$ 和 $Pr_{0.6}Sr_{0.4}Fe_{0.1}Mn_{0.9}O_3$ 样品的磁电阻 MR 随测试温度 T 的变化曲线 [42,43]

9.6　钙钛矿锰氧化物中二、三价锰离子反铁磁耦合的实验证据

我们[46]制备了两个 Cr 掺杂系列钙钛矿结构锰氧化物, $La_{0.95}T_{0.05}Cr_xMn_{1-x}O_3$ (T = Ca 或 Sr, $0.00 \leqslant x \leqslant 0.30$), 以下分别称为 Ca 系列和 Sr 系列样品. 由于制备条件不同, 样品磁矩随 Cr 掺杂量的变化存在着明显的差别, 居里温度却存在相似的变化趋势, 应用 IEO 模型对这些实验结果给出了合理的解释.

9.6.1　样品的制备

采用溶胶-凝胶法制备样品, 前驱体的制备过程与其他文献的报道[47-52]基本相同, 不同之处在于样品最后的热处理, 如表 9.7 所示. Ca 系列样品经过两次热处理, 先把粉末状态样品在 800℃ 热处理 10h, 然后利用液压机把样品压成片状, 在 1000℃ 热处理 10h. Sr 系列样品经过四次热处理, 先把粉末状态样品在 600℃ 热处理 10h; 第二步和第三步热处理方法与 Ca 系列的两次热处理相同; 第四步, 在 1000℃ 热处理 10h.

表 9.7　两个系列样品的热处理步骤和条件 [46]

样品	第一步	第二步	第三步	第四步
Ca 系列	粉末; 800℃; 10h	片; 1000℃; 10h	—	—
Sr 系列	粉末; 600℃; 10h	粉末; 800℃; 10h	片; 1000℃; 10h	粉末; 1000℃; 10h

9.6.2　样品的晶体结构和晶胞参数

XRD 分析表明, 所有样品都具有单相 ABO_3 菱面体钙钛矿结构, 空间群为 $R\bar{3}c$, 晶粒粒径都大于 100nm. 样品的晶格常数 a 和 c, 晶胞体积 v 随 Cr 掺杂量的变化示于图 9.35. 可以看出: ① Ca 系列样品的 $c/\sqrt{6}$ 略小于 a, 二者之差约为 0.025Å; Sr

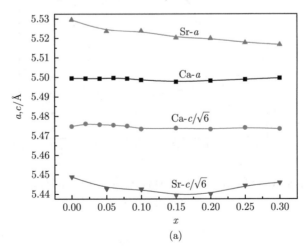

(a)

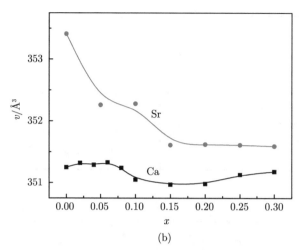

图 9.35 Ca 系列和 Sr 系列样品的晶格常数 a 和 $c(a)$, 晶胞体积 v

(b) 随 Cr 掺杂量 x 的变化 [46]

系列的 a 大于 Ca 系列的 a, 而 Sr 系列的 $c/\sqrt{6}$ 小于 Ca 系列的 $c/\sqrt{6}$, Sr 系列样品的 a 与 $c/\sqrt{6}$ 之差大于 0.07Å. ② 当 Cr 掺杂量从 0 增加到 0.15 时, Sr 系列的晶胞体积逐渐减小, 共减小了约 2Å^3; Ca 系列的晶胞体积变化很小, 约为 0.5Å^3.

9.6.3 样品的磁参数测量结果

在 10K 下测量的 Ca 系列和 Sr 系列样品的磁滞回线, 如图 9.36(a)~(c) 所示. 应用其中的比饱和磁化强度 (σ_s) 计算了两个系列样品的平均分子磁矩 (μ_{obs}). μ_{obs} 随 Cr 掺杂量 x 的变化曲线如图 9.36 (d) 所示. 可以看出一个有趣的结果: ① 对于 Ca 系列样品, 在 Cr 掺杂量为 0.08 时, μ_{obs} 存在一个最大值. 当 $x \leqslant 0.08$ 时, μ_{obs} 随 x 的增加而增大, 从 $1.10\mu_B$ 增大到 $2.63\mu_B$; 当 $x \geqslant 0.08$ 时, μ_{obs} 随 x 的增加而减小; 当 $x = 0.30$ 时, 减小到 $1.64\mu_B$. ② 对于 Sr 系列样品, μ_{obs} 随 x 的增加而单调减小, 从 $3.22\mu_B(x = 0.00)$ 减小到 $1.68\mu_B(x = 0.30)$. 这可能是由 Sr 系列样品的热处理次数多造成的. 我们的另一项研究 [52] 表明 $La_{0.95}Sr_{0.05}MnO_3$ 在 10K 下的磁矩随热处理次数的增加而增大.

在 50 mT 外磁场作用下, 从 300K 到 10K, Ca 系列和 Sr 系列样品比磁化强度 σ 随测试温度的变化曲线如图 9.37 所示. 把图 9.37 中的 σ 对测试温度求导, 取导数最小值处的温度为样品居里温度 (T_C), 可得到样品居里温度随掺杂量的变化曲线, 如图 9.38 所示. 可以看到, 在从 0.0 到 0.3 的整个掺杂范围内, Sr 系列的 T_C 高于 Ca 系列, 但两个系列的 T_C 具有相似的变化趋势: ① 当 $x \leqslant 0.10$ 时, T_C 随 x 的增加而升高; ② 当 $x \geqslant 0.20$ 时, T_C 随 x 的增加而降低.

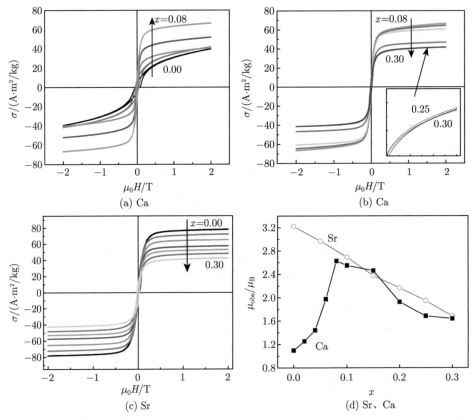

图 9.36　在 10K 下, Ca 系列 (a)、(b) 和 Sr 系列 (c) 样品的磁滞回线; (d) 样品在 10K 的平均分子磁矩 μ_{obs} 随 Cr 掺杂量 x 的变化 [46]

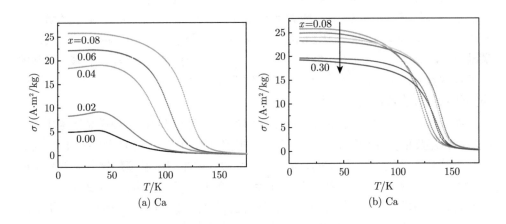

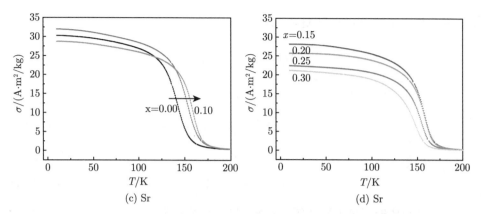

图 9.37　Ca 系列 (a), (b) 和 Sr 系列 (c), (d) 样品的比磁化强度 σ
随测试温度 T 的变化曲线 [46]

外磁场强度为 50mT

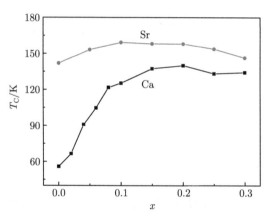

图 9.38　Ca 和 Sr 系列样品的居里温度 T_C 随 Cr 掺杂量 x 的变化曲线 [46]

9.6.4　关于样品磁结构的讨论

Ca 系列和 Sr 系列样品的这些性质可以用 IEO 模型进行解释. 根据前面章节的介绍, 样品中不存在 Mn^{4+} 或 Cr^{4+}, 只存在 Mn^{2+} ($3d^5$)、Mn^{3+} ($3d^4$)、Cr^{2+} ($3d^4$) 和 Cr^{3+} ($3d^3$), 其磁矩分别为 $-5\mu_B$、$4\mu_B$、$4\mu_B$、$3\mu_B$, 含量分别用 M_2、M_3、C_2 和 C_3 表示. 磁矩的负号表示 Mn^{2+} 的磁矩与其他离子的磁矩反铁磁耦合.

(1) 应用 $La_{0.95}Ca_{0.05}Cr_xMn_{1-x}O_3$ $(0.00 \leqslant x \leqslant 0.08)$ 的平均分子磁矩实验值 (μ_{obs}) 估算其不同化合价阳离子的含量.

对于 Ca 系列样品中的 $La_{0.95}Ca_{0.05}MnO_3$, 在 10K 下其磁矩为 $\mu_{obs} = 1.097\mu_B$. 按照 IEO 模型, 在 B 子晶格中 Mn^{2+} 与 Mn^{3+} 磁矩反铁磁耦合. 应用样品磁矩容

易计算出样品中的 Mn^{2+} 和 Mn^{3+} 含量:

$$4M_3 - 5M_2 = \mu_{obs}, \quad M_3 + M_2 = 1. \tag{9.16}$$

由 $\mu_{obs} = 1.097\mu_B$, 可以得到

$$M_2 = 0.3226, \quad M_3 = 0.6774. \tag{9.17}$$

当铬离子的掺杂量为 x 时

$$M_3 = 1 - x - M_2. \tag{9.18}$$

考虑到自由的铬离子和锰离子的第三电离能分别为 30.69eV 和 33.67eV, Cr 比 Mn 较容易失去第三个电子. 假设样品中的 Cr^{3+} 的含量比略多于 Mn^{3+}, 两种离子含量的关系可表示为

$$C_3 = RxM_3, \quad C_2 = x - C_3. \tag{9.19}$$

其中, 参数 R 通过拟合 μ_{obs} 随 x 变化曲线得到. 应用 IEO 模型

$$4M_3 + 4C_2 + 3C_3 - 5M_2 = \mu_{obs}. \tag{9.20}$$

从 (9.18)~(9.20) 式, 可以得到

$$4M_3 + 4(x - C_3) + 3C_3 - 5(1 - x - M_3) = \mu_{obs}. \tag{9.21}$$

利用 (9.19) 式和 (9.21) 式, 可以得到

$$4M_3 + 4(x - RxM_3) + 3RxM_3 - 5(1 - x - M_3) = \mu_{obs}.$$

从而得到

$$M_3 = \frac{\mu_{obs} + 5 - 9x}{9 - Rx}. \tag{9.22}$$

应用 (9.22) 式、(9.18) 式和 (9.20) 式, 以及 μ_{obs}, 对于不同的 R 值, 可以计算出不同的阳离子含量, 从而发现当 $R = 1.1$ 时, 比值 C_3/C_2 略大于 M_3/M_2, 如图 9.39 所示. 可以看到, 比值 C_3/C_2 和 M_3/M_2 都随 Cr 掺杂量的增加而增大, 其原因可以这样理解: Cr 和 Mn 的第三电离能之比为 30.69/33.67, 铬离子的平均化合价略大于锰离子的平均化合价, 导致 Cr 和 Mn 的平均化合价随 Cr 掺杂量的增加而升高.

(2) 通过拟合 μ_{obs} 随 x 的变化曲线估算样品 $La_{0.95}Ca_{0.05}Cr_xMn_{1-x}O_3$ ($0.08 \leqslant x \leqslant 0.30$) 中的不同阳离子含量.

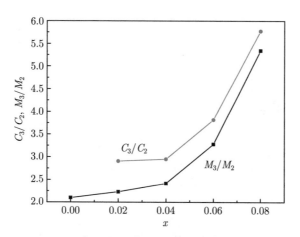

图 9.39　对于 $La_{0.95}Ca_{0.05}Cr_xMn_{1-x}O_3$ 系列样品, 当 $C_3/(xM_3) = R = 1.1$ 时, 二、三价铬
离子和锰离子含量比值 C_3/C_2 和 M_3/M_2 随 Cr 掺杂量 x 的变化曲线 [46]

为了解释样品 $La_{0.95}Ca_{0.05}Cr_xMn_{1-x}O_3$ $(0.08 \leqslant x \leqslant 0.30)$ 的 μ_{obs} 随 x 的变
化关系, 假设在 $0.08 \leqslant x \leqslant 0.30$ 范围内 M_3/M_2 和 C_3/C_2 的比值都与 $x = 0.08$ 时
相同:

$$M_3/M_2 = 5.3414, \quad C_3/C_2 = 5.7757. \tag{9.23}$$

根据上述讨论和 (9.23) 式, 可得到

$$C_3 = x - C_2, \quad M_3 = 1 - x - M_2, \quad C_2 = x/6.7757, \quad M_2 = (1-x)/6.3414. \tag{9.24}$$

进而, 可计算出一系列磁矩值:

$$\mu_{cal0} = 4M_3 + 4C_2 + 3C_3 - 5M_2. \tag{9.25}$$

容易算出 μ_{cal0} 随 x 的增加而增大, 而观察值 μ_{obs} 随 x 的增加而减小. 这意味着样
品中的锰离子磁矩从共线耦合变为倾角耦合, 并且倾角 (ϕ) 随 x 的增加而增大, 可
表示为

$$\phi = \frac{180}{\pi} \arccos\left(\frac{\mu_{obs}}{\mu_{cal0}}\right), \quad 0.08 \leqslant x \leqslant 0.30. \tag{9.26}$$

ϕ 随 x 的变化曲线如图 9.40 所示.

(3) 通过拟合 μ_{obs} 随 x 的变化曲线估算样品 $La_{0.95}Sr_{0.05}Cr_xMn_{1-x}O_3$ $(0.00 \leqslant x \leqslant 0.30)$ 中的不同阳离子含量.

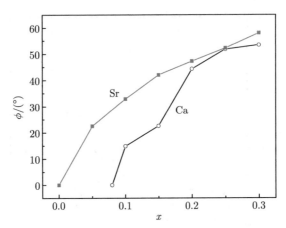

图 9.40　Ca 和 Sr 系列样品中阳离子磁矩间的倾角 ϕ 随 Cr 掺杂量 x 的变化曲线 [46]

对于样品 $La_{0.95}Sr_{0.05}MnO_3$, $\mu_{obs} = 3.22\ \mu_B$. 应用 (9.16) 式, 可计算出 Mn^{2+} 和 Mn^{3+} 的含量

$$M_2 = 0.0867, \quad M_3 = 0.9133. \tag{9.27}$$

因为 μ_{obs} 随 x 的增加单调减小, 与上述第 (2) 小节讨论的 $La_{0.95}Ca_{0.05}Cr_xMn_{1-x}O_3(x > 0.08)$ 相似, 假设: ① 当 Cr 掺杂量增加时, 比值 M_3/M_2 和 C_3/C_2 保持不变; ② 比值 $(C_3/C_2)/(M_3/M_2)$ 与样品 $La_{0.95}Ca_{0.05}Cr_{0.08}Mn_{0.92}O_3$ 相同, 为 $5.7757/5.3411 = 1.081$. 结合 (9.27) 式, 可计算出

$$M_3/M_2 = 0.9133/0.0867 = 10.534, \tag{9.28}$$

$$C_3/C_2 = 1.081(M_3/M_2) = 11.387. \tag{9.29}$$

因为 $M_3 + M_2 = 1 - x$, 所以

$$M_2 = (1 - x)/11.534, \quad M_3 = 1 - x - M_2. \tag{9.30}$$

由于 $C_3 + C_2 = x$, 可得到

$$C_2 = x/12.387, \quad C_3 = x - C_2. \tag{9.31}$$

应用 (9.25) 式、(9.30) 式和 (9.31) 式, 可得到平均分子磁矩的一个计算值 μ_{cal0}, μ_{cal0} 的值从 $3.22\mu_B$ ($x = 0.00$) 减小到 $3.18\mu_B$ ($x = 0.30$), 显然与 μ_{obs} 的变化不一致. 这意味着 Cr 掺杂导致样品中锰离子磁矩出现倾角磁耦合. 应用 (9.26) 式计算出倾角随 x 的变化曲线, 示于图 9.40.

从图 9.40 可以看到一个很有趣的结果, Sr 系列样品 ($0.00 \leqslant x \leqslant 0.30$) 的 ϕ 随 x 变化曲线与 Ca 系列样品 ($0.08 \leqslant x \leqslant 0.30$) 的 ϕ 随 x 变化曲线非常相似, 并且当

$x = 0.25$ 和 0.30 时, Sr 系列样品的 ϕ 值 ($52.3°$ 和 $58.1°$) 与 Ca 系列样品的 ϕ 值 ($51.5°$ 和 $53.5°$) 接近, 这说明上述关于倾角磁结构的讨论是合理的.

(4) 两个系列样品的居里温度.

利用上述计算出的样品中阳离子含量, 可以得到 Mn^{2+} 和 Cr^{3+} 含量 (M_2 和 C_3) 随 Cr 掺杂量 x 的变化关系, 如图 9.41 所示. 利用图 9.41, 可以讨论图 9.38 中居里温度 T_C 随 Cr 掺杂量 x 的变化关系.

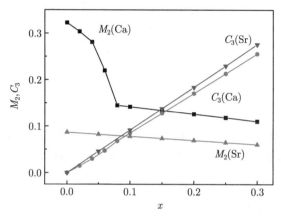

图 9.41 在 Ca 和 Sr 系列样品中 Mn^{2+} 和 Cr^{3+} 含量, M_2 和 C_3, 随 Cr 掺杂量 x 的变化关系 [46]

(i) 图 9.42 示出一个自旋方向向上的巡游电子沿三种不同离子链跃迁的过程. 当巡游电子沿 O^{2-}-Mn^{3+}-O^{2-}-Mn^{3+}-O^- 离子链跃迁时, O^- 磁矩与 Mn^{3+} 磁矩反平行排列, 无论到达阴离子还是阳离子, 巡游电子总是占据最高能级, 如图 9.42(a) 所示, 它消耗体系的能量很少. 考虑巡游电子沿 O^{2-}-Mn^{2+}-O^{2-}-Mn^{3+}-O^- 离子链跃迁, 如图 9.42(b) 所示, Mn^{2+} 磁矩与 Mn^{3+} 磁矩反平行排列, 当它到达 Mn^{2+} 时, 需占据 Mn^{2+} 的最高能级, 它消耗体系的能量很多. 这导致 T_C 随 Mn^{2+} 的减少而升高. 再考虑巡游电子沿 O^{2-}-Cr^{3+}-O^{2-}-Mn^{3+}-O^- 离子链跃迁, 如图 9.42(c) 所示, 当它到达 Cr^{3+} 时, 需占据 Cr^{3+} 的次高能级, 它消耗系统的能量比图 9.42(a) 所示情况多, 但是远少于图 9.42(b) 所示情况. 这导致 T_C 随 Cr^{3+} 含量的增加而降低.

(ii) 从图 9.41 看出, 在 $0.0 \leqslant x \leqslant 0.30$ 的整个范围内, Sr 系列中的 Mn^{2+} 含量 (M_2) 都少于 Ca 系列 M_2, 这是 Sr 系列样品的 T_C 高于 Ca 系列的一个原因.

(iii) 当 $x < 0.08$ 时 (见图 9.41), 由于 M_2 随 x 的增加而减小, 并且 $C_3 < M_2$, M_2 对 T_C 的影响强于 C_3, 这导致 T_C 随 Mn^{2+} 的减少而升高, 在 Ca 系列样品中, Mn^{2+} 迅速减少, T_C 迅速升高; 在 Sr 系列样品中, Mn^{2+} 缓慢减少, T_C 缓慢升高.

(iv) 当 $x > 0.20$ 时 (见图 9.41), 对于两个系列样品, C_3 随 x 的增加而增加, 并且 $C_3 > M_2$, C_3 对 T_C 的影响强于 M_2, 这导致 T_C 随 C_3 的增加而降低.

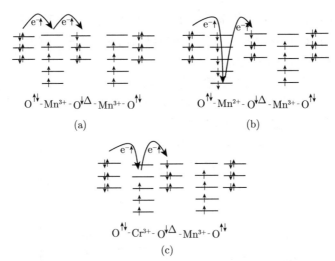

$$O^{\uparrow\Downarrow}\text{-}Mn^{3+}\text{-}O^{\downarrow\Delta}\text{-}Mn^{3+}\text{-}O^{\downarrow\Uparrow}$$

(a)

$$O^{\uparrow\Downarrow}\text{-}Mn^{2+}\text{-}O^{\downarrow\Delta}\text{-}Mn^{3+}\text{-}O^{\downarrow\Uparrow}$$

(b)

$$O^{\uparrow\Downarrow}\text{-}Cr^{3+}\text{-}O^{\downarrow\Delta}\text{-}Mn^{3+}\text{-}O^{\uparrow\Uparrow}$$

(c)

图 9.42　在钙钛矿结构 [B] 子晶格中, 巡游电子沿不同离子链跃迁示意图 [46]

其中, "↑" 和 "↓" 分别代表自旋向上和向下的电子; 符号 "Δ" 表示在该处缺少一个自旋向上的 O 2p 电子, 即 O 2p 空穴

　　总之, 本节实验可以用 IEO 模型给出合理的解释: ① 在同一子晶格中, Mn^{2+} 与 Mn^{3+}(和 Cr^{2+}、Cr^{3+}) 的磁矩反铁磁耦合; ② 在钙钛矿锰氧化物中, 一个自旋向上的巡游电子经 Mn^{3+}、Cr^{3+} 和 Mn^{2+} 跃迁时, 耗费体系的能量依次增大, 这可能成为影响居里温度的重要因素, 也是导致倾角磁结构的一个重要原因.

参 考 文 献

[1]　Wu L Q, Qi W H, Ge X S, Ji D H, Li Z Z, Tang G D, Zhong W. Europhys. Lett., 2017, 120: 27001

[2]　武力乾. 氧离子价态研究及其对钙钛矿锰氧化物 $La_{1-x}Sr_xMnO_3$ 磁性的影响. 石家庄: 河北师范大学, 2016

[3]　Urushibara A, Moritomo Y, Arima T, Asamitsu A, Kido G, Tokura Y. Phys. Rev. B, 1995, 51: 14103

[4]　Jonker G H, Van Santen J H. Physica, 1950, 16: 337

[5]　Seah M P, Brown M T. Journal of Electron Spectroscopy and Related Phenomena, 1998, 95: 71

[6]　Dupin J C, Gonbeau D, Vinatier P, Levasseur A. Phys. Chem. Chem. Phys., 2000, 2: 1319

[7]　Tokura Y, Tomioka Y. J. Magn. Magn. Mater., 1999, 200: 1

[8]　Salamon M B, Jaime M. Rev. Moder. Phys., 2001, 73: 583

[9]　Lee H S, Park C S, Park H H. Appl. Phys. Lett., 2014, 104: 191604

[10] Qian J J, Qi W H, Li Z Z, Ma L, Tang G D, Du Y N, Chen M Y, Wu G H, Hu F X. RSC Advances, 2018, 8: 4417

[11] 钱佳佳. 钙钛矿氧化物 $La_{1-y}M_yMn_{1-x}Fe_xO_3(M_y=Ba_{0.15}$、$Ba_{0.40}$、$Sr_{0.40})$ 的磁有序和电输运性质研究. 石家庄: 河北师范大学, 2018

[12] Izuchi Y, Akaki M, Akahoshi D, Kuwahara H. APL Materials, 2014, 2: 022106

[13] Horiba K, Kitamura M, Yoshimatsu K, Minohara M, Sakai E, Kobayashi M, Fujimori A, Kumigashira H. Phys. Rev. Lett., 2016, 116: 076401

[14] Belkahla A, Cherif K, Dhahri J, Taibi K, Hlil E K. RSC Advance, 2017, 7: 30707

[15] Turky A O, Rashad M M, Hassan A M, Elnaggar E M, Bechelany M. RSC Advances, 2016, 6: 17980

[16] Lü J B, Zhang Y H, Lü Z, Huang X Q, Wang Z H, Zhu X B, Wei B. RSC Advances, 2015, 5: 5858

[17] Nath R, Raychaudhuri A K. RSC Advances, 2015, 5: 57875

[18] Demont A, Abanades S. RSC Advances, 2014, 4: 54885

[19] Herpers A, O'Shea K J, MacLaren D A, Noyong M, Rösgen B, Simon U, Dittmann R. APL Materials, 2014, 2: 106106

[20] Adamo C, Méchin L, Heeg T, Katz M, Mercone S, Guillet B, Wu S, Routoure J M, Schubert J, Zander W, Misra R, Schiffer P, Pan X Q, Schlom D G. APL Materials, 2015, 3: 062504

[21] Singh D J, Pickett W E. Pseudogaps, Phys. Rev. B, 1998, 57: 88

[22] Lee J D, Min B I. Phys. Rev. B, 1997, 55: 12454

[23] Hwang H Y, Cheong S W, Ong N P, Batlogg B. Phys. Rev. Lett., 1996, 77: 2041

[24] Alexandrov A S, Bratkovsky A M. Phys. Rev. Lett., 1999, 82: 141

[25] Alexandrov A S, Bratkovsky A M, Kabanov V V. Phys. Rev. Lett., 2006, 96: 117003

[26] Nücker N, Fink J, Fuggle J C, Durham P J, Temmerman W M. Phys. Rev. B, 1988, 37: 5158

[27] Ju H L, Sohn H C, Krishnan K M. Phys. Rev. Lett., 1997, 79: 3230

[28] Ibrahim K, Qian H J, Wu X, Abbas M I, Wang J O, Hong C H, Su R, Zhong J, Dong Y H, Wu Z Y, Wei L, Xian D C, Li Y X, Lapeyre G J, Mannella N, Fadley C S, Baba Y. Phys. Rev. B, 2004, 70: 224433

[29] Liu X M, Zhu H, Zhang Y H. Phys. Rev. B, 2001, 65:024412

[30] Wang L M, Wang C Y, Tseng C C. Appl. Phys. Lett., 2012, 100: 232403

[31] Narreto M A B, Alagoz H S, Jeon J, Chow K H, Jung J. J. Appl. Phys., 2014, 115: 223905

[32] Xu L S, Fan J Y, Zhu Y, Shi Y G, Zhang L, Pi L, Zhang Y H, Shi D N. Chemical Physics Letters, 2015, 634: 174

[33] Qian J J, Li Z Z, Qi W H, Ma L, Tang G D, Du Y N, Chen M Y. Journal of Alloys and Compounds, 2018, 764: 239

[34] Zhang K Q, Zhen C M, Wei W G, Guo W Z, Tang G D, Ma L, Houa L, Wu X C. Insight into metallic behavior in epitaxial halfmetallic NiCo$_2$O$_4$ films. RSC Advances, 2017, 7: 36026

[35] Rama N, Sankaranarayanan V, Opel M, Gross R, Ramachandra Rao M S. J. Alloys Compd., 2007, 443: 7

[36] Zemni S, Baazaoui M, Dhahri Ja, Vincent H, Oumezzine M. Materials Letters, 2009, 63: 489

[37] Elleucha F, Trikia M, Bekri M, Dhahri E, Hlil E K. J. Alloys Compd., 2015, 620: 249

[38] Ritter C, Radaelli P G. J. Solid State Chem., 1996, 127: 276

[39] Rößler S, Harikrishnan S, Naveen Kumar C M, Bhat H L, Elizabeth S, Rößler U K, Steglich F, Wirth S. J. Supercond. Nov. Magn., 2009, 22: 205

[40] Maheswar Repaka D V, Tripathi T S, Aparnadevi M, Mahendiran R. J. Appl. Phys., 2012, 112: 123915

[41] Boujelben W, Ellouze M, Cheikh-Rouhou A, Pierre J, Cai Q, Yelond W B, Shimizuf K, Dubourdieu C. J. Alloys Compd., 2002, 334: 1

[42] Ge X S, Wu L Q, Li S Q, Li Z Z, Tang G D, Qi W H, Zhou H J, Xue L C, Ding L L. AIP Advances, 2017, 7: 045302

[43] Ge X S, Li Z Z, Qi W H, Ji D H, Tang G D, Ding L L, Qian J J, Du Y N. AIP Advances, 2017, 7: 125002

[44] 葛兴烁. 钙钛矿结构锰氧化物 Pr$_{0.6}$Sr$_{0.4}$Mn$_{1-x}$$M_xO_3$($M=$Cr, Fe, Co, Ni) 的磁有序特性研究. 石家庄: 河北师范大学, 2017

[45] Shannon R D. Acta Cryst. A, 1976, 32: 751

[46] Li S Q, Wu L Q, Qi W H, Ge X S, Li Z Z, Tang G D, Zhong W. J. Magn. Magn. Mater., 2018, 460: 501

[47] Liu S P, Tang G D, Hao P, Xu L Q, Zhang Y G, Qi W H, Zhao X, Hou D L, Chen W. J. Appl. Phys., 2009, 105: 013905

[48] Liu S P, Xie Y, Xie J, Tang G D. J. Appl. Phys., 2011, 110: 123714

[49] Liu S P, Xie Y, Tang G D, Li Z Z, Ji D H, Li Y F, Hou D L. J. Magn. Magn. Mater., 2012, 324: 1992

[50] Ji D H, Hou X, Tang G D, Li Z Z, Hou D L, Zhu M G, Rare Metals, 2014, 33: 452

[51] Hou X, Ji D H, Qi W H, Tang G D, Li Z Z, Chinese Physics B, 2015, 24: 057501

[52] 武力乾, 齐伟华, 李雨辰, 李世强, 李壮志, 唐贵德, 薛立超, 葛兴烁, 丁丽莉. 物理学报, 2016, 65: 027501

第10章　氯化钠结构氧化物的反铁磁序

氯化钠结构反铁磁材料是典型的反铁磁材料. 本章介绍氯化钠结构反铁磁性材料磁结构的特点及其与钙钛矿结构反铁磁性的区别.

10.1　氯化钠结构反铁磁材料的特点

MnO、FeO、CoO、NiO 具有氯化钠结构、立方对称性, 空间群为 $Fm\bar{3}m$, 阳离子和阴离子分别构成面心立方格子, 相互错开二分之一晶格常数, 每个晶胞中含有 4 个分子, 如图 10.1 所示. 表 10.1 给出由 ICDD (International Centre for Diffraction Data) 卡片查到的这四种典型反铁磁材料的晶格常数 a 和利用 1.5406Å(1.057Å) 波长的 X 射线得到的 (111) 面衍射峰位的 2θ 值. 此外, 还列出了这些材料的奈尔温度 [1].

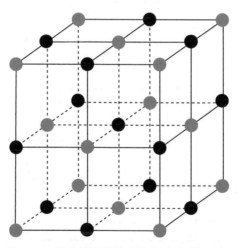

图 10.1　氯化钠结构晶胞的离子分布示意图

Shull 等 [2] 利用中子衍射实验首先证实 MnO 具有反铁磁结构, 其奈尔温度 $T_N = 120$K. 他们使用的中子束波长为 1.057Å. 在远高于 T_N 的 293K, 锰离子的磁矩处于无序态, 得到的衍射谱如图 10.2(b) 所示, 其 (111) 晶面族的衍射峰位与表 10.1 中 X 射线衍射给出的结果基本一致. 在 T_N 以下的 80K 得到的衍射谱如图 10.2(a) 所示, 比在 293 K 的衍射谱多了几个峰, 这是带有磁矩的中子被磁有序的阳离子磁

表 10.1　由 ICDD 卡片给出的四种典型反铁磁材料的晶格常数 a 和利用 1.5406Å (1.057Å) 波长的 X 射线得到的 (111) 面衍射峰位的 2θ 值. 其中还列出材料的奈尔温度 T_N[1]

氧化物	ICDD 卡片号	a/Å	2θ/(°) (1.5406Å)	2θ/(°) (1.057Å)	T_N/K
MnO	03-065-0641	4.5320	34.243	23.307	120
FeO	00-046-1312	4.2930	36.343	24.710	185
CoO	03-065-2902	4.2603	36.501	24.815	291
NiO	03-065-2901	4.1946	37.093	25.210	515

矩散射的结果. 为证明这一点, 他们还在 100K 和 124K 测量了中子衍射谱, 发现图 10.2(a) 所示的 (111) 衍射峰强度随测试温度的升高迅速降低, 表明随测试温度的升高, 锰离子的磁矩从磁有序向无序转变, 即从反铁磁态向顺磁态转变. 图 10.2(a) 中给出 80K 的晶格常数为 8.85Å, 约为图 10.2(b) 中 293K 时晶格常数的两倍, 这是由于考虑到锰离子磁矩的反铁磁耦合, 取了一个较大的晶胞, 含有 32 个分子, 是不考虑磁有序时分子数目的 8 倍.

　　在文献 [2] 中, Shull 等还给出了反铁磁材料 FeO、CoO、NiO 以及 α-Fe$_2$O$_3$ 的中子衍射谱和分析结果.

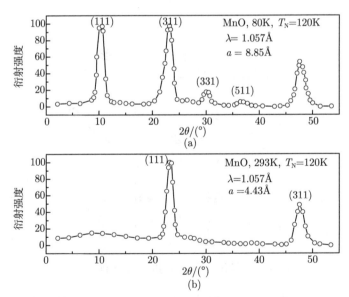

图 10.2　Shull 等 [2] 报道的 MnO 的中子衍射谱

10.2　一氧化锰与锰酸镧反铁磁序的区别

应该注意到 10.1 节所述 MnO 等氯化钠结构反铁磁材料是典型的反铁磁材料, 即无论怎么改变制备条件, 其磁矩都非常小. 而在 9.1 节提到的钙钛矿结构 LaMnO$_3$, 虽然具有反铁磁性, 但是其磁矩与制备条件有关, 在不同的制备条件下, 其平均分子磁矩可从 $0\mu_B$ 到 $3\mu_B$ 变化 [3,4]. 显然, 钙钛矿结构 LaMnO$_3$ 与氯化钠结构 MnO 的反铁磁序存在重要差别, 这种差别可用 IEO 模型给出解释.

如 9.1 节所述, 在钙钛矿结构的 LaMnO$_3$ 中 O^{2-} 外层轨道的自旋相反的两个 2p 电子作为巡游电子, 分别沿 A 子晶格的 O-La-O-La-O 离子链和 B 子晶格的 O-Mn-O-Mn-O 离子链跃迁. 如 4.2 节所介绍, 在 ABO$_3$ 钙钛矿结构的 LaMnO$_3$ 中, A 位空间大, B 位空间小, 半径大的镧离子和半径小的锰离子只能分别进入 A 位和 B 位. A 子晶格的镧离子间不存在磁耦合. 反铁磁结构是由于在 B 子晶格中的 Mn^{2+} 与 Mn^{3+} 反铁磁耦合而形成的. 制备条件不同, 可导致样品中氧含量不同 [3,4], 从而导致锰离子的平均化合价不同, 即 Mn^{2+} 与 Mn^{3+} 的比例不同, 最终造成平均分子磁矩不同. 只有当 La 位二价离子替代量大于或等于 0.15 时, 锰离子全部变为三价离子, 制备条件对于钙钛矿结构锰氧化物平均分子磁矩的这种影响才能基本消除. 我们 [5] 研究了制备条件对 La$_{1-x}$Ba$_x$MnO$_3$ 系列样品磁矩和居里温度的影响, 发现当 Ba 含量为 0.00 和 0.05 时, 热处理温度对样品磁矩和居里温度的影响很大; 当 Ba 含量大于 0.15 时, 这种影响明显减小. 我们 [6,7] 采用不同条件制备了 La$_{0.95}$Sr$_{0.05}$MnO$_3$ 系列样品, 以及 La$_{0.95}$T$_{0.05}$Cr$_x$Mn$_{1-x}$O$_3$(T = Ca 或 Sr, 0.00 $\leqslant x \leqslant$ 0.30) 系列样品, 也都发现制备条件对其磁矩和居里温度具有显著影响, 详见 9.6 节.

在 MnO 等氯化钠结构反铁磁材料中, O^{2-} 外层轨道自旋相反的两个 2p 电子也分别沿两个子晶格跃迁, 但是两个子晶格由于具有完全相同的晶体结构, 不管制备条件导致阳离子平均化合价如何变化, 不同化合价的阳离子在两个子晶格中应有相同的分布, 形成大小相等的磁矩, 进而两个子晶格的反铁磁耦合使磁矩相互抵消.

总之, MnO 的反铁磁结构是两个子晶格的反铁磁耦合, 两个子晶格中巡游电子的自旋方向相反, 在每个子晶格中锰离子的自旋方向相同, 多数为 Mn^{2+}(3d^5), 少数为 Mn$^+$(3d^6); 而 LaMnO$_3$ 中的反铁磁是一个子晶格中 Mn^{3+}(3d^4) 与 Mn^{2+}(3d^5) 的反铁磁耦合, 在这个子晶格中巡游电子的自旋只有一个方向.

参 考 文 献

[1] 姜寿亭, 李卫. 凝聚态磁性物理. 北京: 科学出版社, 2003
[2] Shull C G, Strauber W A, Wollan E O. Phys. Rev., 1951, 83: 333

[3]　Töpfer J, Goodenough J B. J. Solid State Chem., 1997, 130: 117

[4]　Prado F, Sanchez R D, Caneiro A, Causa M T, Tovar M. J. Solid State Chem., 1999, 146: 418

[5]　钱佳佳. 钙钛矿氧化物 $La_{1-y}M_y Fe_x Mn_{1-x}O_3 (M_y = Ba_{0.15}、Ba_{0.4}、Sr_{0.40})$ 的磁有序和电输运性质研究. 石家庄: 河北师范大学, 2018

[6]　武力乾, 齐伟华, 李雨辰, 李世强, 李壮志, 唐贵德, 薛立超, 葛兴烁, 丁丽莉. 物理学报, 2016, 65: 027501

[7]　Li S Q, Wu L Q, Qi W H, Ge X S, Li Z Z, Tang G D, Zhong W. J. Magn. Magn. Mater., 2018, 460: 501

第11章 磁性金属的巡游电子模型

在原子物理学中电子按能级分布理论的基础上, 我们 [1,2] 首次提出一个关于磁性金属的新巡游电子模型 (IEM 模型). 基于 IEM 模型, 我们应用 Fe、Ni、Co 金属的平均原子磁矩实验值估算出其中每个原子的 3d 电子平均数目 n_d 和平均每个原子贡献的自由电子数目 n_f, 从而得到金属 Fe、Ni、Co 的电阻率随 n_f 的增大依次减小. 这为进一步澄清金属与合金的价电子结构提供了新的思路.

11.1 金属中原子磁矩的实验和理论研究

从物理学常用数表 [3] 和铁磁学教材 [4] 中容易查到铁磁性金属 Fe、Co、Ni 的平均原子磁矩分别为 $2.22\mu_B$、$1.72\mu_B$ 和 $0.62\mu_B$. 近年来, 为探索金属磁性的物理机制, 人们又进行了一些新的实验研究.

1995 年, 美国学者 Chen 等 [5] 在超高真空条件下制备了厚度为 50~70Å 的 Fe 和 Co 金属薄膜, 原位测量了样品的 $L_{2,3}$ 吸收边的 X 射线吸收谱 (XAS) 和 X 射线磁圆二色 (XMCD) 谱. $L_{2,3}$ 吸收边源于 3d 过渡金属的 2p 电子到空的 3d 态的激发. 测量中使用圆极化的 X 射线, 其 μ_+ 和 μ_- 的螺旋性方向分别与 X 射线束平行和反平行, 从而得到分别与 μ_+ 和 μ_- 相应的 XAS. XMCD 谱是 XAS 的 μ_+ 和 μ_- 谱强度之差 $I(\mu_+) - I(\mu_-)$. Chen 等的分析给出两个值得注意的信息: ① 平均每个 Fe 和 Co 原子的自旋磁矩分别为 $1.98\mu_B$ 和 $1.55\mu_B$, 轨道磁矩分别为 $0.086\mu_B$ 和 $0.153\mu_B$. 轨道磁矩分别为自旋磁矩的 4.3% 和 9.9%, 说明轨道磁矩的贡献很小. ② 分析过程中, 对于 Fe 和 Co 的 3d 电子平均数目, 他们采用了理论计算结果 6.61 和 7.51[6,7], 都明显多于自由原子的 3d 电子数目 6 和 7, 说明他们认为在从自由原子形成金属的过程中, 一部分 4s 电子进入 3d 轨道, 变成了 3d 电子.

2007 年, 德国学者 Jauch 和 Reehuis[8] 使用 316.5keV 的 γ 射线, 在 295K 测量了 α-Fe 单晶的高精度结构因子. 他们通过对这个结构因子的分析, 认为在 α-Fe 中的价电子组态应为 $3d^7 4s^1$, 而不是自由 Fe 原子的 $3d^6 4s^2$.

2015 年, 瑞士学者 Pacchioni 等 [9] 研究了吸附在 Cu (111) 面上的 Fe 单原子和小团簇的磁学性质. 他们在一个真空腔中, 利用氩离子溅射制备了 (111) 面的 Cu 单晶, 然后, 利用电子束在原位蒸发 Fe. 在蒸发过程中, Cu 基片的温度为 3.5K, 以保证 Fe 原子是吸附在 Cu (111) 面上, 而不存在与 Cu 基片的较强相互作用. 制备样品的真空腔连接着一个扫描隧道显微镜, 用以原位检测 Fe 层的厚度, 并且可在不破坏真空的条件下, 把样品转移至 XAS 和 XMCD 谱测量室, 进行测量. 他们制备了系列样品, Fe 的覆盖范围在 0.007~0.145 单层 (ML). 其中, ML 定义为每个 Cu 晶胞的 (111) 面上有一个 Fe 原子. 他们首先研究了 0.007ML 的样品, 这相当于 Fe 原子为吸附在 Cu (111) 面上的孤立原子. XAS 测量在温度 $T = 2.5K$ 和磁场 $B = 6.8T$ 条件下进行. 通过对 XAS 和 XMCD 谱实验结果的分析, 作者得到吸附在 Cu (111) 面上的孤立 Fe 原子 3d 次壳层的 3d 空穴数, h_d =3.03, 价电子结构近似为 $3d^7 4s^1$. 相对于自由的 Fe 原子, 相当于有一个 4s 电子进入了 3d 轨道. 对于吸附在 Cu (111) 面上的 Fe 原子团簇, 随着团簇中平均原子数目逐渐增加, 平均每个原子的轨道磁矩迅速减小, 从孤立 Fe 原子时的 $0.66\mu_B$ 减小到 5 个 Fe 原子时的 $0.2\mu_B$. 而由电子自旋形成的平均原子磁矩在 5 个 Fe 原子时为 $2.4\mu_B$, 与公认的块体金属 Fe 的平均原子磁矩 $2.22\mu_B$ 非常接近. 平均轨道磁矩与自旋磁矩比值为 8.3%.

为了探讨金属磁性的物理机制, 也有一些学者利用密度泛函理论计算了一些金属的原子磁矩. Lazarovits 等 [10] 的计算结果给出, 夹在 Cu (001) 基片间的单层 Fe 中平均每个 Fe 原子的总自旋磁矩为 $2.54\mu_B$. Stepanyuk 等 [11] 的计算结果给出, 在 Cu (111) 面上可以形成 3d 过渡金属纳米结构和超晶格, 对于 Ti、V、Cr、Mn、Fe、Co、Ni, 其平均原子磁矩分别为 $1.77\mu_B$、$3.15\mu_B$、$4.28\mu_B$、$4.32\mu_B$、$3.17\mu_B$、$1.92\mu_B$、$0.36\mu_B$. Santos Dias 等 [12] 的计算结果给出, 在 Cu (111) 面上的过渡金属吸附原子 Cr、Mn、Fe、Co 的磁矩分别为 $4.07\mu_B$、$4.31\mu_B$、$3.23\mu_B$、$1.97\mu_B$.

从上述这些研究工作可以看出: 第一, 用不同方法得出的金属中平均原子磁矩与块体金属的平均原子磁矩实验值都存在着差别; 第二, 多数工作都认为在自由原子形成金属的过程中一部分 4s 电子进入了 3d 轨道, 变成 3d 电子; 第三, 与自旋磁矩相比较, 轨道磁矩的影响很小.

11.2   典型磁性金属磁有序的新巡游电子模型 (IEM 模型)

X 射线光电子谱实验和密度泛函理论计算都证明 [13-15], 在过渡金属的费米能级以下约 6eV 的范围内连续分布着价电子. 图 5.15[13] 给出了 Fe 的自旋和角分辨光电子谱, 当测试温度为远低于居里温度 T_C 的 $0.3T_C$ 时, 在费米能级 (能量零点) 附近, 自旋向下的电子 (少数自旋) 分布几率远大于自旋向上 (多数自旋) 的电子, 说明原子物理学中关于原子中的电子按能级分布的规则在金属中也是合理的, 即当 3d 壳层的电子数目 $n_d \leqslant 5$ 时, 每个电子占据一个能级, 电子自旋向上; 当 $n_d \geqslant 6$ 时, 多出的电子从高能级向低能级排列, 电子自旋向下. 实际上, 只有在费米能级以下 0.03eV 以内的价电子能够在室温下热激发到费米能级以上, 所以绝大部分价电子是局域电子. 根据金属能带论早期的研究结果, 对于金属 Fe 中平均每个原子来说, 其自旋向上和自旋向下的 3d 电子数目分别为 4.8 和 2.6[4]. 自旋向上和自旋向下电子总数的差为 2.2, 从而解释了平均每个原子磁矩为 $2.2\mu_B$ 的实验结果. 但是这样的能带论计算结果, 没有解释为什么 Fe、Ni、Co 的电阻率依次减小, 以及为什么 Ni 的居里温度远低于 Fe 和 Co, 如表 11.1 所示. 本节介绍一个关于金属磁性的新巡游电子模型 (IEM 模型), 用以解释这些问题.

表 11.1 几种金属的平均原子磁矩 (μ_{obs})、居里温度 (T_C) 和电阻率 (ρ) 实验值, 以及 3d 与 4s 电子总数 n_{ds}, 金属中 3d 次壳层的电子数 ($n_d = 10 - \mu_{obs}$) 和自由电子数 ($n_f = n_{ds} - n_d$)

	μ_{obs}/μ_B	T_C/K	$\rho(0°C)/(\mu\Omega\cdot cm)$	n_{ds}	n_d	n_f
Fe	2.22	1043	8.60	8	7.78	0.22
Ni	0.62	631	6.14	10	9.38	0.62
Co	1.72	1404	5.57	9	8.28	0.72
Cu	0.00	—	1.55	11	10	1.00
参考文献	[2-4]	[3]	[3]	—	—	—

在传统教材中, 把 3d 过渡金属的 3d 和 4s 电子看成自由地在晶格中巡游, 考虑到一些假设的相互作用后形成能带 [4]. 与这种传统的巡游电子模型不同, **IEM 模型**主要包括三点:

(1) 基于 γ 射线衍射等研究结果 [5-9], 认为在 3d 过渡族原子 (除 Cu 和 Zn 外) 结合成金属的过程中, 由于受到原子间电子的泡利排斥力的挤压作用, 原子的大部分 4s 电子进入 3d 轨道, 变成 3d 电子, 剩余的 4s 电子作为自由电子.

(2) 处于费米能级附近的 3d 电子有一定几率在邻近原子间发生跃迁, 形成巡游电子, 其余的 3d 电子都是局域电子.

(3) 金属的电阻率随自由电子含量的增加而减小. 自由电子的迁移过程受到晶格的弱周期性势场的影响, 不受任何离子外层轨道的束缚, 所以自由电子的自旋对材料磁矩没有贡献. 在居里温度以下, 巡游电子跃迁属于自旋相关跃迁; 当温度接近居里温度时, 其跃迁几率迅速减小.

3d 过渡金属原子有 5 个 3d 能级. 根据洪德定则, 当 3d 电子数目 $n_d \leqslant 5$ 时, 电子自旋都排列在一个方向上, 一般称为自旋向上, 原子磁矩为 $n_d\mu_B$; 当 $n_d > 5$ 时, 多出的电子自旋反向排列, 称为自旋向下, 原子磁矩随自旋向下电子数目的增多而减小. Fe、Ni、Co 的 3d 电子数目大于 5, 所以其原子磁矩应为

$$\mu = 10 - n_d. \tag{11.1}$$

自由电子数目 n_f 则为 3d 和 4s 电子总数 n_{ds} 与 n_d 之差

$$n_f = n_{ds} - n_d. \tag{11.2}$$

把表 11.1 中样品磁矩的实验值代入 (11.1) 式, 容易算出在 Fe、Ni、Co 金属中原子的平均 3d 电子数目 n_d 分别为 7.78、9.38 和 8.28. 然后由 (11.2) 式计算出自由电子的平均数目 n_f 分别为 0.22、0.62 和 0.72. Cu 原子有 10 个 3d 电子, 1 个 4s 电子. 由于 3d 轨道已经填满电子, 金属 Cu 的自由电子平均数目为 1.00. 我们发现一个非常有趣的结果: 这些金属在 0℃ 电阻率的实验值 ρ 随 n_f 的增加而减小, 如图 11.1 所示.

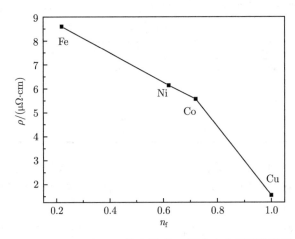

图 11.1   Fe、Ni、Co、Cu 在 0℃ 的电阻率 ρ 随自由电子平均数目 n_f 的变化

根据金属能带论早期的计算结果, 在 Fe、Ni 和 Co 金属中平均每个原子的 3d 电子数目分别为 7.4、9.4 和 8.3 [4,16], 与表 11.1 的数据 n_d 很接近, 只有 Fe 的 3d 电子数目与表 11.1 中用磁矩实验值计算的结果偏离较大, 这说明 IEM 模型可以用金属能带论解释. 但是 IEM 模型给出了更加清晰的物理机制和一个利用磁矩实验数据研究金属价电子结构的简单而有效的方法, 这可以给众多材料学实验研究者带来方便.

注意到 Ni 金属中原子的 3d 电子平均数目为 9.38. 这说明在金属 Ni 中, 38% 的原子有 10 个 3d 电子, 属于满壳层的较稳定结构. 这种满壳层结构的 3d 电子能量较低, 不容易发生巡游, 相当于掺入了 Cu 或 Zn. 这必然导致金属 Ni 的居里温度降低, 所以 Ni 的居里温度只有 631K, 远低于 Fe 的居里温度 1043K 和 Co 的居里温度 1404K. 对于这个问题, 在第 12 章还将进一步讨论.

本节介绍的这个巡游电子模型与斯蒂思斯 (M. B. Stearns)[17,18] 提出的 d_l-d_i 电子之间交换作用模型的相似之处, 在于都认为过渡金属中 3d 电子分成巡游电子和局域电子. 但是斯蒂思斯的模型只解释了金属磁矩的大小, 本节的模型不仅解释了金属磁矩的大小, 而且定性解释了金属电阻率与磁矩的关系, 以及为什么金属 Ni 的居里温度远低于金属 Co.

参 考 文 献

[1] 齐伟华, 马丽, 李壮志, 唐贵德, 吴光恒. 物理学报, 2017, 66: 027101

[2] Tang G D, Li Z Z, Ma L, Qi W H, Wu L Q, Ge X S, Wu G H, Hu F X. Physics Reports, 2018, 758: 1

[3] 饭田修一, 大野和郎, 神前熙. 物理学常用数表. 张质贤, 译. 北京: 科学出版社, 1979

[4] 戴道生, 钱昆明. 铁磁学 (上册). 北京: 科学出版社, 1987

[5] Chen C T, Idzerda Y U, Lin H J, Smith N V, Meigs G, Chaban E, Ho G H, Pellegrin E, Sette F. Phys. Rev. Lett., 1995, 75: 152

[6] Wu R, Wang D, Freeman A J. Phys. Rev. Lett., 1993, 71: 3581

[7] Wu R, Freeman A J. Phys. Rev. Lett., 1994, 73: 1994

[8] Jauch W, Reehuis M. Phys. Rev. B, 2007, 76: 235121

[9] Pacchioni G E, Gragnaniello L, Donati F, Pivetta M, Autès G, Yazyev O V, Rusponi S, Brune H. Phys. Rev. B, 2015, 91: 235426

[10] Lazarovits B, Szunyogh L, Weinberger P, Újfalussy B. Phys. Rev. B, 2003, 68: 024433

[11] Stepanyuk V S, Niebergall L, Longo R C, Hergert W, Bruno P. Phys. Rev. B, 2004, 70: 075414

[12] dos Santos Dias M, Schweflinghaus B, Blügel S, Lounis S. Phys. Rev. B, 2015, 91: 075405

[13] Kisker E, Schroder K, Campagna M, Gudat W. Phys. Rev. Lett., 1984, 52: 2285

[14] Sánchez-Barriga J, Minár J, Braun J, Varykhalov A, Boni V, Di Marco I, Rader O, Bellini V, Manghi F, Ebert H, Katsnelson M I, Lichtenstein A I, Eriksson O, Eberhardt W, Dürr H A, Fink J. Phys. Rev. B, 2010, 82: 104414

[15] Johnson P D. Rep. Prog. Phys., 1997, 60: 1217

[16] 方俊鑫, 陆栋. 固体物理学 (上册). 上海: 上海科学技术出版社, 1980

[17] Stearns M B. Physical Review B, 1973, 8: 4383

[18] Stearns M B. Physics Today, 1978, 31(4): 34

第12章 磁性材料磁有序能来源的探讨

在 3.1 节和 4.4 节已提到, 对于磁性材料磁有序能的来源, 即外斯分子场的来源, 传统观点认为是纯量子力学效应, 没有任何经典模型与之对应 [1]. 在密度泛函理论的能量表达式中包含库仑能的唯象表达式. 然而, 至今也没有找到磁有序能的唯象表达式. 因此, 以量子力学为基础的密度泛函理论尽管在材料模拟的许多方面取得了重要成果, 但在磁性材料性能的预测方面却遇到严重困难. 我们提出一个唯象的物理模型, 称为外斯电子对 (WEP) 模型, 认为 WEP 两个电子间的静磁吸引能是磁有序能 (分子场能) 的主要来源. 进而, 推导出 WEP 的能量表达式、两电子的平衡间距和最大间距, 探讨了在几种钙钛矿结构锰氧化物中形成 WEP 的几率, 用以解释居里温度附近晶格常数随温度变化的特点. 综合应用 IEO 模型、IEM 模型和 WEP 模型, 解释了几种典型磁性材料具有不同居里温度的原因. 结果表明这些模型是合理的.

12.1 外斯分子场

在 3.1 节已经提到, 铁磁性、亚铁磁性和反铁磁性材料中存在磁畴. 在一个磁畴中原子磁矩克服巨大的磁性排斥能有序排列起来. 为了解释使原子磁矩有序排列的巨大能量, 1907 年, 外斯提出了分子场假说. 戴道生和钱昆明 [1] 在介绍分子场理论时, 估算了分子场的数值: 当温度达到居里温度时, 自发磁化消失, 此时原子的热运动能量与自发磁化的能量相当, 即

$$kT_C = H_m gS\mu_B. \tag{12.1}$$

其中, H_m 代表分子场强度, 玻尔磁子 $\mu_B = 1.1654 \times 10^{-29} J/(A/m)$, 对于金属 Fe, 居里温度 $T_C = 1043K$, 当平均每个原子的磁矩近似为 $gS\mu_B = 2.22\mu_B$ 时, 可计算出

$$H_m = \frac{kT_C}{gS\mu_B} = \frac{1043 \times 1.38 \times 10^{-23}}{2.22 \times 1.1654 \times 10^{-29}} = 5.5633 \times 10^8 (A/m) = 6.991 \times 10^6 (Oe).$$

对于钙钛矿结构锰氧化物 $La_{0.80}Ca_{0.20}MnO_3$、$La_{0.75}Ca_{0.25}MnO_3$ 和 $La_{0.70}Sr_{0.30}MnO_3$, 令 (12.1) 式中的 gS 等于每个分子的平均磁矩 μ_{obs}. 可计算出这些样品的分子场强度 H_m. 计算结果和计算过程所用到的参数列于表 12.1. 对于如此巨大的分子场的来源, 至今没有得到物理上的唯象解释, 成为长期困扰铁磁性物理研究者

的难题. 这可能是多年来磁学研究难以取得突破性进展的主要原因之一, 所以探讨这个问题具有十分重要的意义.

表 12.1 $La_{0.80}Ca_{0.20}MnO_3$、$La_{0.75}Ca_{0.25}MnO_3$、$La_{0.70}Sr_{0.30}MnO_3$ 和金属铁的居里温度 T_C、平均分子磁矩实验值 μ_{obs}、饱和磁化强度 M_s 和分子场强度 H_m

材料	T_C/K	μ_{obs}/μ_B	$M_s/(\times 10^5 A/m)$	$H_m/(\times 10^7 A/m)$	$H_m/(\times 10^5 Oe)$
Ca0.20[2]	198	3.76	6.03	6.24	7.84
Ca0.25[3]	240	3.13	5.06	9.08	11.41
Sr0.30[2]	369	3.50	5.61	12.48	15.70
Fe[1]	1043	2.22	17.40	55.63	69.91

根据文献 [1] 和表 12.1, Fe 的饱和磁化强度 M_s 为 $17.40\times 10^5 A/m$, 外斯分子场强度 H_m 为 $55.63\times 10^7 A/m$, 则分子场的能量密度, 即单位体积的能量, 可以计算如下:

$$w = \mu_0 H_m M_s = 4\pi \times 10^{-7} \times 55.63 \times 10^7 \times 17.40 \times 10^5 = 1.2164 \times 10^9 (J/m^3). \quad (12.2)$$

铁具有体心立方晶格, 晶格常数 2.86Å, 每个晶胞中含 2 个铁原子, 则平均每对铁原子的分子场能量为

$$w_0 = wa^3 = 1.2164 \times 10^9 \times (2.86 \times 10^{-10})^3 = 2.846 \times 10^{-20}(J) = 0.1778(eV). \quad (12.3)$$

它形成一个使晶胞体积收缩的力, 与平均每对离子的结合能 (约 10eV) 比较, 这个值是合理的. 对于钙钛矿结构锰氧化物 $La_{0.80}Ca_{0.20}MnO_3$、$La_{0.75}Ca_{0.25}MnO_3$ 和 $La_{0.70}Sr_{0.30}MnO_3$, 利用表 12.1 中的参数, 同样可算出分子场的能量密度 w. 对于平均每对锰离子间的外斯分子场能量 w_0, 计算时注意到每个分子含一个锰离子; $La_{0.80}Ca_{0.20}MnO_3$ 和 $La_{0.75}Ca_{0.25}MnO_3$ 为正交结构, 每个晶胞中有 4 个分子, $w_0 = wv/2$; $La_{0.70}Sr_{0.30}MnO_3$ 为菱面体结构, 每个晶胞中有 6 个分子, $w_0 = wv/3$. 其中, v 为晶胞体积. 计算结果列于表 12.2.

表 12.2 $La_{0.80}Ca_{0.20}MnO_3$、$La_{0.75}Ca_{0.25}MnO_3$、$La_{0.70}Sr_{0.30}MnO_3$ 和金属铁中每对磁性离子间的外斯分子场能量 w_0 以及相关的参数. 其中, kT_C 是在居里温度 T_C 处的热能, Z 是每个晶胞中的分子数, v 是晶胞的体积, M_s 和 H_m 分别是饱和磁化强度和外斯分子场强度

掺杂	kT_C/eV	Z	v/Å^3	M_s/($\times 10^5 A/m$)	H_m/($\times 10^7 A/m$)	w/($\times 10^7 J/m^3$)	w_0/eV	w_0/(kT_C)
Ca0.20[2]	0.0171	4	232.633$_{15K}$	6.030	6.24	4.725	0.0344	2.01
Ca0.25[3]	0.0207	4	231.215$_{23K}$	5.064	9.08	5.778	0.0418	2.01
Sr0.30[2]	0.0317	6	349.767$_{15K}$	5.610	12.48	8.801	0.0641	2.02
Fe[1]	0.0900	2	23.394$_{293K}$[4]	17.40	55.63	121.7	0.1778	1.98

从表 12.2 看到一个非常有趣的结果: 对于 $La_{0.80}Ca_{0.20}MnO_3$、$La_{0.75}Ca_{0.25}MnO_3$、$La_{0.70}Sr_{0.30}MnO_3$ 和金属 Fe, 尽管结构不同, 磁性离子间距不同, 但其平均每对磁性离子间的分子场能量与居里温度相应热能 (kT_C) 的比值分别为 2.01、2.01、2.02 和 1.98, 这 4 个比值十分接近, 说明上述关于这几种材料分子场能量的计算方法是合理的.

12.2 居里温度附近的热膨胀现象

众所周知, 当测试温度上升至居里温度时, 铁磁材料或铁氧体材料的磁有序消失, 这时伴随着一个附加的非线性热膨胀. Hibble 等 [2] 研究了正交结构的 $La_{0.80}Ca_{0.20}MnO_3$ 样品晶格常数随温度的变化, 从而可估算出沿三个相互垂直的方向上锰—氧离子间距 d_1、d_2、d_3 随温度变化的情况, 结果如图 12.1 所示. 可以看到, 在居里温度附近 d_1、d_2 有一个迅速增大的过程; 而 d_3 的变化较小. 由此可推测与磁有序能相应的静磁作用力主要沿 d_1、d_2 晶轴, 这是一个使离子间距收缩的力. 当温度接近并逐渐达到居里温度附近时, 磁有序迅速消失, 导致锰—氧离子间距迅速增大. 因此, 对 d_1、d_2 低温段作切线, 可认为低温段的近似线性变化与磁有序变化无关, 从 120K 到 175K 过程中, d_1、d_2 的测量值偏离切线是由磁有序迅速消失引起的. 由此估算出在 175K 时 d_1、d_2 的测量值与切线处的差 Δd_{obs} 分别为 0.00147Å 和 0.00167Å. Radaelli 等 [3] 研究了正交结构的 $La_{0.75}Ca_{0.25}MnO_3$ 样品晶格常数随温度的变化, 从而可计算出沿三个相互垂直的方向上锰—氧离子间距 d_1、d_2、d_3 随温度变化的情况, 结果如图 12.2 所示. Hibble 等 [2] 还研究了菱面

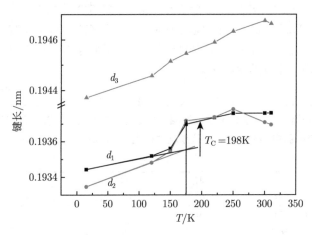

图 12.1   正交结构的 $La_{0.80}Ca_{0.20}MnO_3$ 样品中 Mn—O 键长 d_1、d_2、
d_3 随测试温度 T 的变化曲线 [2]

体结构 $La_{0.70}Sr_{0.30}MnO_3$ 样品的晶格常数随温度的变化, 其 d_2 与 d_1 相等, d_1 和 d_3 随温度的变化示于图 12.3, 其居里温度为 369K[5]. 与图 12.1 类似, 可估算出 Ca 掺杂 0.25 和 Sr 掺杂 0.3 样品中由磁有序消失引起的 Mn—O 间距变化量 Δd_{obs}, 列于表 12.3. 可见 Ca 掺杂 0.20、Ca 掺杂 0.25 和 Sr 掺杂 0.30 这三个样品的 Δd_{obs} 值依次增大. 这是因为 3 个样品的居里温度依次升高, 分别为 198K、240K 和 369K. 表 12.3 中的其他参数将在 12.3 节介绍.

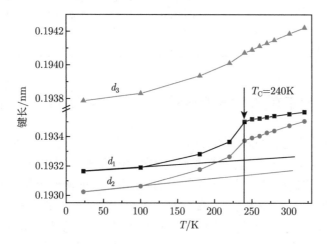

图 12.2 正交结构的 $La_{0.75}Ca_{0.25}MnO_3$ 样品中 Mn—O 键长 d_1、d_2、 d_3 随测试温度 T 的变化 [3]

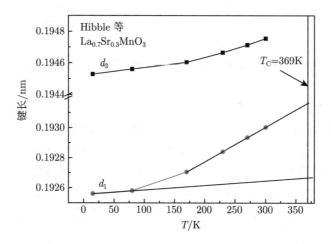

图 12.3 菱面体结构的 $La_{0.7}Sr_{0.3}MnO_3$ 样品中 Mn—O 键长 d_1、 d_3 随测试温度 T 的变化 [2]

表 12.3　对于 $La_{0.80}Ca_{0.20}MnO_3$、$La_{0.75}Ca_{0.25}MnO_3$ 和 $La_{0.70}Sr_{0.30}MnO_3$，WEP 形成几率 D 和相关的参数. w_0 是平均每对锰离子间的分子场能量，Δd_{obs} 是在居里温度附近由磁有序消失引起的 Mn—O 键长 d_1、d_2 的变化量的测量值，r_{e0} 和 r_{em} 分别是 WEP 平衡间距和最大间距，$\Delta r_{\mathrm{e}} = r_{\mathrm{em}} - r_{e0}$

掺杂	w_0/eV	Mn—O 键长	Δd_{obs}/Å	D/%	r_{e0}/Å	r_{em}/Å	Δr_{e}/Å
Ca0.20	0.0344	d_1	0.00147	0.045	0.00889	0.01036	0.00147
		d_2	0.00167	0.066	0.01010	0.01177	0.00167
Ca0.25	0.0417	d_1	0.00261	0.308	0.01586	0.01848	0.00262
		d_2	0.00236	0.228	0.01436	0.01673	0.00237
Sr0.30	0.0641	d_1	0.00490	3.130	0.02970	0.03460	0.00490

12.3　关于磁有序能的外斯电子对模型 (WEP 模型)

对比前述章节的 IEO 模型和 IEM 模型可以看出，其中的巡游电子都是在相邻离子的外层轨道间跃迁，这种跃迁必然受到离子外层轨道对电子自旋方向的限制. 因此，本书所称的巡游电子不包含金属中的自由电子. 即磁性金属中的电子分为自由电子、巡游电子和局域电子；而磁性氧化物中只含有巡游电子和局域电子.

根据 Shannon[6] 对有效离子半径的研究，离子的化合价每变化一价，其有效半径都存在明显差别. 这说明单晶体和多晶体中离子的外层电子轨道可理解为半径在一定范围内的电子云壳层. 表 2.1 中给出几种二价、三价离子的有效半径 r^{2+}、r^{3+} 及其半径差 $r^{2+} - r^{3+}$. 可见这些二价、三价离子的半径差在 0.09~0.19Å. 从这个角度看来，无论是 IEO 模型中巡游电子在相邻的阴阳离子间跃迁，还是 IEM 模型中巡游电子在相邻的金属离子间跃迁，都具有相似之处.

在上述研究的基础上，我们 [7,8] 提出一个关于磁有序分子场能量的**外斯电子对模型**：

(1) 假设电子在一个离子外壳层中高速运动时自旋方向不变，由于相邻离子的最外层轨道十分接近，其电子分别有一定几率处于图 12.4(a)~(c) 所示的状态.

(2) 当两离子处于图 12.4(a) 的状态时，离子间的两电子自旋磁矩反平行. 最外层轨道不能同时容纳自旋方向相同的两个电子，电子不能在两离子间交换，产生静磁吸引能，同时也存在泡利排斥能，从而可处于吸引能和排斥能的短暂平衡态，具有确定的平衡间距和寿命，称为外斯电子对 (WEP). 我们认为 WEP 的能量是磁性材料磁有序能的来源.

(3) 当两离子处于图 12.4(b) 所示状态时，两电子的自旋磁矩平行，容易发生互相交换，交换前后电子的自旋方向保持不变，并且这种状态的两个电子间存在磁性排斥能；当一个离子外层轨道有两个电子，其相邻的离子外层轨道只有一个电子，且处于图 12.4(c) 的状态时, 中间的电子可以跃迁到右侧离子上, 并且保持自旋方向不变.

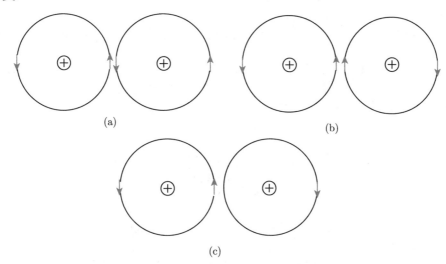

图 12.4 近邻离子外层电子轨道的外斯电子对 (a) 和巡游电子 (b), (c) 示意图

把图 12.4(b) 和 (c) 所示的跃迁统称为巡游电子的跃迁. 从而首次解释了在磁性材料中巡游电子的自旋方向保持不变的原因: 如果自旋方向不同, 就不能发生图 12.4(b) 所示的交换或图 12.4(c) 所示的跃迁.

设图 12.4(a) 所示 WEP 两电子间的平均距离为 r_{e}, 随着 r_{e} 的减小, 电子间的泡利排斥能迅速增大. 假设两个电子处于图 12.4(a) 所示状态的几率为 D, 各自带有电荷 $-\mathrm{e}$, 自旋磁矩 $1\,\mu_{\mathrm{B}}$, 由此导致系统的能量增量, 即磁有序能为

$$\Delta u = \frac{C}{r_{\mathrm{e}}^9} - D \times \frac{(1\mu_{\mathrm{B}})^2}{4\pi\mu_0 r_{\mathrm{e}}^3} \tag{12.4}$$

其中, 第一项代表电子间的泡利排斥能, 第二项代表方向相反的两个电子自旋磁矩之间的吸引能. 当两个电子处于平衡态, 即 $r_{\mathrm{e}} = r_{\mathrm{e}0}$ 时, $\dfrac{\mathrm{d}\Delta u}{\mathrm{d} r_{\mathrm{e}}}\bigg|_{r_{\mathrm{e}}=r_{\mathrm{e}0}} = 0$, 则得到

$$0 = -\frac{9C}{r_{\mathrm{e}0}^{10}} + D \times \frac{3(1\mu_{\mathrm{B}})^2}{4\pi\mu_0 r_{\mathrm{e}0}^4}, \tag{12.5}$$

从而得

$$C = \frac{3D(1\mu_{\mathrm{B}})^2 r_{\mathrm{e}0}^6}{36\pi\mu_0}. \tag{12.6}$$

将 C 代入 (12.4) 式得到

$$\Delta u = \frac{D(1\mu_{\mathrm{B}})^2}{4\pi\mu_0} \left(\frac{r_{\mathrm{e}0}^6}{3 r_{\mathrm{e}}^9} - \frac{1}{r_{\mathrm{e}}^3} \right). \tag{12.7}$$

取玻尔磁子 $\mu_B=1.165\times10^{-29}$J/(A/m), 真空磁导率 $\mu_0=4\pi\times10^{-7}$H/m, 1eV$=1.602\times10^{-19}$J, 并取 r_e 的单位为 10^{-12}m, 得到

$$\Delta u = \frac{(1.165\times10^{-29})^2}{16\pi^2\times10^{-7}}\frac{1}{1.602\times10^{-19}\times10^{-36}}\left(\frac{r_{e0}^6}{3r_e^9}-\frac{1}{r_e^3}\right)D(\text{eV}),$$

$$\Delta u = 53.65\left(\frac{r_{e0}^6}{3r_e^9}-\frac{1}{r_e^3}\right)D(\text{eV}). \tag{12.8}$$

由 (12.8) 式得到, 当 $r_e=r_{e0}$ 时,

$$\Delta u_0 = -\frac{2}{3}\times\frac{53.65D}{r_{e0}^3}, \tag{12.9}$$

$$r_{e0}^3 = \frac{35.77D}{|\Delta u_0|}. \tag{12.10}$$

对 (12.8) 式求二阶导数, 令 $\left.\dfrac{\partial^2\Delta u}{\partial r_e^2}\right|_{r_e=r_{em}}=0$, r_{em} 为最大间距, 可得

$$\frac{\partial^2}{\partial r^2}\Delta u = 53.65\left(\frac{90r_{e0}^6}{3r_e^{11}}-\frac{12}{r_e^5}\right)D, \tag{12.11}$$

$$r_{em}^6 = \frac{30r_{e0}^6}{12}, \quad r_{em}=1.165r_{e0}. \tag{12.12}$$

设 $\Delta r_e=r_{em}-r_{e0}$ 代表 WEP 两电子最大间距与平衡间距之差. 当 WEP 两电子间距变化小于 Δr_e 时, 两电子间的静磁吸引能倾向于使电子间距减小, 可维持 WEP 的存在. 随着温度的升高, 当 WEP 两电子间距变化大于 Δr_e 时, 两电子间的静磁吸引能不能再使电子间距减小, WEP 消失, 分子场消失. 对于 La$_{0.80}$Ca$_{0.20}$MnO$_3$、La$_{0.75}$Ca$_{0.25}$MnO$_3$ 和 La$_{0.70}$Sr$_{0.30}$MnO$_3$, 令 (12.10) 式中的 $|\Delta u_0|$ 等于前述计算出的平均每对锰离子间的分子场能量 w_0, 通过调整参数 D, 使 Δr_e 等于 Δd_{obs}, Δd_{obs} 是在居里温度附近由于磁有序消失造成 Mn—O 键长 d_1、d_2 变化量的测量值, 相关的参数见表 12.3. 可见, 参数 D 的值在 0.07%~3.13%, 说明图 12.4(a) 所示 WEP 只要有 0.07%~3.13% 的形成几率, 所产生的磁有序能就可使这三个样品产生相应的自发磁化. 此外, 对于这三个样品, WEP 电子间最大间距 r_{em} 小于 0.035Å, 明显小于表 2.1 中给出的外电子壳层厚度的最小值 0.09Å. 这些结果说明关于 WEP 电子间的静磁能是磁有序能主要来源的模型至少在定性上是合理的.

12.4 应用 WEP 模型解释典型磁性材料的居里温度差别

综合应用 IEO 模型、IEM 模型和 WEP 模型, 可解释为什么典型磁性材料 Fe、Co、Ni、Fe$_3$O$_4$ 和 La$_{0.70}$Sr$_{0.30}$MnO$_3$ 具有不同的居里温度 [9].

对于六角密堆积结构的 Co 和体心立方结构的 Fe, 根据 IEM 模型, 应用平均离子磁矩计算出每个离子的 3d 电子平均数分别为 8.28 和 7.78, 在每对离子 (不含自由电子的离子实) 间都可形成 WEP, 每个离子周围分别有 12 个和 8 个最近邻离子, 可形成 WEP 的化学键数目 (N_{WEP}) 分别为 12 和 8.

对于面心立方 Ni, 虽然每个离子周围也有 12 个最近邻离子, 但是, 根据 IEM 模型, 应用平均离子磁矩计算出每个镍离子的 3d 电子平均数为 9.38, 即有 38% 的镍离子具有 10 个 3d 电子的满壳层结构, 与铜离子实相似, 不能与其他离子形成 WEP. 只有 62% 的镍离子与其 62% 的近邻间可形成 WEP, 所以 $N_{WEP} = 4.61$ [= $12 \times 0.62 \times 0.62$]. 对于 Fe_3O_4, 每个晶胞有 8 个 (A) 位、16 个 [B] 位被阳离子占据, 阳离子附近分别有 4 个和 6 个氧离子, 在每个阳离子周围可形成 WEP 的化学键平均数目 $N_{WEP} = 5.33$ [= $(4 \times 8 + 6 \times 16)/24$]; 对于 $La_{0.70}Sr_{0.30}MnO_3$, 每个等效立方晶胞含 1 个 A 位、1 个 B 位, 只有 B 位的 Mn 附近有 6 个键可形成 WEP, 所以 $N_{WEP} = 3$[= $6/2$]. 利用这些 N_{WEP} 数据和表 4.5 中的居里温度数据, 可以得到这些典型磁性材料的居里温度 T_C 随 N_{WEP} 的减少而降低, 如图 12.5 所示.

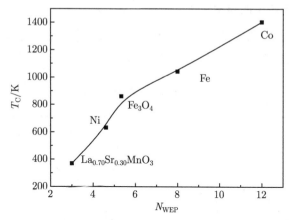

图 12.5 几种典型磁性材料的居里温度 T_C 随磁性离子周围可形成 WEP 的化学键平均数目 N_{WEP} 变化关系 [8]

总之, WEP 模型可用于定性解释外斯分子场的主要来源. WEP 的吸引能来自相邻离子间方向相反的电子自旋磁矩间的静磁吸引能, 排斥能来自电子间的泡利排斥能, WEP 具有一定的形成几率, 也可等效为具有一定寿命. 对于钙钛矿结构锰氧化物 $La_{0.80}Ca_{0.20}MnO_3$、$La_{0.75}Ca_{0.25}MnO_3$ 和 $La_{0.70}Sr_{0.30}MnO_3$, 如果不考虑其他因素, 在相邻离子间电子绕离子实运动过程中形成这种 WEP 的几率参数 D 分别只要有 0.07%、0.31% 和 3.13%, 就可造成材料的自发磁化, 并具有相应的居里温度. 应用 IEO 模型、IEM 模型和 WEP 模型进行分析, 我们发现几种典型磁性材料的居里温度随其中一个磁性离子周围能够形成 WEP 的化学键平均数目 N_{WEP} 的减少而降低. 从而提供了一条研究磁有序能来源唯象模型的线索.

12.5　应用 IEM 和 WEP 模型研究 NiCu 合金的电阻率和居里温度

根据 IEM 模型, 我们 [10] 拟合了 NiCu 合金的电阻率随温度变化关系, 拟合过程采用一个双通道等效电路, 包括一个自由电子 (FE) 通道和一个巡游电子 (IE) 通道. 在一个弱周期性势场中运动的自由电子, 不受任何离子实电子轨道的约束, 其运动过程与电子的自旋无关. 巡游电子受到离子实外层电子轨道的约束, 只能以一定的几率在邻近离子实间跃迁, 因而在居里温度 T_{C} 以下, 巡游电子的跃迁过程与电子的自旋有关. 此外, 我们应用 IEM 和 WEP 模型拟合了 T_{C} 随 Cu 含量的变化关系. 因此, 我们提供了一个应用价电子结构同时解释 NiCu 合金磁性和电输运性质的方案.

12.5.1　NiCu 合金中的自由电子和 3d 电子含量

我们从 Slater-Pauling 曲线 [11] 得到了 $Ni_{1-x}Cu_x$ 合金的平均原子磁矩 (μ_{obs}) 随 Cu 含量 x 变化关系, 如图 12.6(a) 所示. 这个变化关系可以用下式拟合:

$$\mu_{\mathrm{cal}} = 0.6(1-x) - 0.57x. \tag{12.13}$$

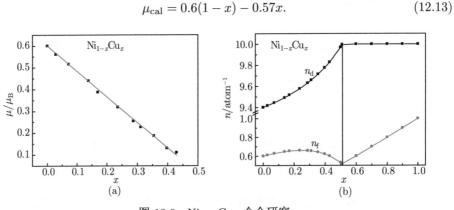

图 12.6　$Ni_{1-x}Cu_x$ 合金研究

(a) 平均原子磁矩随 Cu 含量 x 变化关系, 其中点为实验结果 [11], 线为拟合结果 [10]; (b) 平均每个 Ni 离子实的 3d 电子数目 (n_{d}) 和合金中平均每个原子 (包括 Ni 和 Cu) 贡献的自由电子数目 (n_{f})[10]

可以用 IEM 模型解释 (12.13) 式: ① 在每个 Ni 原子的 10 个价电子 ($3d^84s^2$) 中, 形成金属 Ni 后有 9.4 个占据 3d 轨道, 0.6 个形成自由电子. 所以金属 Ni 的平均原子磁矩为 $0.6\mu_{\mathrm{B}}$. ② 在每个 Cu 原子的 11 个价电子 ($3d^{10}4s^1$) 中, 形成 NiCu

合金后, 10 个 3d 电子仍在 Cu 的 3d 轨道中, 有 0.57 个 4s 电子进入 Ni 的 3d 轨道, 0.43 个成为合金的自由电子. 因此, 合金中平均每个 Ni 离子实 3d 电子数目 (n_d) 和合金中平均每个原子 (包括 Ni 和 Cu) 贡献的自由电子数目 (n_f) 可以按下式计算:

$$n_d = 9.40 + \frac{0.57x}{1-x}, \quad (n_d \leqslant 10.0) \tag{12.14}$$

$$n_f = 10 + x - n_d. \tag{12.15}$$

图 12.6(b) 示出 n_d 和 n_f 随 x 的变化关系. 因为当 $x = 0.51$ 时, $n_d = 10.0$, 达到 3d 电子满壳层结构, 我们得到一个有趣的结果: 当 $x > 0.51$ 时, $n_d = 10.0$, $n_f = x$. 这个结果有助于我们下面解释合金的电输运性质.

12.5.2 自由电子和巡游电子的双通道模型

图 12.7 示出来自于文献 [12] 的 $Ni_{1-x}Cu_x$ 合金电阻率 ρ 随测试温度 T 和 Cu 含量的变化曲线, 其中标出了 Cu 含量 x 和居里温度 T_C. 对这些曲线, 可讨论如下.

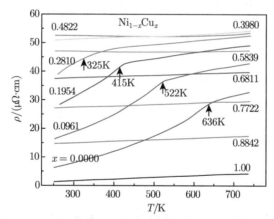

图 12.7 $Ni_{1-x}Cu_x$ 合金电阻率 ρ 随测试温度 T 和 Cu 含量 x 的变化曲线

其中标出了 Cu 含量 x 和居里温度 T_C. 数据来自文献 [12]

(1) 对于 $x = 0.0000, 0.0961, 0.1954$ 和 0.2810, T_C 出现在测试温度范围内, 在 T_C 以下, ρ 随 T 的升高迅速增大, 在 T_C 以上, ρ 的增大明显变缓. 这种变化关系可以用一个如图 12.8 所示的双通道等效电路来拟合. 其中, R_3 代表源于自由电子的电阻, 这是由于自由电子受到一个弱周期性势场的散射. 自由电子不受任何离子实电子轨道的约束, 其运动过程与电子的自旋方向无关. R_1 和 R_2 代表源于巡游电子相应的电阻. 巡游电子受到离子实外层电子轨道的约束, 只能以一定的几率在邻近离子实间跃迁. R_1 的变化源于晶格散射, 晶格散射随温度升高而增强, 导致 R_1 增大. 在居里温度 T_C 以下, 巡游电子的跃迁过程与电子的自旋方向有关, 当测试温度接近居里温度时, 巡游电子的自旋方向迅速偏离基态方向, 导致 R_2 迅速增大. 图 12.8 中的总电阻可以按下式计算:

$$\frac{1}{R} = \frac{1}{R_3} + \frac{1}{R_1 + R_2},$$

以及

$$R = \frac{(R_1 + R_2)R_3}{R_1 + R_2 + R_3}.$$

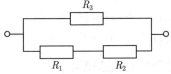

图 12.8　用于拟合 NiCu 合金电阻的双通道等效电路

其中, R_3 代表源于自由电子的电阻, R_1 和 R_2 代表源于巡游电子在近邻离子实间跃迁相应的电阻

因此, 材料的电阻率可以按下式计算:

$$\rho = \frac{(\rho_1 + \rho_2)\rho_3}{\rho_1 + \rho_2 + \rho_3}, \tag{12.16}$$

其中, 电阻率可由电导率来计算,

$$\rho_1 = 1/\sigma_1, \quad \rho_2 = 1/\sigma_2, \quad \rho_3 = 1/\sigma_3, \tag{12.17}$$

电导率可由下式拟合:

$$\sigma_1 = (a_{11} - a_{12}T)^3, \quad \sigma_2 = a_2 \exp\left(\frac{E}{k_{\mathrm{B}}T}\right), \quad \sigma_3 = \sigma_0 - a_3 T. \tag{12.18}$$

利用 (12.16) 式 ~(12.18) 式拟合金属 Ni 电阻率 ρ 随温度 T 变化曲线的结果示于图 12.9. 其中, 点代表从文献 [12] 导出的数据, 线代表拟合结果 [10]. 从图 12.9 可以看出: ① 在测试的温度范围内, ρ_3 平缓地随温度升高而增大. ② 当 $T \ll T_{\mathrm{C}}$ 时, ρ_2 非常小, $\rho_1 < \rho_3$, 电输运沿两个通道进行. ③ 随着温度升高, 由于晶格振动的影响, ρ_1 迅速增大. ④ 当 T 接近 T_{C} 时, ρ_2 迅速增大. ⑤ 当 T 高于 T_{C} 时, ρ_1 和 ρ_2 远高于 ρ_3, 电输运主要沿自由电子通道进行, 巡游电子对电输运的贡献可以忽略.

(2) 对 $x=$ 0.0000, 0.0961, 0.1954 和 0.2810 的 4 个样品, 其电阻率随温度变化曲线的拟合结果示于图 12.10. 可以看出, 拟合结果 [10] 与实验数据点 [12] 十分接近. (12.18) 式中的拟合参数列于表 12.4. 参数 a_{11} 和 a_{12} 相应于晶格振动对巡游电子跃迁几率的影响; 参数 a_2 相应于热涨落导致巡游电子的自旋方向偏离基态方向对巡游电子跃迁几率的影响, 当测试温度接近居里温度时, 这种影响迅速增大; 参

数 σ_0 和 a_3 相应于弱周期性势场对自由电子运动的影响. 这些影响都与 Cu 含量 x 有关.

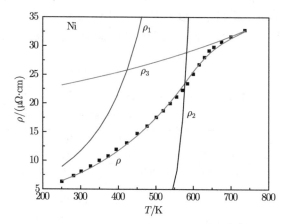

图 12.9 对于金属 Ni, 电阻率 ρ 随温度 T 变化曲线的拟合结果 [10]

其中, 点为从文献 [12] 导出的实验数据

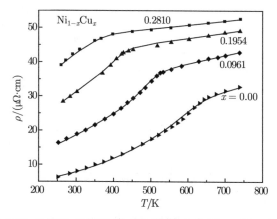

图 12.10 对 x= 0.0000, 0.0961, 0.1954 和 0.2810 的 4 个 $Ni_{1-x}Cu_x$ 合金样品, 其电阻率 ρ 随温度 T 变化曲线的拟合结果

其中, 点为从文献 [12] 导出的实验数据

当 $x \leqslant 0.2810$ 时, 实验结果给出样品电阻率随 x 的增加而增大, 相应的拟合参数 σ_0 随 x 的增加而减小. 这可能来源于两个因素的影响: ① 由 Cu 掺杂导致晶格的周期性势场增强; ② 自由电子浓度变化不大 [见图 12.6(b)].

当 $x > 0.5$ 时, 实验结果给出样品电阻率随 x 的增加而减小, 这可能是因为自由电子浓度随 x 的增加而明显增大 [见图 12.6(b)].

(3) 我们发现一个有趣的结果: 图 12.9 中金属 Ni 的电阻率 ρ_1 和 ρ_2 随温度

T 的变化趋势与钙钛矿锰氧化物 $\text{La}_{0.8}\text{Sr}_{0.2}\text{MnO}_3^{[13]}$ 的相应结果有些相似 [参见图 9.10(c)]. 特别是, $\text{Ni}_{1-x}\text{Cu}_x$ 合金和 $\text{La}_{1-x}\text{Sr}_x\text{MnO}_3$ 两个样品中自旋相关的热激发能 E 随着居里温度的降低而减小 (参见表 9.3 和表 12.4), 如图 12.11 所示. 这说明我们在 WEP 模型中关于磁性金属和氧化物的巡游电子具有相似性质的假设是合理的.

表 12.4　$\text{Ni}_{1-x}\text{Cu}_x$ 合金电导率 $\sigma_1 = (a_{11} - a_{12}T)^3$, $\sigma_2 = a_2 \exp\left(\dfrac{E}{k_B T}\right)$ 和 $\sigma_3 = \sigma_0 - a_3 T$ 的拟合参数值

x	$a_{11}/$ $(\Omega^{-1/3}\cdot\text{cm}^{-1/3})$	$a_{12}/$ $(\Omega^{-1/3}\cdot\text{cm}^{-1/3}\cdot\text{K}^{-1/3})$	$a_2/$ $(\Omega^{-1}\cdot\text{cm}^{-1})$	$E/$ eV	$T_C/$ K	$\sigma_0/$ $(\Omega^{-1}\cdot\text{cm}^{-1})$	$a_3/$ $(\Omega^{-1}\cdot\text{cm}^{-1}\cdot\text{K}^{-1})$
0.00	0.690	8.30×10^{-4}	2.22×10^{-13}	1.30	636	0.04975	2.65×10^{-5}
0.0961	0.470	6.00×10^{-4}	1.82×10^{-13}	1.03	522	0.03365	1.40×10^{-5}
0.1954	0.385	6.00×10^{-4}	1.54×10^{-13}	0.85	415	0.02552	7.00×10^{-6}
0.2810	0.345	7.00×10^{-4}	1.25×10^{-13}	0.75	325	0.02246	4.60×10^{-6}

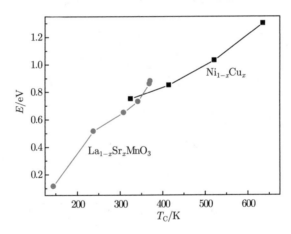

图 12.11　对于 $\text{Ni}_{1-x}\text{Cu}_x$ 合金 [10] 和钙钛矿锰氧化物 $\text{La}_{1-x}\text{Sr}_x\text{MnO}_3$ [13], 与巡游电子自旋方向相关的热激发能 E 随居里温度的变化关系

　　(4) 磁性金属和氧化物导电机制的不同点在于: ① 在居里温度以下, 磁性金属的电流载流子包括自旋无关的自由电子和自旋相关的巡游电子, 磁性氧化物 $\text{La}_{1-x}\text{Sr}_x\text{MnO}_3$ 的电流载流子包括沿 O-Mn-O 离子链的自旋相关的巡游电子和沿 O-La(Sr)-O 离子链的自旋无关的巡游电子. ② 在居里温度以上, 磁性金属主要靠自旋无关的自由电子导电, 磁性氧化物只能靠自旋无关的巡游电子导电. ③ 即使在单晶 $\text{La}_{1-x}\text{Sr}_x\text{MnO}_3$ 中最低电阻率也达到 $10^{-5}\Omega\,\text{cm}$ 数量级 [5], 而金属 Ni 的最低电阻率在 $10^{-6}\Omega\,\text{cm}$ 数量级. 因此, 称磁性氧化物 $\text{La}_{1-x}\text{Sr}_x\text{MnO}_3$ 在居里温度以

下具有金属导电性的传统观点应该改进.

12.5.3 应用 WEP 模型解释居里温度的差别

如 12.4 节所述, Co、Fe、Ni 金属的居里温度 T_C 随着每个磁性离子周围能够
形成 WEP 的化学键平均数目 N_{WEP} 减少而降低. 对于 $Ni_{1-x}Cu_x$ 合金, 当 $x=$
0.0961、0.1954 和 0.2810 时, 利用 (12.14) 式计算出其 3d 电子数目 (n_d), 进而可按
12.4 节的方法计算出其 N_{WEP} 数值分别为 3.49、2.56 和 1.71. 我们因此得到, 从
Co、Fe、Ni 金属到这几个合金样品, 其 T_C 随 N_{WEP} 的变化非常接近线性关系, 如
图 12.12 所示. 这说明 IEM 模型、WEP 模型和我们的上述计算是合理的, 特别是,
磁性材料的磁有序能来源于 WEP 能量的假设是合理的.

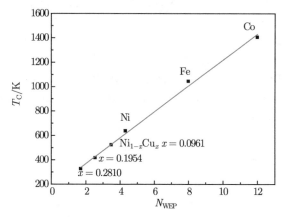

图 12.12 Co、Fe、Ni 金属和 $Ni_{1-x}Cu_x$ 合金的居里温度 T_C 随着每个磁性离子周围能够形
成 WEP 的化学键平均数目 N_{WEP} 的变化关系

总之, WEP 模型可用于解释典型磁性材料磁有序能的来源. WEP 有一定的
形成几率和寿命. 一对 WEP 的两个电子间吸引能来自反平行的自旋磁矩, 排斥能
来源于泡利排斥能, 导致可形成一个平衡间距 (r_{e0}) 和一个最大间距 (r_{em}). 在居里
温度附近, 间距 r_e 达到 r_{em}, 发生从磁有序到无序的转变. 当然, 还存在影响磁有
序能的其他因素, 需要进一步探索. 例如, 钙钛矿结构锰氧化物 $La_{0.8}Ca_{0.2}MnO_3$、
$La_{0.75}Ca_{0.25}MnO_3$ 和 $La_{0.7}Sr_{0.3}MnO_3$ 具有相同的 N_{WEP} 值, 但是却有显著不同的
居里温度, 分别为 198K、240K 和 369K.

参 考 文 献

[1] 戴道生, 钱昆明. 铁磁学 (上册). 北京: 科学出版社, 1987
[2] Hibble S J, Cooper S P, Hannon A C, Fawcett I D, Greenblatt M. J. Phys. Condens.

Matter., 1999, 11: 9221

[3]　Radaelli P G, Cox D E, Marezio M, Cheong S W, Shiffer P E, Ramirez A P. Phys. Rev. Lett., 1995, 75: 4488

[4]　苟清泉. 固体物理学简明教程. 北京: 人民教育出版社, 1978

[5]　Urushibara A, Moritomo Y, Arima T, Asamitsu A, Kido G, Tokura Y. Phys. Rev. B, 1995, 51: 14103

[6]　Shannon R D. Acta Cryst. A, 1976, 32: 751

[7]　齐伟华, 李壮志, 马丽, 唐贵德, 吴光恒, 胡凤霞. 物理学报, 2017, 66: 067501

[8]　Tang G D, Li Z Z, Ma L, Qi W H, Wu L Q, Ge X S, Wu G H, Hu F X. Physics Reports, 2018, 758: 1

[9]　Qi W H, Li Z Z, Ma L, Tang G D, Wu G H. AIP Advances, 2018, 8: 065105

[10]　Li Z Z, Qi W H, Ma L, Tang G D, Wu G H, Hu F X. Journal of Magnetism and Magnetic Materials, 2019, 482:173

[11]　Chen C W. Magnetism and Metallurgy of Soft Magnetic Materials. North-Holland Publishing Company, 1977: 171-417

[12]　方俊鑫, 陆栋. 固体物理学. 上海: 上海科学技术出版社, 1981: 310-315

[13]　Qian J J, Qi W H, Li Z Z, Ma L, Tang G D, Du Y N, Chen M Y, Wu G H, Hu F X. RSC Advances, 2018, 8: 4417

第 13 章　展望与挑战

从前面章节的介绍可以看出, 应用 IEO 模型、IEM 模型和 WEP 模型, 我们合理地解释了多年来困扰磁学界的一些难题. 应用 IEO 模型研究尖晶石结构铁氧体、钙钛矿结构锰氧化物, 我们不仅可以解释应用传统的超交换模型、双交换模型能够解释的实验现象, 而且能够解释多年来没有得到解释的实验现象. 应用 IEM 模型, 我们从价电子结构的角度解释了典型磁性金属电阻率与平均原子磁矩的关系. 综合应用 IEO 模型、IEM 模型和 WEP 模型, 我们解释了包括磁性金属和氧化物的几种典型磁性材料的居里温度差别. 这说明我们提出的三个模型有望成为改进传统磁有序模型的基本定律. 但是, 要在这三个模型基础上建立起系统的铁磁性物理体系, 任重而道远. 在此列举几方面的问题, 供读者参考.

13.1　磁有序能的其他主要影响因素讨论

对于表 12.3 中的三个样品, 在相邻离子间能够形成 WEP 的几率 D 在 $0.07\%\sim3.13\%$, 存在数量级的差别, 说明除 WEP 的静磁能之外还存在影响磁有序能的其他因素:

第一, 当两个相邻离子间外层轨道电子处于图 12.4(b) 所示状态时, 相遇的两个自旋平行的电子间存在磁性排斥力. 这时电子间距远小于离子间距, 所以其磁性排斥力远大于用离子间距计算出的离子磁矩间的磁性排斥力. 此外, 如图 13.1 所示的电子自旋状态也有一定几率出现, 产生磁性排斥力. 这两种排斥力也与电子之间距离的三次方成反比. 因而, (12.8) 式可改写为

$$\Delta u = -53.65 \left(\frac{1}{r_{\mathrm{e}}^3} - \frac{r_{\mathrm{e0}}^6}{3r_{\mathrm{e}}^9} \right) (D_1 - D_2)\,(\mathrm{eV}). \tag{13.1}$$

其中, D_1 代表 WEP 电子间的静磁吸引能系数, D_2 代表离子间的磁性排斥能系数. 它们不仅与外层轨道电子状态有关, 而且与离子间距以及外层轨道所在的次壳层 (如 3d 电子壳层) 电子数目有关.

第二, 对于 (A)[B]$_2$O$_4$ 型尖晶石结构铁氧体 MFe$_2$O$_4$($M=$ Mn, Co, Ni, Cu), 用任何元素替代 Fe, 使 Fe 含量小于 2, 将导致居里温度迅速下降. 对于 ABO$_3$ 型钙钛矿结构锰氧化物 La$_{1-x}$Sr$_x$MnO$_3$, 用任何其他过渡金属元素替代 Mn, 也会导致居里温度迅速下降. 前者中存在大量 Fe^{3+}, 后者中存在大量 Mn^{3+}, 分别有 5 个和

4 个 3d 电子. 根据 IEO 模型, 当自旋向上的 O 2p 电子以 Mn^{3+} 为媒介在氧离子间巡游时, 占据阳离子 3d 次电子壳层的最高能级 (见图 5.16); 当自旋向下的 O 2p 电子以 Fe^{3+} 为媒介在氧离子间巡游时, 也占据阳离子 3d 次电子壳层的最高能级 (见图 5.17). 当 O 2p 电子以其他阳离子为媒介在氧离子间巡游时, 将占据阳离子 3d 次电子壳层的较低能级. 这说明只有相邻离子的最外层电子都属于外壳层的最高能级时, 形成 WEP 的几率才可能比较大; 否则, 形成 WEP 的几率大幅度减小, 导致 WEP 能量减小. 此外, 如果巡游电子在巡游过程中需要在不同的能级间跃迁, 相对于只在最高能级间跃迁, 消耗的能量比较多. 用 D_3 表示这些因素的影响, 上述 (13.1) 式可修改为

$$\Delta u = -53.65 \left(\frac{1}{r_e^3} - \frac{r_{e0}^6}{3r_e^9} \right) (D_1 - D_2) + D_3 (\text{eV}). \tag{13.2}$$

关于 (13.1) 式和 (13.2) 式所涉及的问题, 例如, 影响 D_1、D_2、D_3 的因素, 还有待于结合相应的实验数据进行深入研究.

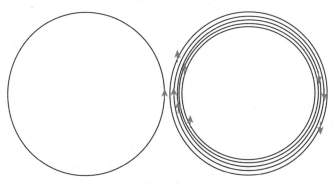

图 13.1　相邻离子间电子自旋排斥力示意图

13.2　在密度泛函计算中的磁有序能

利用密度泛函理论进行材料模拟, 在许多方面取得了显著的成功, 但是在磁性材料模拟方面却遇到严重的困难 [1]. 其原因可能是在密度泛函理论的能量泛函表达式中, 包含有库仑相互作用项, 而没有相应的磁有序能项, 只是把磁有序能包括在交换关联能中, 而交换关联能不仅包括磁有序能, 还包括相互作用的全部复杂性 [2]. 迄今为止, 也没有找到交换关联能的代数表达式, 只能采用各种不同的模型进行模拟计算. 如果在 WEP 模型基础上, 通过进一步探讨, 找到磁有序能的唯象表达式, 并引入密度泛函理论的能量泛函表达式中, 对于磁性材料的密度泛函模拟将取得显著进展. 这方面的研究是一个巨大的挑战.

13.3   IEO 模型和 IEM 模型的应用研究

如本书第 5 章所述, 氧化物的化合价普遍低于传统的化合价数值, 这方面的研究已经有几十年的历史. 在韩汝珊 1998 年所著的《高温超导物理》[3] 中对高温超导氧化物的研究, 就把 O 2p 空穴密度的影响引入哈密顿函数表达式中. 但在氧化物的磁有序和电输运性质的主流研究工作中, 至今还在沿用超交换和双交换作用模型, 其中没有考虑 O 2p 空穴或负一价氧离子的任何影响. 我们考虑到这个问题, 才提出了 IEO 模型, 取得了很好的研究成果. 迄今为止, 我们应用 IEO 模型只研究了尖晶石、钙钛矿、氯化钠结构氧化物的磁有序问题. 对于其他结构类型磁性氧化物的磁有序问题还有待于进行探讨, 例如, 石榴石结构氧化物磁性材料、磁铅石结构氧化物磁性材料等. 特别是对于氧化物稀磁半导体的磁有序机制和导电机制, 至今还存在巨大争议, 应用 IEO 模型有可能给出合理的解释.

如果在非磁性氧化物、氮化物、硫化物、硒化物、碲化物等化合物的电输运等性质研究中, 考虑到实际化合价低于传统观点的化合价, 有可能使相应的研究取得更精细的结果, 并有望在一些方面的研究中取得突破性的成就.

在 IEM 模型的研究方面, 目前我们的研究工作还很少. 应用 IEM 模型探讨各种合金和稀土永磁材料的磁有序还有着大量工作要做.

参 考 文 献

[1] Ströhr J, Siegmann H C. 磁学 —— 从基础知识到纳米尺度超快动力学. 姬扬, 译. 北京: 高等教育出版社, 2012
[2] 谢希德, 陆栋. 固体能带论. 上海: 复旦大学出版社, 1998
[3] 韩汝珊. 高温超导物理. 北京: 北京大学出版社, 1998

附 录

附录 A 自由原子的电子结构和电离能

原子序数	元素符号	电子结构	V_1/eV	V_2/eV	V_3/eV	V_4/eV	V_5/eV
1	H	$1s^1$	13.5984				
2	He	$1s^2$	24.5874	54.4178			
3	Li	[He] $2s^1$	5.3917	75.6402	122.4529		
4	Be	[He] $2s^2$	9.3227	18.2112	153.8966	217.7187	
5	B	[He] $2s^2 2p^1$	8.298	25.1548	37.9306	259.3752	340.2258
6	C	[He] $2s^2 2p^2$	11.2603	24.3833	47.8878	64.4939	392.087
7	N	[He] $2s^2 2p^3$	14.5341	29.6013	47.4492	77.4735	97.8902
8	O	[He] $2s^2 2p^4$	13.6181	35.1173	54.9355	77.4135	113.899
9	F	[He] $2s^2 2p^5$	17.4228	34.9708	62.7084	87.1398	114.2428
10	Ne	[He] $2s^2 2p^6$	21.5645	40.9633	63.45	97.12	126.21
11	Na	[Ne] $3s^1$	5.1391	47.2864	71.62	98.91	138.4
12	Mg	[Ne] $3s^2$	7.6462	15.0353	80.1437	109.2655	141.27
13	Al	[Ne] $3s^2 3p^1$	5.9858	18.8286	28.4477	119.992	153.825
14	Si	[Ne] $3s^2 3p^2$	8.1517	16.3459	33.493	45.1418	166.767
15	P	[Ne] $3s^2 3p^3$	10.4867	19.7594	30.2027	51.4439	65.0251
16	S	[Ne] $3s^2 3p^4$	10.36	23.3379	34.79	47.222	72.5945
17	Cl	[Ne] $3s^2 3p^5$	12.9676	23.814	39.61	53.46	67.8
18	Ar	[Ne] $3s^2 3p^6$	15.7596	27.6297	40.74	59.81	75.02
19	K	[Ar] $4s^1$	4.3407	31.63	45.806	60.91	82.66
20	Ca	[Ar] $4s^2$	6.1132	11.8717	50.9131	67.27	84.5
21	Sc	[Ar] $3d^1 4s^2$	6.5614	12.7997	24.7567	73.4894	91.65
22	Ti	[Ar] $3d^2 4s^2$	6.8282	13.5755	27.4917	43.2672	99.3
23	V	[Ar] $3d^3 4s^2$	6.7463	14.66	29.311	46.709	65.2817
24	Cr	[Ar] $3d^5 4s^1$	6.7664	16.4857	30.96	49.16	69.46
25	Mn	[Ar] $3d^5 4s^2$	7.434	15.64	33.668	51.2	72.4
26	Fe	[Ar] $3d^6 4s^2$	7.9024	16.1878	30.652	54.8	75
27	Co	[Ar] $3d^7 4s^2$	7.881	17.083	33.5	51.3	79.5

续表

原子序数	元素符号	电子结构	V_1/eV	V_2/eV	V_3/eV	V_4/eV	V_5/eV
28	Ni	[Ar] $3d^84s^2$	7.6398	18.1688	35.19	54.9	76.06
29	Cu	[Ar] $3d^{10}4s^1$	7.7264	20.2924	36.84	57.38	79.8
30	Zn	[Ar] $3d^{10}4s^2$	9.3941	17.9644	39.723	59.4	82.6
31	Ga	[Ar] $3d^{10}4s^24p^1$	5.9993	20.5142	30.71	64	
32	Ge	[Ar] $3d^{10}4s^24p^2$	7.8994	15.9346	34.2241	45.7131	93.5
33	As	[Ar] $3d^{10}4s^24p^3$	9.8152	18.633	28.351	50.13	62.63
34	Se	[Ar] $3d^{10}4s^24p^4$	9.7524	21.19	30.8204	42.9450	68.3
35	Br	[Ar] $3d^{10}4s^24p^5$	11.8138	21.8	36	47.3	59.7
36	Kr	[Ar] $3d^{10}4s^24p^6$	13.9996	24.3599	36.950	52.5	64.7
37	Rb	[Kr] $5s^1$	4.1771	27.285	40	52.6	71
38	Sr	[Kr] $5s^2$	5.6948	11.0301	42.89	57	71.6
39	Y	[Kr] $4d^15s^2$	6.2173	12.24	20.52	60.597	77
40	Zr	[Kr] $4d^25s^2$	6.6339	13.13	22.99	34.34	80.348
41	Nb	[Kr] $4d^45s^1$	6.7589	14.32	25.04	38.3	50.55
42	Mo	[Kr] $4d^55s^1$	7.0924	16.16	27.13	46.4	54.49
43	Tc	[Kr] $4d^55s^2$	7.28	15.26	29.54		
44	Ru	[Kr] $4d^75s^1$	7.3605	16.76	28.47		
45	Rh	[Kr] $4d^85s^1$	7.4589	18.08	31.06		
46	Pd	[Kr] $4d^{10}$	8.3369	19.43	32.93		
47	Ag	[Kr] $4d^{10}5s^1$	7.5762	21.49	34.83		
48	Cd	[Kr] $4d^{10}5s^2$	8.9937	16.9083	37.48		
49	In	[Kr] $4d^{10}5s^25p^1$	5.7864	18.8698	28.03	54	
50	Sn	[Kr] $4d^{10}5s^25p^2$	7.3438	14.6323	30.5026	40.7350	72.28
51	Sb	[Kr] $4d^{10}5s^25p^3$	8.64	16.5305	25.3	44.2	56
52	Te	[Kr] $4d^{10}5s^25p^4$	9.0096	18.6	27.96	37.41	58.75
53	I	[Kr] $4d^{10}5s^25p^5$	10.4513	19.1313	33		
54	Xe	[Kr] $4d^{10}5s^25p^6$	12.1299	21.2098	32.123	46	
55	Cs	[Xe] $6s^1$	3.8939	23.1575	35	51	
56	Ba	[Xe] $6s^2$	5.2117	10.0039			
57	La	[Xe] $5d^16s^2$	5.5769	11.06	19.1773	49.95	61.6
58	Ce	[Xe] $4f^15d^16s^2$	5.5387	10.85	20.198	36.758	65.55
59	Pr	[Xe] $4f^36s^2$	5.464	10.55	21.624	38.98	57.53
60	Nd	[Xe] $4f^46s^2$	5.525	10.73	22.1	40.4	
61	Pm	[Xe] $4f^56s^2$	5.55	10.9	22.3	41.1	

原子序数	元素符号	电子结构	V_1/eV	V_2/eV	V_3/eV	V_4/eV	V_5/eV
62	Sm	[Xe] $4f^66s^2$	5.6437	11.07	23.4	41.4	
63	Eu	[Xe] $4f^76s^2$	5.6704	11.241	24.92	42.7	
64	Gd	[Xe] $4f^75d^16s^2$	6.15	12.09	20.63	44	
65	Tb	[Xe] $4f^96s^2$	5.8638	11.52	21.91	39.79	
66	Dy	[Xe] $4f^{10}6s^2$	5.9389	11.67	22.8	41.4	
67	Ho	[Xe] $4f^{11}6s^2$	6.0216	11.8	22.84	42.5	
68	Er	[Xe] $4f^{12}6s^2$	6.1078	11.93	22.74	42.7	
69	Tm	[Xe] $4f^{13}6s^2$	6.1843	12.05	23.68	42.7	
70	Yb	[Xe] $4f^{14}6s^2$	6.2542	12.1761	25.05	43.56	
71	Lu	[Xe] $4f^{14}5d^16s^2$	5.4259	13.9	20.9594	45.25	66.8
72	Hf	[Xe] $4f^{14}5d^26s^2$	6.8251	14.9	23.3	33.33	
73	Ta	[Xe] $4f^{14}5d^36s^2$	7.5496	16.2			
74	W	[Xe] $4f^{14}5d^46s^2$	7.864	17.7			
75	Re	[Xe] $4f^{14}5d^56s^2$	7.8335	16.6			
76	Os	[Xe] $4f^{14}5d^66s^2$	8.4382	16.9			
77	Ir	[Xe] $4f^{14}5d^76s^2$	8.967				
78	Pt	[Xe] $4f^{14}5d^96s^1$	8.9587	18.563			
79	Au	[Xe] $4f^{14}5d^{10}6s^1$	9.2257	20.5			
80	Hg	[Xe] $4f^{14}5d^{10}6s^2$	10.4375	18.756	34.2	72	
81	Tl	[Xe] $4f^{14}5d^{10}6s^26p^1$	6.1083	20.428	29.83	50.8	
82	Pb	[Xe] $4f^{14}5d^{10}6s^26p^2$	7.4167	15.0332	31.9373	42.32	68.8
83	Bi	[Xe] $4f^{14}5d^{10}6s^26p^3$	7.2856	16.69	25.56	45.3	56
84	Po	[Xe] $4f^{14}5d^{10}6s^26p^4$	8.417				
85	At	[Xe] $4f^{14}5d^{10}6s^26p^5$	9.3				
86	Rn	[Xe] $4f^{14}5d^{10}6s^26p^6$	10.7485				
87	Fr	[Rn] $7s^1$	4.0727				
88	Ra	[Rn] $7s^2$	5.2784	10.14716			
89	Ac	[Rn] $6d^17s^2$	5.17	12.1			
90	Th	[Rn] $6d^27s^2$	6.3067	11.5	20	28.8	
91	Pa	[Rn] $5f^26d^17s^2$	5.89				
92	U	[Rn] $5f^36d^1\,7s^2$	6.1941				
93	Np	[Rn] $5f^46d^17s^2$	6.2657				
94	Pu	[Rn] $5f^67s^2$	6.0262				
95	Am	[Rn] $5f^77s^2$	5.9738				

原子序数	元素符号	电子结构	V_1/eV	V_2/eV	V_3/eV	V_4/eV	V_5/eV
96	Cm	[Rn] $5f^7 6d^1 7s^2$	5.9915				
97	Bk	[Rn] $5f^9 7s^2$	6.1979				
98	Cf	[Rn] $5f^{10} 7s^2$	6.2817				
99	Es	[Rn] $5f^{11} 7s^2$	6.42				
100	Fm	[Rn] $5f^{12} 7s^2$	6.5				
101	Md	[Rn] $5f^{13} 7s^2$	6.58				
102	No	[Rn] $5f^{14} 7s^2$	6.65				
103	Lr	[Rn] $5f^{14} 6d^1 7s^2$	4.9				
104	Rf	[Rn] $5f^{14} 6d^2 7s^2$					
105	Db	[Rn] $5f^{14} 6d^3 7s^2$					

附录 B　Shannon 给出的离子有效半径

离子	化合价	配位数	有效半径	备注 *	离子	化合价	配位数	有效半径	备注 *
Ac	3	VI	1.12	R			III	0.16	
		II	0.67		Be	2	IV	0.27	*
		IV	1.00	C			VI	0.45	C
	1	V	1.09	C			V	0.96	C
Ag		VI	1.15	C	Bi	3	VI	1.03	R*
		VII	1.22				VIII	1.17	R
		VIII	1.28			5	VI	0.76	E
	2	VI	0.94			3	VI	0.96	R
	3	VI	0.75	R	Bk		VI	0.83	R
		IV	0.39	*		4	VIII	0.93	R
Al	3	V	0.48			−1	VI	1.96	P
		VI	0.535	R*		3	IVSQ	0.59	
		VII	1.21		Br	5	IIIPY	0.31	
	2	VIII	1.26			7	IV	0.25	
		IX	1.31				VI	0.39	A
Am	3	VI	0.975	R			III	0.08	
		VIII	1.09		C	4	IV	0.15	P
	4	VI	0.85	R			VI	0.16	A
		VIII	0.95				VI	1.00	
As	3	VI	0.58	A			VII	1.06	*
	5	IV	0.335	R*			VIII	1.12	*
		VI	0.46	C*	Ca	2	IX	1.18	
At	7	VI	0.62	A			X	1.23	C
	1	VI	1.37	A			XII	1.34	C
Au	3	IVSQ	0.68				IV	0.78	
		VI	0.85	A			V	0.87	
	5	VI	0.57				VI	0.95	
		III	0.01	*	Cd	2	VII	1.03	C
B	3	IV	0.11	*			VIII	1.10	C
		VI	0.27	C			XII	1.31	
		VI	1.35				VI	1.01	R
		VII	1.38	C			VII	1.07	E
		VIII	1.42				VIII	1.143	R
Ba	2	IX	1.47		Ce	3	IX	1.196	R
		X	1.52				X	1.25	
		XI	1.57				XII	1.34	C
		XII	1.61	C					

续表

离子	化合价	配位数	有效半径	备注 *	离子	化合价	配位数	有效半径	备注 *
Ce	4	VI	0.87	R	Cu	2	IV	0.57	
		VIII	0.97	R			V	0.65	*
		X	1.07				VI	0.73	
		XII	1.14		Dy	2	VI	1.07	
Cf	3	VI	0.95	R			VII	1.13	
	4	VI	0.821	R			VIII	1.19	
		VIII	0.92			3	VI	0.912	R
Cl	−1	VI	1.81	P			VII	0.97	
	5	IIIPY	0.12				VIII	1.027	R
	7	IV	0.08	*			IX	1.083	R
		VI	0.27	A	Er	3	VI	0.89	R
Cm	3	VI	0.97	R			VII	0.945	
	4	VI	0.85	R			VIII	1.004	R
		VIII	0.95	R			IX	1.062	R
Co	2	IV	0.58		Eu	2	VI	1.17	
		V	0.67	C			VII	1.20	
		VI	0.745	R*			VIII	1.25	
		VIII	0.90				IX	1.30	
	3	VI	0.61				X	1.35	
	4	IV	0.40			3	VI	0.947	R
		VI	0.53	R			VII	1.01	
Cr	2	VI	0.80	R*			VIII	1.066	R
	3	VI	0.615	R*			IX	1.12	R
	4	IV	0.41		F	−1	II	1.285	
		VI	0.55	R			III	1.30	
	5	IV	0.345	R			IV	1.31	
		VI	0.49	ER			VI	1.33	
		VIII	0.57			7	VI	0.08	A
	6	IV	0.26		Fe	2	IV	0.63	
		VI	0.44	C			IVSQ	0.64	
Cs	1	VI	1.67				VI	0.78	R*
		VIII	1.74				VIII	0.92	C
		IX	1.78			3	IV	0.49	*
		X	1.81				V	0.58	
		XI	1.85				VI	0.645	R*
		XII	1.88				VIII	0.78	
Cu	1	II	0.46			4	VI	0.585	R
		IV	0.6	E		6	IV	0.25	R
		VI	0.77	E	Fr	1	VI	1.80	A

离子	化合价	配位数	有效半径	备注 *	离子	化合价	配位数	有效半径	备注 *
Ga	3	IV	0.47	*	K	1	VIII	1.51	
		V	0.55				IX	1.55	
		VI	0.62	R*			X	1.59	
Gd	3	VI	0.938	R			XII	1.64	
		VII	1.00		La	3	VI	1.032	R
		VIII	1.053	R			VII	1.10	
		IX	1.107	RC			VIII	1.16	R
Ge	2	VI	0.73	A			IX	1.216	R
	4	IV	0.39	*			X	1.27	
		VI	0.53	R*			XII	1.36	C
H	1	I	−0.38		Li	1	IV	0.59	*
		II	−0.18				VI	0.76	*
Hf	4	IV	0.58	R			VIII	0.92	C
		VI	0.71	R	Lu	3	VI	0.861	R
		VII	0.76				VIII	0.977	R
		VIII	0.83				IX	1.032	R
Hg	1	III	0.97		Mg	2	IV	0.57	
		VI	1.19				V	0.66	
	2	II	0.69				VI	0.72	*
		IV	0.96				VIII	0.89	C
		VI	1.02		Mn	2	IV	0.66	
		VIII	1.14	R			V	0.75	C
Ho	3	VI	0.901	R			VI	0.83	R*
		VIII	1.015	R			VII	0.90	C
		IX	1.072	R			VIII	0.96	R
		X	1.12			3	V	0.58	
I	−1	VI	2.20	A			VI	0.645	R*
	5	IIIPY	0.44	*		4	IV	0.39	R
		VI	0.95				VI	0.53	R*
	7	IV	0.42			5	IV	0.33	R
		VI	0.53			6	IV	0.255	
In	3	IV	0.62			7	IV	0.25	
		VI	0.80	R*			VI	0.46	A
		VIII	0.92	RC	Mo	3	VI	0.69	E
Ir	3	VI	0.68	E		4	VI	0.65	RM
	4	VI	0.625	R		5	IV	0.46	R
	5	VI	0.57	EM			VI	0.61	R
K	1	IV	1.37			6	IV	0.41	R*
		VI	1.38				V	0.50	
		VII	1.46				VI	0.59	R*

续表

离子	化合价	配位数	有效半径	备注 *	离子	化合价	配位数	有效半径	备注 *
Mo	6	VII	0.73				IV	1.38	
N	−3	IV	1.46		O	−2	VI	1.40	
N	3	VI	0.16	A			VIII	1.42	
N	5	III	0.104			4	VI	0.63	RM
N	5	VI	0.13	A		5	VI	0.575	E
Na	1	IV	0.99		Os	6	V	0.49	
Na	1	V	1.00			6	VI	0.545	E
Na	1	VI	1.02			7	VI	0.525	E
Na	1	VII	1.12			8	IV	0.39	
Na	1	VIII	1.18			3	VI	0.44	A
Na	1	IX	1.24	C	P	5	IV	0.17	*
Na	1	XII	1.39			5	V	0.29	
Nb	3	VI	0.72			5	VI	0.38	C
Nb	4	VI	0.68	RE		3	VI	1.04	E
Nb	4	VIII	0.79			4	VI	0.9	R
Nb	5	IV	0.48	C	Pa	4	VIII	1.01	
Nb	5	VI	0.64			5	VI	0.78	
Nb	5	VII	0.69	C		5	VIII	0.91	
Nb	5	VIII	0.74			5	IX	0.95	
Nd	2	VIII	1.29				IVPY	0.98	C
Nd	2	IX	1.35				VI	1.19	
Nd	3	VI	0.983	R			VII	1.23	C
Nd	3	VIII	1.109	R*		2	VIII	1.29	C
Nd	3	IX	1.163	R			IX	1.35	C
Nd	3	XII	1.27	E	Pb		X	1.40	C
Ni	2	IV	0.55				XI	1.45	C
Ni	2	IVSQ	0.49				XII	1.49	
Ni	2	V	0.63	E			IV	0.65	E
Ni	2	VI	0.69	R*		4	V	0.73	E
Ni	3	VI	0.6	E			VI	0.775	R
No	2	VI	1.1	E			VIII	0.94	R
Np	2	VI	1.10			1	II	0.59	
Np	3	VI	1.01	R		2	IVSQ	0.64	
Np	4	VI	0.87	R	Pd	2	VI	0.86	
Np	4	VIII	0.98	R		3	VI	0.76	
Np	5	VI	0.75			4	VI	0.615	R
Np	6	VI	0.72	R			VI	0.97	R
Np	7	VI	0.71	A	Pm	3	VIII	1.093	R
O	−2	II	1.35				IX	1.144	R
O	−2	III	1.36		Po	4	VI	0.94	R

离子	化合价	配位数	有效半径	备注 *	离子	化合价	配位数	有效半径	备注 *
Po	4	VIII	1.08	R	S	4	VI	0.37	A
	6	VI	0.67	A		6	IV	0.12	*
Pr	3	VI	0.99	R			VI	0.29	C
		VIII	1.126	R	Sb	3	IVPY	0.76	
		IX	1.179	R			V	0.80	
	4	VI	0.85	R			VI	0.76	A
		VIII	0.96	R		5	VI	0.60	*
Pt	2	IVSQ	0.60		Sc	3	VI	0.745	R*
		VI	0.80	A			VIII	0.87	R*
	4	VI	0.625	R	Se	−2	VI	1.98	P
	5	VI	0.57	ER		4	VI	0.5	A
Pu	3	VI	1.00	R		6	IV	0.28	*
	4	VI	0.86	R			VI	0.42	C
		VIII	0.96		Si	4	IV	0.26	*
	5	VI	0.74	E			VI	0.40	R*
	6	VI	0.71	R	Sm	2	VII	1.22	
Ra	2	VIII	1.48	R			VIII	1.27	
		XII	1.70	R			IX	1.32	
Rb	1	VI	1.52			3	VI	0.958	R
		VII	1.56				VII	1.02	E
		VIII	1.61				VIII	1.079	R
		IX	1.63	E			IX	1.132	R
		X	1.66				XII	1.24	C
		XI	1.69		Sn	4	IV	0.55	R
		XII	1.72				V	0.62	C
		XIV	1.83				VI	0.69	R*
Re	4	VI	0.63	RM			VII	0.75	
	5	VI	0.58	E			VIII	0.81	C
	6	VI	0.55	E	Sr	2	VI	1.18	
	7	IV	0.38				VII	1.21	
		VI	0.53				VIII	1.26	
Rh	3	VI	0.665	R			IX	1.31	
	4	VI	0.60	RM			X	1.36	C
	5	VI	0.55				XII	1.44	C
Ru	3	VI	0.68		Ta	3	VI	0.72	E
	4	VI	0.62	RM		4	VI	0.68	E
	5	VI	0.565	ER		5	VI	0.64	
	7	IV	0.38				VII	0.69	
	8	IV	0.36				VIII	0.74	
S	−2	VI	1.84	P	Tb	3	VI	0.923	R

续表

离子	化合价	配位数	有效半径	备注 *	离子	化合价	配位数	有效半径	备注 *
Tb	3	VII	0.98	E	U	4	VII	0.95	E
		VIII	1.04	R			VIII	1.00	R*
		IX	1.095	R			IX	1.05	
	4	VI	0.76	R			XII	1.17	E
		VIII	0.88			5	VI	0.76	
Tc	4	VI	0.645	RM			VII	0.84	E
	5	VI	0.60	ER		6	II	0.45	
	7	IV	0.37				IV	0.52	
		VI	0.56	A			VI	0.73	*
Te	−2	VI	2.21	P			VII	0.81	E
	4	III	0.52				VIII	0.86	
		IV	0.66		V	2	VI	0.79	
		VI	0.97			3	VI	0.64	R*
	6	IV	0.43	C		4	V	0.53	
		VI	0.56	*			VI	0.58	R*
Th	4	VI	0.94	C			VIII	0.72	E
		VIII	1.05	RC		5	IV	0.355	R*
		IX	1.09	*			V	0.46	*
		X	1.13	E			VI	0.54	
		XI	1.18	C	W	4	VI	0.66	RM
		XII	1.21	C		5	VI	0.62	R
Ti	2	VI	0.86	E		6	IV	0.42	*
	3	VI	0.67	R*			V	0.51	
	4	IV	0.42	C			VI	0.60	*
		V	0.51	C	Xe	8	IV	0.40	
		VI	0.605	R*			VI	0.48	
		VIII	0.74	C	Y	3	VI	0.90	R*
Tl	1	VI	1.50	R			VII	0.96	
		VIII	1.59	R			VIII	1.019	R*
		XII	1.70	RE			IX	1.075	R
	3	IV	0.75		Yb	2	VI	1.02	
		VI	0.885	R			VII	1.08	E
		VIII	0.98	C			VIII	1.14	
Tm	2	VI	1.03			3	VI	0.868	R*
		VII	1.09				VII	0.925	E
	3	VI	0.88	R			VIII	0.985	R
		VIII	0.994	R			IX	1.042	R
		IX	1.052	R	Zn	2	IV	0.60	*
U	3	VI	1.025	R			V	0.68	*
	4	VI	0.89				VI	0.74	R*

离子	化合价	配位数	有效半径	备注 *	离子	化合价	配位数	有效半径	备注 *
Zn	2	VIII	0.90	C					
Zr	4	IV	0.59	R					
		V	0.66	C					
		VI	0.72	R*					
		VII	0.78	*					
		VIII	0.84	*					
		IX	0.89						

注：数据来自文献 Shannon R D. Acta Cryst. A., 1976, 32: 751

备注栏符号的意义:

R: 从 r^3 与体积 V 的关系得到的结果.

C: 从键长计算出的结果.

E: 估算的结果.

*: 最可靠的数据.

M: 来自金属氧化物的数据.

A: Ahrens (1952 年) 离子半径.[1]

P: Pauling's (1960 年) 晶体半径.[2]

1 Ahrens L H. Geochim. Cosmochim. Acta, 1952, 2: 155

2 Pauling L. The Nature of the Chemical Bond. Ithaca, New York: Cornell University Press, 1960

附录 C　本书所用符号注释说明表

符号	物理量
a, b, c	晶格常数
A	摩尔原子量
B	磁感应强度
d	离子间距, 键长
E_b	晶体中离子对电子的束缚能
EELS	电子能量损失谱
f	电离度
g	朗德因子
h	普朗克常量
H	磁场强度
H_C	矫顽力
H_m	分子场强度
I	X 射线衍射谱强度, XPS 强度, 红外光谱强度
IEO 模型	磁性氧化物的 O 2p 巡游电子模型
IEM 模型	磁性金属的巡游电子模型
k, k_B	玻尔兹曼常量
m	质量
M	磁化强度, 指单位体积的磁矩
M_s	饱和磁化强度
n	电子数目
N_3	三价阳离子数目
P	几率
PPMS	物理性质测量系统
r	离子的有效半径
r_e	外斯电子对的电子间距
R	比值, 电阻
s	X 射线衍射数据的拟合度
S	自旋量子数
T	温度, 透射系数
T_C	居里温度
T_N	奈尔温度

v	晶胞体积
$V(M^{N+})$	M 元素第 N 电离能
$V_{BA}(M^{2+})$	在 $(A)[B]_2O_4$ 尖晶石铁氧体中二价 M 离子从 $[B]$ 位进入 (A) 位时所需透过的等效势垒高度
w	能量密度
WEP	外斯电子对
XRD	X 射线衍射
XPS	X 射线光电子谱
Z	每个晶胞中的分子数目
α, β, γ	晶胞基矢间的夹角
χ	体积磁化率
χ_m	质量磁化率
χ_A	摩尔磁化率
ϕ, φ	离子磁矩与总磁矩间的夹角
λ	平均自由程, 波长
μ	相对磁导率
μ_0	真空磁导率
μ_B	玻尔磁子
μ_{obs}	平均分子磁矩实验值
μ_{cal}	平均分子磁矩拟合值
ν	波数
Θ, θ	键角
ρ	密度, 电阻率
σ	比磁化强度, 即单位质量的磁化强度; 电导率
σ_s	比饱和磁化强度
σ_r	比剩余磁化强度